当代中国生态文明建设的理论与路径选择

周琳 著

中国纺织出版社

图书在版编目（CIP）数据

当代中国生态文明建设的理论与路径选择 / 周琳著
. -- 北京：中国纺织出版社, 2019.4
ISBN 978-7-5180-3692-9

Ⅰ.①当… Ⅱ.①周… Ⅲ.①生态环境建设 – 研究 –
中国 Ⅳ.①X321.2

中国版本图书馆CIP数据核字（2017）第318598号

责任编辑：汤浩　　　　责任印制：储志伟

中国纺织出版社出版发行
地址：北京市朝阳区百子湾东里 A407 号楼　　邮政编码：100124
销售电话：010–67004422　　传真：010–87155801
http：//www.c–textilep.com
E–mail：faxing@e–textilep.com
官方微博 http：//www.weibo.com/2119887771
北京虎彩文化传播有限公司
2019 年 4 月第 1 版第 1 次印刷
开本：710 × 1000　1/16　　印张：14.75
字数：255 千字　　定价：69.00 元

前言

一部人类文明的发展史，就是一部人与自然的关系史。自然生态的变迁决定着人类文明的兴衰。生态文明是一个宏大的命题，尽管不同学科对之阐释的视角各异，但大致可将其基本认识归纳为“线性生态文明观”和“系统生态文明观”。而生态文明作为法治意欲达至的彼岸之一，不同的目标界定决定了不同的实现路径。

随着我国经济的快速的发展，资源约束趋紧、环境污染严重、生态系统退化的现象十分严峻，经济发展不平衡、不协调、不可持续的问题日益突出，这就要求我们必须树立尊重自然、顺应自然、保护自然的生态文明理念，把生态文明建设融合贯穿到经济、政治、文化、社会建设的各方面和全过程，大力保护和修复自然生态系统，建立科学合理的生态补偿机制。形成节约资源和保护环境的空间格局、产业结构、生产方式、生活方式，从源头上扭转生态环境恶化的趋势。

当前，推进生态文明建设有其至关重要的现实意义。一个国家、一个民族的崛起必须有良好的自然生态作保障。大力推进生态文明建设，实现人与自然和谐发展，已成为中华民族伟大复兴的基本支撑和根本保障，而建设生态文明是发展中国特色社会主义的必然的战略选择。

建设生态文明是关系民族未来的长远大计，而生态文明则是人类文明的必由之路。作者在收集、整理了大量文献以及汇集了许多生态文明理论的基础上，积极探索新思路。作者对当今世界所面临的生态危机进行分析，从生态文明的历史回顾、生态文明建设的理论与分析、生态文明建设的国际视野与科技路径、社会制度的完善与生态文明建设的法制路径以及适合中国特色生态文明建设的实践进行梳理与探讨，可谓独具匠心。

另外，本书还有以下两个方面的特点值得一提。

第一，内容丰富。本书介绍了生态文明是人类的新的价值取向、生态文明建设的理论基础、生态文明建设中政府的责任与实现的路径，这些不但对历史经验进行了总结，而且还对现实和未来具有积极的指导作用。

第二，论述科学、严谨。全书理论力求科学、严谨，实事求是，并且能够具体阐释生态文明的实践路径。理论指导实践，实践要有成效。其中，许多想法和理论是在实践的基础上经过认真、深入地思考，并多次求教于专家后得出的。

本书在撰写过程中，参考、借鉴和吸收了部分学者的理论与作品，在此向他们表示衷心的感谢。

由于本书涉及内容繁多，以及时间、研究能力等方面的问题，难免会有不足之处，恳请有关专家、同行及广大读者予以批评指正。

作　者

2017年4月

目 录

第一章

生态文明建设——当代中国面临的重大课题

在经济全球化深入发展的当代，世界各国的联系越来越密切，环境污染导致的自然生态破坏越来越成为一个突出的全球性问题，解决生态危机日益成为世界各国必须面对的挑战，如何保护生态环境日益成为国际社会共同努力的时代课题。面对这样的严峻形势和挑战，只有加强中国特色社会主义生态文明建设，才能有效地解决我国的生态环境问题，建设美丽中国，实现中华民族永续发展。

第一节　当今世界面临的生态危机及其带来的影响

一、生态危机产生的根源

生态危机成为一种全球化现象是有一个历史过程的。早在19世纪，马克思、恩格斯对资本主义生产方式进行了深入分析，对人类的实践活动进行了严重警告：“不以伟大的自然规律为依赖的人类计划，只会带来灾难。”[1]进入20世纪，这是全球化骤然扩张的世纪，也成为全球生态危机凸显的时期。从时间上说，生态危机发生于20世纪并延续至今，有愈演愈烈之势；从空间上说，生态危机是包括所有发达国家和发展中国家在内的一种全球性问题；从危害程度上说，生态危机不仅严重破坏自然环境，造成人类使用资源紧张，而且破坏整个生态环境系统的结果与功能，造成人与自然关系恶化，人与人关系失调，人与社会关系失衡，对人类的生存、心理发展等都带来毁灭性的打击；从产生根源上看，生态危机源于人类自身对物质利益追求的无限度。随着人类创造力的进一步提升，科技水平日益提高，经济发展迅猛，对自然资源的需求量加大，对环境破坏程度加深，最终导致大自然不堪重负，生态环境遭遇前所未有的全球性的危机。生态危机表面上是对自然环境的破坏、对资源的掠夺，实质上是人的异化和人的欲望的无限膨胀。人性的扭曲是生态危机的本质所在，消除生态危机的根本在于从人出发。

长期以来，以英、美、德、法、日等发达国家为代表的现代化发展模式的核心是追求经济的持续增长、物质财富的无限积累和生活消费的过度膨胀。在这种发展模式的主导下，随着人类社会活动的不断扩张和全球人口总量的几何式增长，人类对自然资源的索取日益加剧，对生态环境的破坏日益严重。

（一）“八大公害”事件

20世纪以来，资本主义国家相继发生了一系列环境污染问题。其中，最为典型的是“世界八大公害”事件。

---

[1] 马克思恩格斯全集：第 31 卷 [M]. 北京：人民出版社，1976，第 124 页 .

1.比利时马斯河谷烟雾事件

该事件于1930年12月1日至5日发生在比利时的马斯河谷工业区，是20世纪最早记录下的大气污染惨案。该事件导致上千人发生呼吸道疾病，一个星期内就有60多人死亡，死亡人数是同期正常死亡人数的10多倍。

2.英国伦敦烟雾事件

从1952年12月4日至9日，伦敦市毒雾弥漫，导致几千人死亡。12月9日之后，由于天气变化，毒雾逐渐消散。但在此之后的两个月内，又有近8000人因烟雾事件而死于呼吸系统疾病。

3.日本四日市哮喘事件

日本东部海岸的四日市1955年开始相继兴建了多家石油化工联合企业，在其周围又建有10多家石化大厂和100余家中小企业。石油冶炼和工业燃油产生的废气严重污染了城市空气。1961年，四日市哮喘病大发作。

4.日本米糠油事件

1968年3月，九州市一个食用油厂在生产米糠油时，因管理不善，操作失误，致使米糠油中混入了在脱臭工艺中使用的热载体多氯联苯，造成食物油污染，九州、四国等地区的几十万只鸡突然死亡，并导致多人患原因不明的皮肤病。在此后的3个月内，112个家庭的325人被确诊为患有该病，之后在全国各地仍不断出现相同病例。至1978年，被确诊的患者累计达1684人。

5.日本水俣病事件

水俣病是指在 1953 年至 1956 年日本水俣湾出现的一种奇怪的病。它是人类历史上最早出现的由于工业废水排放污染造成的公害病。其症状为：轻者口齿不清、步履蹒跚、面部痴呆、手足麻痹、视觉丧失、震颤、手足变形；重者精神失常，或酣睡，或兴奋，身体呈弯弓状且高叫，直至死亡。

6.美国洛杉矶光化学烟雾事件

光化学烟雾是因大量的碳氢化合物在阳光的作用下，与空气中其他成分发生化学反应而产生的。它含有臭氧、氧化氮、乙醛和其他氧化剂，滞留市区不易消散。在1952年12月的一次光化学烟雾事件中，洛杉矶市65岁以上者死亡400多人。1955年9月，由于大气污染和高温天气，短短两天之内，65岁以上者又死亡400余人，许多人出现眼痛、头痛、呼吸困难等症状。直到20世纪70年代，洛杉矶市还被称为“美国的烟雾城”。

7.美国多诺拉事件

多诺拉是美国宾夕法尼亚州的一个小镇，1948年10月26日至31日，工厂排放的含有二氧化硫等有毒有害物质的气体及金属微粒在气候反常的情况下于山谷中积存不散，这些有毒有害物质附着在悬浮颗粒物上，严重污染了大气，随之而来的是小镇上的6 000人突然发病，其中有20人很快死亡。该病的症状为眼痛、咽喉痛、流鼻涕、咳嗽、头痛、四肢乏倦、胸闷、呕吐、腹泻等。

8.日本骨痛病事件

该事件于1955年发生于日本富山县神通川流域。锌、铅冶炼厂等排放的含镉废水污染了神通川水体，两岸居民利用受污染的河水灌溉农田，使稻米和饮用水含镉，镉通过稻米进入人体，先引起肾功能障碍，后逐渐引发软骨症。在妇女妊娠、哺乳、内分泌不协调、营养性钙不足等诱发原因存在的情况下，镉使妇女患上一种浑身剧烈疼痛的病，即骨痛病，重者全身多处骨折，在痛苦中死亡。从1931年到1968年，神通川平原地区被确诊患此病的为258人，其中128人死亡，至1977年12月又有79人死亡。

回顾这八大震惊世界的公害事件，我们可以清楚地看到，由于人类工业化进程的不断加速，以空气污染、水质污染、食品污染等为特征的环境污染问题，已经成为世界各国共同面临的重大问题。虽然人们越来越认识到环境污染的严重性，但是类似的公害事件仍然在世界各国以不同的形式发生着。如1984年12月3日发生了震惊世界的印度博帕尔公害事件。当天午夜，坐落在博帕尔市郊的联合碳化杀虫剂厂发生毒气泄漏。1小时后，有毒烟雾袭向这个城市，形成了一个方圆25英里的毒雾笼罩区。首先是近邻的两个小镇上，有数百人在睡梦中死亡。随后，火车站里的一些乞丐死亡。一周后，有2500人死于这场污染事故，另有1000多人危在旦夕，3000多人病入膏肓。在这一污染事故中，有15万人因受污染危害而到医院就诊。事故发生4天后，受此危害而患病者还以每分钟1人的速度增加。这次事故还使20多万人双目失明。这是一次严重的事故性污染造成的惨案。

虽然世界各国越来越重视环境治理和保护，但是从全球范围来看，环境遭受污染与破坏的趋势并没有得到根本遏制，生态危机仍然有不断增强的趋势。经过95个国家1 300多名科学家长达4年时间的调查，2005年联合国发布了《千年生态系统评估报告》。该报告全面评估了地球总体的生态环境状况。这一研究表明，人类赖以生存的生态系统有60%正处于不断退化的状态，支撑能力正在减弱。科学家警告，未来50年内，这种退化趋势也许还将继续存在。评估报告指出：60年以来全球开垦的土地比18世纪和19世纪的总和还多；1985年以来使用的人工合成氮肥与前72年的总量相当；在过去50年里，人类对生态系统的影响比以往任何时期都要快速和广泛，10%～30%的哺乳动物、鸟类和两栖类动物物种正濒临灭绝。科学家将生态系统的服务功能分为四大类24项，结果发现，15项生态系统服务功能正不断退化，而且生态系统服务功能的退化在未来50年内将进一步加剧。[1]这些数据集中说明，由生态环境问题引发的生态危机，已经成为一个世界性的重大课题，它也是一个时代性的重大课题，关系到整个人类的生死存亡。

（二）根源

在当代，全球生态危机的主要根源有以下三个方面。

一是人类对环境资源过度开发而产生的问题。20世纪以来，由于科技革命的深化，工业浪潮的扩大，生态问题日益严重。工业革命以来，机器化大生产程度越来越高，生产规模随之越来越大，对能源的需要自然越来越多。随着第三次科技革命成果的投入应用，人类征服自然的能力在逐步增强，自然对人类的报复也愈演愈烈。近年来，世界气候更加异常，环境灾难频繁发生，全球生态危机日益严重。

二是人类将废弃物向环境过度排放造成的污染问题。西方发达国家的经济发展模式是建立在对自然资源掠夺性开发的基础上的，资本主义生产力方面的矛盾日益显现和突出，资产阶级追求经济增长的无限性与自然资源的有限性之间的矛盾日益激化。尤其是人类将大量的废弃物向环境过度排放，特别是固体废弃物污染严重，造成生态危机日益加剧。

三是人类技术活动的失控或滥用引起的技术污染产生的环境负效应。人类无节制的生产与消费 ，使得对自然资源的开发利用、加工改造远远超过了自然资源的再生和复原能力，因而生态危机随之迅速蔓延。随着经济的发展和社会的进步 ,人们的技术活动不但没有得到有效地纠正，从生产应用的程度上来说反而进一步强化。很多生态环境问题非常棘手，技术手段原本可以控制污染的程度，但随着人类技术活动的失控，技术污染的程度越来越严重，给环境带来的负效应远远大于预期。

这些因素导致了全球范围内的森林大面积消失、土地沙漠化扩展、湿地不断退化、物种加速灭绝、水土严重流失、干旱缺水普遍、洪涝灾害频发、全球气候变暖这八类突出问题。这表明，生态环境问题仍然是经济全球化进程中国际社会共同面临的严峻挑战。如何认识和应对环境破坏引发的生态环境问题，成为国际社会共同关注的重大时代课题。

、生态学研究取得的成果

“问题就是公开的、无畏的、左右一切个人的时代声音。问题就是时

[1]“千年生态系统评估”报告发布 [N]. 人民日报，2005-03-31.

代的口号，是它表现自己精神状态的最实际的呼声。”[1]生态环境问题的产生与发展，向整个人类的前途和命运提出了严峻挑战。学者们从20世纪60年代开始研究和思考，使生态学说逐步成为各国学者共同关注的一个“显学”，并且取得了一系列重要成果。

现代环境保护运动的启蒙者——蕾切尔·卡森女士于1962年出版了《寂静的春天》。在这部引人深思的著作中，她在对环境污染问题进行考察、对传统行为和观念进行反思的基础上指出：地球到了最危险的时候!“现在，我们正站在两条道路的交叉口上。但是这两条道路完全不一样，更与人们所熟悉的罗伯特·弗罗斯特的诗歌中的道路迥然不同。我们长期以来一直行驶的这条道路使人容易错认为是一条舒适的、平坦的、超级公路，我们能在上面高速前进。实际上，在这条路的终点却有灾难在等待着。这条路的另一个岔路——一条‘很少有人走过的’岔路——为我们提供了最后唯一的机会让我们保住我们的地球。”[2]这些重要思想，是人类应对环境污染的早期认识，也是可持续发展思想的雏形。

时隔10年后，环境保护运动的先驱组织——著名的罗马俱乐部于1972年出版了《增长的极限》。这再一次给人类社会的传统发展模式敲响了警钟，进而掀起了世界性的环境保护热潮。在这部引起世界各国关注的著作中，学者们认为，地球的支撑力将会由于人口增长、粮食短缺、资源消耗和环境污染等因素在某个时期达到极限，使经济发生不可控制的衰退；避免超越地球资源极限而导致的世界崩溃的最好方法是限制增长。

20世纪70年代末，将马克思主义基本原理与人类面临的日益严峻的生态问题相结合，寻找指导解决生态问题及人类自身发展问题的一种崭新的理论学说——生态学马克思主义应运而生。其主要代表人物有美国的本·阿格尔、詹姆斯·奥康纳、约翰·贝拉米·福斯特，法国的安德烈·高兹等。他们从资本主义生产方式与生态危机的联系上对资本主义进行系统批判，通过重新解读自然，赋予自然历史和文化的内涵，改造传统的生产力和生产关系理论，再次诠释文化、自然、社会劳动之间的关系，用来重新解构历史唯物主义，并提出了生态社会主义的思想理论。

当今世界正在发生着深刻复杂的变化，世界多极化、经济全球化深入发展，文化多样化、社会信息化持续推进，各国相互联系、相互依存的程度空前加深。面对影响日益加剧的生态危机，没有一个国家可以单独应

[1] 马克思恩格斯全集 (第 40 卷)[M]. 北京：人民出版社 .1982，289 ～ 290 页 .

[2] [美] 蕾切尔·卡森 . 寂静的春天 [M]. 上海：上海译文出版社 .2008，132 ～ 133 页 .

对。直面环境危机，如何加大环境保护和治理的力度，成为关系人民群众切身利益的紧迫问题，成为关系人类前途命运的时代挑战，也成为关系中华民族永续发展的重大课题。面对生态危机日益严重和恶化的趋势，越来越多的有识之士认识到，整个地球的环境问题，仅靠技术上的修修补补是无济于事的，要保护地球家园、解决生态问题必须有全球的视野、辩证的思维和科学的方法，必须有世界各国的共同努力与合作。

面对关系整个人类生死存亡的重大的时代挑战，世界各国都越来越重视生态环境保护和建设，国际社会也做出了各种各样的努力。1972 年，联合国人类环境会议通过了《联合国人类环境宣言》。该宣言宣布了 7 个共同观点和 26 项共同原则，如提出“人类享有自由、平等、舒适的生活条件，有在尊严和舒适的环境中生活的基本权利。同时，负有为当代人及其子孙后代保护和改善环境的庄严义务”等重要思想和主张。联合国世界环境与发展委员会于 1987 年发布的《我们共同的未来》提出了“可持续发展”的概念，并指出“我们需要有一条新的发展道路，这条道路不是仅能在若干年内、在若干地方支持人类进步的道路，而是一直到遥远的未来都能支持全球人类进步的道路”。联合国环境与发展大会于 1992 年发布的《里约环境与发展宣言》中提出了可持续发展的 27 项基本原则，如提出“为了实现可持续的发展，环境保护工作应是发展进程的一个整体组成部分，不能脱离这一进程来考虑”等重要思想原则。2002 年，世界可持续发展首脑会议指出，《里约环境与发展宣言》中制定的可持续发展目标没有实现，地球仍然伤痕累累、冲突不断；应重点关注水、健康、能源、生物多样性和农业。

2012 年，联合国可持续发展委员会发布的《我们憧憬的未来》提出：“我们认识到，消除贫穷、改变不可持续的消费和生产方式、推广可持续的消费和生产方式、保护和管理经济和社会发展的自然资源基础，是可持续发展的总目标和基本需要。我们也重申必须通过以下途径实现可持续发展：促进持续、包容性、公平的经济增长，为所有人创造更多机会，减少不平等现象，提高基本生活水平，推动公平社会发展和包容，促进以可持续的方式统筹管理自然资源和生态系统，支持经济、社会和人类发展，同时面对新的和正在出现的挑战，促进生态系统的养护、再生、恢复和回弹。”

通过这些重要思想，我们可以明确地认识到，生态危机已经成为一个全球性的重大挑战，生态学研究已经成为一个各国学者共同关注的热门话题，生态保护运动已经成为一股不可抗拒的时代潮流。

三、我国生态问题的主要表现

中华人民共和国成立以来，经过60余年的建设和发展，我国经济社会建设取得了巨大成就，基本解决了人民群众的温饱问题，使中国特色社会主义事业稳步前进。但是，我们也要清醒地认识到，由于历史负担和人口众多、经济高速增长等，我国生态环境面临着巨大压力，生态问题越来越成为我国的突出问题之一，其主要表现有以下几个方面。

（一）自然生态系统脆弱

我国生态脆弱地区的总面积已达国土面积的60％以上。森林资源总量不足，整体生态功能较弱。湿地生态系统退化严重，面积萎缩，生态功能下降。濒危物种不断增加。荒漠化十分严重，沙化、石漠化土地面积大、治理难。根据国家林业局的监测，截至2009年底，全国荒漠化土地总面积268.37万平方公里，占国土总面积的27.33％。[1]

（二）生态灾害频繁发生

由于生态破坏十分严重，如林地流失、湿地破坏、矿产乱采滥伐，我国成为世界上生态灾害最频繁、最严重的国家之一。1954年、1981年、1991年、1998年我国发生的特大洪水灾害造成了巨大的损失。据统计，1998年全国受洪水灾害影响达29个省市，农田受灾面积3.18亿亩，成灾面积1.96亿亩，受灾人口2.23亿，死亡3 000多人，经济损失1666亿元。洪水灾害以长江中游地区和松花江、嫩江流域最为严重，甚至引起世界关注。[2]

（三）生态压力急剧增加

气候变化已经成为国际政治、经济和外交领域的热点问题，对我国经济发展的压力日益加大。而随着时间的推移，温室气体减排、大气净化、水资源需求等压力将进一步加重我国生态系统的负荷。

（四）生态环境差距巨大。

目前生态环境差距已成为我国与发达国家最大的差距之一。如我国森林覆盖率比全球平均水平低近10个百分点，排在世界第136位；人均森林面积不足世界平均水平的1/4；人均森林蓄积量只有世界平均水平的1/7；单位面积森林生态服务价值，日本是我国的4.68倍。[3]

[1] 国家林业局．中国荒漠化和沙化状况公报 [R].2011-01.

[2] 杨朝飞．中国 1998 年的三大生态灾害 [M]. 中国环境管理．1998（6）.

[3] 国家林业局．推进生态文明建设规划纲要（2013—2020 年）[R]. 2013-09.

正是由于以上生态环境问题的产生，如何保护生态环境才成为人民群众最为关心的热点问题之一。

四、生态危机的影响

近年来，雾霾污染成为人们最为关注的一个具体事件。在北京等高密度人口城市，汽车、燃煤等排放大量的细颗粒物（PM2.5）。若北京在受静稳天气等的影响时，很容易出现大规模的雾霾天气。2013年，“雾霾”成为年度关键词。在北京，一个月中，仅有5天不是雾霾天。

在2017年全国“两会”召开之前，人民网根据公众所关注的热点问题，开展了线上的调查。调查结果显示，“环境保护”是网民最关注的热点之一。环境保护在前10个热点问题中排名第六位。从网友的视角中来看，最严峻的五大环境问题依次是：“水污染”（24.07%）、“大气污染”（23.26%）、“垃圾处理”（19.27%）、“生物破坏”（11.78%）以及“水土流失”（8.77%）。[1]这充分说明，生态环境问题关系到我国的可持续发展；生态环境问题因为关系人民群众的身心健康，已经成为人民群众关心的焦点；生态环境问题因为关系中华民族的永续发展，已经成为实现中华民族伟大复兴的焦点之一。

当然，生态环境的破坏的影响是多方面、多层次的，给人类的生存与发展造成了很大的破坏力。首先，生态环境的破坏给人类生存环境带来极大的危害。生态危机引起的水污染、空气质量下降、全球气候变暖、固体废弃物污染等，这些无疑对人们的生存环境带来不可修复的影响。其次，生态环境的破坏对经济发展、社会稳定带来负面影响。能源急缺、物种破坏、土地沙化等对经济的发展提出更高的要求。生态危机的持续严重，人类生存环境的进一步恶化，造成社会的动荡不安，对社会安定带来极大影响。最后，生态环境的破坏给人们的消费方式、生产方式和价值观念敲响警钟。现如今异化消费现象非常严重，种种异化消费所能带来的只是暂时的经济发展，这种过度消费使得有限资源和人类无限索取之间的矛盾进一步激化，必然会带来经济的恶性循环。异化消费使人在对物的过分崇拜、高度依赖中丧失了自我，变成了物质追求的奴隶，也影响到人们的价值判断。这种社会环境逐步改变了人们的消费心理和价值观念，使得拜金主义、享乐主义、极端个人主义思想在人群中广泛传播，以权谋私、贪污腐

[1] http：//po1itics．people．com,cn/n/2015/0302/c100 26621355．html.

败现象日益严重，这使得整个社会乃至全球犯罪现象严重加剧。

人民群众对美好生态环境的强烈呼声得到了党和国家的高度重视。围绕生态文明建设，党和国家陆续出台了一系列政策和措施，我国的生态环境保护正在路上。正是基于以上这些认识和原因，我们在继承前人研究成果的基础上，梳理我国生态环境面临的新问题与新挑战，剖析这些新问题与新挑战的社会根源，探讨解决这些新问题与新挑战的有效途径与方法，推进中国特色社会主义生态文明建设，才具有重大的理论价值和现实意义。这种重大意义，具体表现为立足我国的国情，积极借鉴世界各国环境保护的成功经验，充分发扬我国的优秀文化传统，总结我国生态文明建设的实践经验，形成比较系统的、具有中国特色的生态文明理论，以有效指导我国的生态文明建设实践，并对世界各国生态环境保护提供一定的借鉴。

第二节　生态文明概念的提出与研究

一、阐释“生态文明”

国外很少有人用“生态文明”这一概念，但这并不意味着没有相关的研究和实践。事实上，严重环境污染事件最早发生于西方发达国家（包括日本），故环境主义运动和生态主义思想也最早产生于西方发达国家。国内学者在追溯生态文明的思想起源时，都会提及蕾切尔·卡逊的《寂静的春天》和罗马俱乐部的《增长的极限》，其实也不能忘记更早的利奥波德的《沙乡年鉴》。又因为生态文明建设以可持续发展为核心，故追溯生态文明的思想起源也不能忽略世界环境与发展委员会所发表的长篇报告《我们共同的未来》，“可持续发展”这一概念就因为这一著名报告的发表而广为流传，且随着环境污染和生态危机的日益明显而产生了越来越大的影响。在实践方面，有国内学者则把德国的废弃物回收经济建设、日本的“循环型社会”建设和美国的污染权交易制度建设都归入生态文明建设之中。目前西方正流行的低碳经济和低碳社会建设应该也属于生态文明建设。但中国人才明确提出了“生态文明”这一概念。

我们在“中国知网”22699篇文章中检索到最早论述生态文明的文章是1990年发表在《西南民族大学学报》哲学社会科学版的李绍东的文章，题目是：论生态意识和生态文明。该文认为，文明是指物质建设和精神建设的进步状态，与野蛮、丑恶、落后相对立。生态文明就是把对生态环境的理性认识及其积极的实践成果引入精神文明建设，并成为一个重要的组成部分。生态文明是由纯真的生态道德观、崇高的生态理想、科学的生态文化和良好的生态行为构成的。为建构生态文明，必须有明确的指导思想，要强化生态知识的覆盖面，要建设良好的社会生态生理环境，要使生态文明制度化[1]。稍后，谢光前于1992年在《社会主义研究》发表了《社会主义生态文明初探》，沈孝辉于1993年在《太阳能》发表了《走向生态文明》，刘宗超和刘粤生于同一年在《自然杂志》发表了《全球生态文明观——地球表层信息增殖范型》。沈孝辉认为，古代几大农业文明的衰落都是由于自然系统的衰落，人与周围环境的生态平衡破坏而导致的结果。可是历史上的生态破坏毕竟是局部的，此地破坏了，彼地仍然良好，因此文明的消逝也是局部的，此地的文明衰落或覆灭了，彼地仍会产生和发展出文明来。然而当代的问题就不同了，无论是生态破坏还是环境污染都是全球性的。因此全球环境的恶化必将对世界文明带来意想不到的恶果。解决环境恶化的关键在于人类应当正视自己的行为所招致和可能招致的环境后果，并对大自然的逆变肩负起不可推脱的责任。为拯救世界和人类自己，人类传统的生活方式、生产方式和思维方式均需进行一场深刻的环境革命，这样才能找到一条新的发展途径，建立一个与大自然和谐相处，互不损害，共同繁荣，以环境保护为旗帜的人类新文明——这就是生态文明。[2]

我国最早阐述生态文明的专著是张海源的著作《生产实践和生态文明》。该书把环境保护上升到生态文明建设的高度，作者在引言中说："根据环境污染的现实，保护环境已成为每个国家的政府、社会公民共同的紧迫任务。完成这个任务的前提和结果就是建设现时代的生态文明。"[3]该书声称"回答了为什么要建设生态文明，如何建设以及为何能够建设生态文明的问题"[4]，但没有仔细界定何谓生态文明，谈论的主要是生产实践中的环境保护问题。

从理论争鸣的角度看，关于生态文明的"修补论"和"超越论"对于深化生态文明理论研究具有很强的推动作用。"修补论"因为亲现代性而表现得十分务实，而"超越论"更具有思想的彻底性和深刻性。两派的主

---

[1] 李绍东．论生态意识和牛态文明 [J]. 西南民族大学学报，1990（2）.

[2] 沈孝辉．走向生态文明 [J]. 太阳能，1993（3）.

[3] 张海潮．生产实践与生态文明——关于环境问题的哲学思考 [M]. 北京：中国农业出版社 .1992，第4页．

[4] 张海潮．生产实践与生态文明——关于环境问题的哲学思考 [M]. 北京：中国农业出版社 .1992，第4页．

要分歧出现在三个方面：一是关于“文明”界定的分歧，二是理解生态文明建设与市场经济之关系的分歧，三是理解生态文明建设和科技进步之关系的分歧。以下分别述之。

修补论者通常把文明理解为人类创造的积极成果，文明不包括邪恶、丑恶、消极的东西。我国官方意识形态所讲的物质文明、精神文明和政治文明分别指人类物质创造、精神创造和政治建构的成就。如此理解的“文明”不涵盖鸦片、海洛因一类的人造物，不涵盖希特勒《我的奋斗》一类的思想建构，不涵盖“凌迟”“车裂”一类的酷刑。而超越论者所说的“文明”是历史学家、考古学家和人类学家所常说的“文明”，不专指人类创造的积极成果和人类生活的美善状态，而指任何一个民族或族群的整体生存状态。

对于生态文明与市场经济的关系问题，也存在两种根本不同的观点：一种认为，生态文明与资本主义是不相容的，而市场经济与资本主义是不可分的。另一种则认为，建设生态文明离不开市场经济，资本主义是可以“绿化”的。持前一种观点的著名人物有美国左派思想家布克金（Murray Bookchin）等人。布克金认为，绿色资本主义是不可能的；在资本主义市场经济条件下谈论“限制增长”，就如同在武士社会里谈论战争的界限一样毫无意义。你不能说服资本主义去限制增长，正如你不能说服一个人去停止呼吸。“绿色资本主义”或资本主义“生态化”的努力，在追求无限制增长的资本主义体系内都是不可能的。西方主流经济学家大多信持后一种观点。

当一个社会的领导阶级是资本家或与资本家分享利润和特权的政治家，社会制度建设的根本指南是“资本的逻辑”时，该社会无疑就是资本主义社会了。布克金说得不错，资本主义把经济增长看作最高社会目标，要求人类的一切活动，包括政治、军事、科学、文化甚至宗教，都服务于经济增长，归根结底都服从于“资本的逻辑”——不增长则死亡（grow or die）。如果经济增长必然意味着物质财富的增长，则绿化资本主义是不可能的。因为物质财富的增长是有极限的，地球生态系统的承载极限就是物质财富增长的极限。

建设生态文明的有利制度条件之一是中国坚持走社会主义道路。建设生态文明，要求限制人们过度的物质消费。我国现阶段需要用宏观经济政策刺激消费，但同时又必须密切关注经济增长的生态极限。如果我们的制度鼓励人们在物质消费方面竞相攀比，则势必走向生态崩溃。

修补论者大多是经济主义者，认为发展才是重中之重，环保决不能压制发展，发展的前提是经济增长。鉴于“冷战”期间计划经济的低效率，经济主义者有对市场经济的高度认同，他们不赞成对资本主义的“过激”批判。我国官方意识形态更倾向于修补论。一位环境保护部的官员曾说，生态文明并非是取代工业文明全新的文明形态。不宜把“生态文明”抬得过高。其深层担忧是“过分拔高生态文明”会影响快速发展。而超越论者大多放弃了经济主义，他们认为，环境保护即使不是比经济增长更重要的目标，也是同等重要的目标，故决不能以环境破坏换取经济增长。

就生态文明建设与现代科技进步的关系问题，也存在两种根本不同的观点：一种认为，现代科技的发展方向就是错误的，现代科技一味追求征服力的扩大，全球性的环境危机、生态破坏和气候变化正是现代工业文明滥用现代科技的后果，必须实现科技的生态学转向，才可能建设生态文明。另一种则认为，科技始终是一种进步力量，科技发展有其内在的逻辑，不存在什么科技转向的问题，只要人类善用科技，就可以建设生态文明。前一种观点是正确的，科技发展没有什么“内在的逻辑”，科技永远应该以人为本。并非任何科技发明都代表着人类文明的改善（原子弹、氢弹的发明恐怕不能算是文明的改善）。现代科学是以穷尽自然奥秘为最终目标的科学，现代技术是以现代科学为知识资源、以无限扩大征服力为目标的技术，合起来可称为无限追求征服力增长的科技，或简称为征服性科技。全球性生态危机的出现与这种科技的“进步”有内在的关联。这种科技支持“科技万能论”，支持“资本的逻辑”，支持“大量生产—大量消费—大量废弃”的生产生活方式。若不彻底扭转科技的发展方向，则生态文明建设无望。必须实现科技的生态学转向。由追求日益强大的征服力的科技转向以人为本、保障生态安全、维护生态健康的科技，就是科技的生态学转向。实现了这种转向，我们就会优先发展生态学与环境科学，优先发展清洁能源、清洁生产技术、生态技术以及一切支持循环经济的技术（包括低碳技术）。修补论者大多信奉第二种观点，而超越论者大多信奉第一种观点。

当然，支持修补论最有力的理由是：人类不可能退回到农业文明，谁都不愿回到贫穷的古代，生态产业既然是产业，就必然仍是大批量、高效率的生产方式，即生态文明必须继承工业文明的许多技术和组织形式。

我们将综合现有成果的合理思想，给出一个对“生态文明”的清楚的定义。为能清楚地界定“生态文明”，我们先要清楚地界定“文明”。1999年版的《辞海》解释“文明”一词说，犹言文化，如物质文明；精神文明，指人类社会进步状态，与“野蛮”相对。如上所述的修补论就是在第二种意义上使用“文明”一词的。《辞海》解释的“文明”的第一种意义与“文化”同义。英国学者菲利普·史密斯在《文化理论》一书中也指出，当“文化”一词指“整体上的社会进步”时，它与“文明”一词同义[1]。如果我们把“文明”用作“文化”的同义词，则不能不考察历史学家和人类学家对这两个词的用法，即，不能不考察历史学家和人类学家所赋予这两个词的内涵。

美国人类学家托马斯·哈定等人认为，“文化是人类为生存而利用地球资源的超机体的有效方法；通过符号积累的经验又使这种改善的努力成为可能；因此，文化进化实际上是整体进化的一部分和继续。”[2]著名英国人类学家马林诺斯基认为，文化实际上是“一个有机整体（integral whole），包括工具和消费品、各种社会群体的制度宪纲、人们的观念和技艺、信仰和习俗”[3]，是“一个部分由物质、部分由人群、部分由精神构成的庞大装置（apparatus）。”[4]这种意义的“文化”指“一个民族、集体或社会的生活方式、行为与信仰的总和。”[5]这是在“20世纪上半叶受到多位人类学家支持”的文化定义，“至今仍然在该学科中占据主导地位。”[6]如果把这样的界定看作是对“文化”的定义，则它同样适用于“文明”。这是广义的“文化”或“文明”。这种意义的“文化”或“文明”指人类超越其他动物所创造的一切，历史学家通常也在这一意义上使用“文化”或“文明”。英国著名历史学家汤因比所说的“文明”就是这一意义上的“文明”[7]。

我们还必须较为清楚地界定何谓“生态”。一个名词一旦成为褒义的流行词就难免被滥用。“生态”一词如今正常常被滥用。

生态学（ecology）的问世应是科学史上划时代的事情，因为它不仅开辟了一个全新的研究领域，而且采用了不同于现代主流科学的方法，提出了全新的科学理念。

生态学最早于1866年为德国的海克尔（Ernst Haeckel）所提出，海克尔是达尔文的热心且有影响的信徒。他认为，生态学实质上是一种关于“生

---

[1] 菲利普·史密斯著；张鲲译．文化理论——导论[M]．北京：商务印书馆.2008，第8页．

[2] 托马斯·哈定著；商戈令译．文化与进化[M]．杭州：浙江人民出版社，1987，第7页．

[3] 布罗尼斯拉夫·马林诺斯基著；黄建波等译．科学的文化理论[M]．北京：中央民族大学出版社.1999，第52页．

[4] 布罗尼斯拉夫·马林诺斯基著；黄建波等译．科学的文化理论[M]．北京：中央民族大学出版社.1999，第53页．

[5] 菲利普·史密斯著；张鲲译．文化理论——导论[M]．北京：商务印书馆，2008，第8页．

[6] 菲利普·史密斯著；张鲲译．文化理论——导论[M]．北京：商务印书馆，2008，第9页．

[7] 阿诺德·约瑟夫·汤因比著；沈辉等译．文明经受着考验[M]．杭州：浙江人民出版社，1988.

物与环境之关系的综合性科学（comprehensive science）”。这一定义的精神清楚地体现在布东–桑德逊（Burdon–Sanderson，1893）的生物学分支探讨中，其中生态学是关于动植物相互间外在关系以及与生存条件之现在和过去关系的科学，与生理学（研究内在关系）和形态学（研究结构）相对照。对于许多生态学家来讲，这一定义是经得起时间检验的。所以，李克利夫（Ricklefs，1973）在其编著的教科书中就把生态学定义为“对自然环境，特别是生物与其周围环境之内在关系的研究。”

在海克尔之后的若干年，植物生态学与动物生态学分离了。有影响的著作把生态学定义为对植物与其环境以及植物彼此之间关系的研究，这些关系直接依赖于植物生活环境的差别（坦斯利，Tansley，1904），或者把生态学定义为主要关于可被称作动物社会学和经济学的科学，而不是关于动物结构性以及其他适应性的研究（埃尔顿，Elton，1927）。但是植物学家和动物学家早就认识到植物学和动物学是一体的，必须消弭二者之间的裂缝。

安德沃萨（Andewartha，1961）把生态学阐述为“对生物分布和丰富性的科学研究”。但是，克莱布斯（Krebs，1972）认为实际上此定义并没有反映出“关系”的重要作用，因此，克莱布斯对定义又作了修正：生态学是“对决定着生物分布和丰富性的相互作用的科学研究”，并说明生态学关心“生物是在何处被发现的，有多少生物出现，以及生物出现的原因”。当代生态学家的观点是生态学应被定义为“对生物分布和丰富性以及决定分布和丰富性的相互作用的科学研究”[1]。可见生态学的基本方法是系统方法，其主要研究目标是生物机体、物种、群落等与其生存环境的复杂互动关系。

在强大的主流科学（以物理学为典范）的影响下，当代生态学家们也不免要努力采用还原论的方法，要努力建构数学模型，故非专业生态学家已难以读懂专业生态学家撰写的专业论文和专著了。但康芒纳所概括的生态学的四条法则是简明扼要的，这四条法则是：一切事物都必然有其去向；每一种事物都与别的事物相关；自然所懂得的是最好的；没有免费的午餐。

有了对生态学的基本了解，我们才能较准确地把握作为形容词的“生态”（ecological）一词的用法。“生态”或者与“生态学的”同义，或者指生物（包括人类）与其生存环境的相互依赖和协同进化。

[1] 人的基本需要指：保持健康的营养、保暖和保持基本体面的服饰以及遮风避雨的居所的需要。

总之，生态文明是指用生态学来指导建设的文明，从而谋求人与自然和谐共生、协同进化的文明。

、生态文明——人类文明的必由之路

狭义的生态文化是以生态价值观为核心的宗教、哲学、科学与艺术。在广义的文化中，狭义的文化主要体现于理念和艺术，当然它也直接渗透在语言、风俗和制度之中，它甚至还体现在技术和器物之中。

我们将逐一阐释广义生态文化即生态文明的各个维度，并进而概括生态文明的基本特征。现代文明理念中的人类中心主义是强烈支持人类征服自然、破坏地球生物圈的意识形态，它已受到不同流派的环境哲学的批判。在未来的生态文明中，我们应树立非人类中心主义的世界观和价值观，即体认价值的客观性，承认人与生物圈的关系也是伦理关系，体认超越于人类之上的终极实在的存在，体认人类自身的有限性。

说明了生态文明的理念维度之后，还有语言、艺术、风俗、制度、技术、器物诸多维度。以下逐一分析。

（一）生态文明的语言

语言是人类超越其他动物的根本标志，从而是人类文明的基本标志。但通过不同语言的比较而分析文明的差异，是语言学家、人类学家、历史学家等才能胜任的细致工作，此项工作不是哲学的任务。但我们可以设想，在生态文明中，表达和谐、平衡，关怀生命的词汇应该丰富一些，表达暴力和征服的词汇应该少一些。如今，我们正努力建设和谐社会，和谐、平衡开始成为中国人追求的理想，从而关于和谐、平衡的语汇（包括“互惠”“双赢”“共生”等）会丰富起来，这样就会减少许多人为的斗争和冲突。生态文明的语言应该是主和的语言。这当然不意味着建设生态文明不需要经过任何形式的斗争。事实上，科技万能论和反科技万能论、物质主义与反物质主义的思想斗争将会是长期的，线性经济增长方式的既得利益者与力主建设生态经济的人们之间的斗争也将会是长期的，甚至是尖锐复杂的。但总的说来，生态文明应是主和的文明，从而其语言也应是张扬和平、促进和谐的。

（二）生态文明的艺术

人总是追求意义的，人是追求无限的有限存在者。现代文化激励人们以追求物质财富的方式追求无限（或意义）。当然，物质财富也可被划分为不同种类。有的人看重珠宝、古玩，现代更多人永不知足地消费科技含量高、设计“人性化”、包装精美的工业品，如汽车、各种电器（如电脑、手机）。现代艺术的主要社会功能就是包装商业服务和工业品，满足人们的娱乐、休闲和审美需要，激发人们消费，推动经济增长，从而服务于“资本的逻辑”。但艺术可以为人们直接的意义追求敞开无限的空间。蔡元培等教育家、思想家曾主张以艺术代替宗教，就因为艺术能满足人们的超越性追求。王国维在介绍和评论德国文学家、美学家席勒时说：“希尔列尔（即席勒）以为真之与善，实赅于美之中。美术文学非徒慰藉人生之具，而宣布人生最深之意义之艺术也。一切学问，一切思想，皆以此为极点。”[1]王国维认为，艺术和审美的境界是“无利无害，无人无我，不随绳墨而自合于道德之法则”的境界。“一人如此，则优入圣域；社会如此，则成华胥之国。”[2]可见，艺术可成为人们追求人生意义的途径，可满足人们的超越性需要。历史上有这样的杰出艺术家，他们追求艺术，不是为了金钱，而是为了自我价值的实现，或说他们追求的不是艺术的“外在的善”而是艺术的“内在的善”。但现代社会不支持这样的艺术家，这样的艺术家生前往往穷愁潦倒，死后才名声大噪，从而其作品才得到社会承认。现代文化迫使艺术服务于商业。在未来的生态文明中，应进一步缩短人们的工作时间，使人们有更多的业余时间。这样，酷爱艺术的人就可以用追求艺术的方式追求人生意义，从而摆脱消费主义的模铸和束缚，逐渐创造出非商业化的艺术，从而促进多样艺术的繁荣。简言之，生态文明的艺术应是多样化的艺术，应有较大比例的独立于商业的艺术，而不像现代艺术几乎完全附着于商业。

（三）生态文明的风俗

现代文明的风俗表现为生活时尚，它在很大程度上受制于商业和媒体，大众的消费偏好和生活趣味就直接表现在时尚之中。现代时尚有三大特征：一是变化快，二是呈现去道德的趋势，三是跨国界或国际性。这三大特征都与“资本的逻辑”有关。快速变化的时尚催促着人们不断更换消费品，从而起到促销作用，使资本能灵活周转、加速周转。去道德倾向使人们认为，生活中的许多维度是与道德无关的，如消费是与道德无关的，只要市场上有某种商品，我就可以根据自己的需要去购买，只要有某种商业服务，我就可以花钱享受这种服务。去道德就是使本该受道德约束的活动摆脱道德的约束。大众持这种态度显然有利于商家。人们在不断变化的时尚中，是否越来越有幸福感，是很值得怀疑的。风俗的去道德化正是现

[1] 王国维；佛雏校辑．王国维哲学美学论文辑佚 [M]. 上海：华东师范大学出版社 .1993，第 258 页．
[2] 王国维；佛雏校辑．王国维哲学美学论文辑佚 [M]. 上海：华东师范大学出版社 .1993，第 257 页．

代道德失去传统道德的那种约束力的原因之一。传统道德在很大程度上是靠风俗而内化于人们的心灵的。与现代道德相比，传统道德当然有约束过严的弊端，比如，在中国某些地方，姑娘未出嫁之前若被发现与男人有染，会被家族处死。这当然过于残酷。但现代风俗又基本失去了维系道德的功能，致使道德几乎全靠法制震慑和人际监督维系。现代时尚的前两个特征都不利于生态健康。现代时尚推动着消费主义的流行，支持着消费社会的“资本的逻辑”，激励着人们的物质贪欲。去道德化倾向使人们忘记了自己作为消费者的社会责任。古代的风俗是民族性的，不同的民族有不同的风俗，即使不同民族的风俗能相互影响，但不可能像现代风俗这样表现为国际性时尚，如一种时装在巴黎流行，很快就会也在别国流行，更不用提麦当劳食品、好莱坞电影在世界各国的流行。因为古代的经济活动是相对封闭于特定国家或地域之内的，而今天的经济活动已是国际性的活动，资本在世界市场上流通，在全球寻找最佳投资途径，资本的全球流通和经济贸易的全球化势必推动时尚的国际化，因为资本在强有力地操纵着时尚。

针对现代时尚的前两个特征，生态文明的风俗应恢复风俗的稳定性，并应重新获得维系道德的作用，不应像现代时尚一样几乎完全被商业所左右。生态文明的风俗应有利于培养人们的消费责任，如培养绿色消费的责任，使人们不以铺张浪费、暴殄天物为荣，不以生活简朴为耻；使人们意识到在物质富足的社会，消费者是可以通过自己的消费选择影响整个社会的。一个人坚持购买环保产品似乎微不足道，但当这样的消费者日益增多时，环保产品的市场就会扩大，这样就会促进产业结构向亲自然的方向转变。

现代人的交往方式过分受商业影响，俱乐部也主要以夜总会的形式经营。在生态文化中，人们应创造新的交往方式，甚至学习古人，创造性地复活一些古人的交往方式，如诗社、画社等。将来的非营利性社团可以为人们提供多样化的交往空间，从而削弱资本对时尚的操纵。可以断言，如果有越来越多的人摒弃了物质主义、消费主义价值观及与之相应的生活习性，资本对时尚的操纵力就越来越小。

（四）生态文明的制度

现代制度有其合理之处，但仍存在严重弊端。现代制度的逐渐生长与现代理念的逐渐深入人心密切相关。市场制度与民主制度都与自由和人权观念密切相关。传统社会制度的主要弊端在于它不能有效约束统治者的权力，而被统治者的自由却又被制度约束得过严，从而其权利被剥夺过多。即统治阶级残酷地压迫剥削被统治者。启蒙运动之后，西方逐渐建立起宪政民主，这便对统治者（或治理者）的权力实行了法治化、程序化的限制，使之不能不受惩罚地压迫剥削平民百姓（公民），同时使平民百姓的基本权利受到法治的保护。这无疑是政治史上的伟大进步。但西方启蒙所带来的政治进步并没有同时导致启蒙学者们预言的道德进步。如果说政治与公共道德密不可分，那么可以说，现代民主政治带来了公共道德的进步，但没有带来个人道德的进步。实际上，个人道德水平大大降低了，所以，现代人的整体道德水平丝毫也没有提高。平民百姓获得了自由，他们的权利有了法治和民主的保障，但他们追求人生意义的方式却并不比传统社会的人更高尚。我们没有理由认为，拼命赚钱、及时消费比"富而好礼，贫而乐"更高尚，也没有理由认为拼命赚钱、及时消费比虔信上帝、拯救灵魂更高尚，现代人也不比忠厚本分、知足常乐的古代中国农民高尚。

早在18世纪，法国著名思想家托克维尔就曾指出："民主利于助长物质享受的欲望。这种欲望倘若没有节制，就会使人们相信一切都只是物质；再由物质主义用煽动这一享受的狂热来完成对他们的引诱。民主国家就是在这个宿命之循环中生长起来。看到这一危险并坚守到底是有益的。"[1]实际上，人类正面临的生态危机与现代制度的价值导向（与主流意识形态的价值导向一致）密切相关。现代制度因过分受制于"资本的逻辑"而激励人们拼命赚钱、及时消费。这种制度又因为能最有效地保证民族国家追求富强而产生了全球性的示范作用（这与它能保障人权，满足人们的自然需要也有关系），但拼命追求富强的国际竞争会使人类在生态危机中越陷越深!

生态文明当然不能抛弃市场制度和民主法治。在生态文明中，需在保持民主法治基本框架的前提下，探讨如何使思想精英的理性之思更有效地影响大众的问题。

市场制度在动员人们进行各种生产方面起着根本性的作用，它利用人们追求自我利益最大化的倾向，用利益杠杆推动人们从事各行各业的经营、生产和创新。生态文明建设不能建立在人性改善的乌托邦梦想之上，所以它不能弃绝市场经济制度。但生态文明可通过其更合理的理念，促使人们改变信念，培养生态良知，甚至克服物质主义、消费主义价值观。

简言之，生活于市场经济制度和民主法治之下的人既可以是"经济人"，也可以是"生态人"，生态文明不要求把所有人都转化为圣人。"生态人"可以仍具有"经济人"的追求自我利益最大化倾向，但他们因

[1] 雅克·布道著；万俊人，姜玲译. 建构世界共同体——全球化与共同善 [M]. 南京：江苏教育出版社，2006，第 294 页 .

为同时具有生态良知，而在道德上有所进步，在理智上更加开明（他们的偏好包括清洁环境、自然美、生态健康）。有生态良知的人们的利益观会发生根本改变，他们会意识到，利益不仅包括物质财富，还包括人际交往的改善、生态健康、环境宜人等。人与人之间的竞争或许是不可消除的。在生态文明中，人际关系仍会保持在适度的竞争张力之中，但由于利益观改变了，“经济”一词的意义也会改变，利用市场机制，用利益杠杆推动人们去维护生态健康是可能的。当然，不能设想仅凭市场就可驱使追求私利的人们自觉维护生态健康。

生态文明的制度应该有利于非营利性的非政府组织的活动。在由现代文明向生态文明的转型过程中，尤其应该鼓励以保护环境为目标的非政府组织的活动。

现代制度似乎支持信仰、价值多元化，实际上它表面的多元化维护着经济主义和消费主义的主导地位。可能有人说，许多发达国家的人都信仰基督教。但西方宗教改革之后，基督教就日益变得能与“资本的逻辑”兼容。今天的基督徒可以同时是经济主义者和消费主义者。由于现代制度过分支持“资本的逻辑”，故现代社会不是真正的能促进个人自由发展的多元社会。一个不会赚钱的人会被大多数人看作失败者，不管他在某些方面（比如绘画）如何卓越。主流社会对少数有独特追求的人们的贬抑扼杀了他们的天赋，抑制了他们的创造激情。生态文明的制度应鼓励真正的价值多元化，鼓励人们在生活方式上的独创性。在生态文明中，不仅任何宗教都不能提供统一的价值标准，金钱也不能成为统一的价值标准（即经济主义、消费主义不能居于主流价值观地位）。在这样的社会中，一个人不必为自己赚钱很少而感到自卑，他完全可以在基本需要得以满足的前提下，一往无前地追求自己所认定的最高价值。

货币的产生无疑代表着文明的巨大进步。资本主义“使万物皆商品化”，把货币的魔力凸显到无以复加的程度，从而空前地提高了物质生产的效率，这也是具有重要历史意义的。货币是社会的一般价值符号，它只能代表人们共同追求的价值，或者代表一定数量的人群共同追求的价值。货币无法代表极少数个人追求的独特价值，对个人来讲，其独特追求对于其生活幸福是极为重要的。一个社会的制度若过分支持市场化，就会把占有货币当作衡量个人价值实现的唯一标准，这样的社会必然是压制个性和文化（狭义的）创造性的。

生态文明的制度应保障每个人的基本需要的满足，同时真正鼓励人们的多元价值追求。只有在这样的社会中，个人才能获得最为全面的发展。为保证社会的物质富足，必须保留市场经济制度，即必须保留利用金钱去刺激人们从事各行各业活动的制度。马克思、恩格斯设想的那种完全消除社会分工界限、劳动成为人们“第一需要”的理想社会离现实还十分遥远。任何一个社会都会有许多工作枯燥甚至极为艰辛的行业，没有金钱的刺激，就没有人愿意从事这些行业。更不用说，为保持物质丰富，社会必须具有强有力的动员人们从事物质生产的机制。就此而言，市场经济制度是必要的。但是，为了纠正资本主义的错误，生态文明的制度必须通过政府掌控的“第二次分配”去鼓励道德进步、精神提升，去激励各种非功利性的文化创造活动。

（五）生态文明的技术

技术的转变是关键性的转变。只有当人类实现了从征服性技术向调适性技术的转变时，才能说我们已从现代文明转向了生态文明。

在生态价值观和理解性科学指导下的技术可以继承现代技术的许多成果。信息技术则可以直接为生态文明所用。在美国蒙大拿大学哲学系教授阿伯特·博格曼（Albert Borgmann）看来，“信息技术变成了后现代经济的发动机。现代经济可能已患上过分地大批量生产商品带来的僵化症，和遭受它在环境中造成的有毒条件所导致的缓慢的（如果不是致命的）中毒。信息处理方式开辟了许多新的生态龛（niches），要求用顾客化的商品和精致的服务来填充。它有利于监控和净化环境，以节约方式使用和循环使用资源。信息本身变成了一种宝贵的资源和精疲力竭的地球所易于承担的消费品。”[1]现代经济不仅“可能患上过分地大批量生产商品带来的僵化症”，而且事实上因“大量生产—大量消费—大量废弃”而造成了巨大的生态压力。信息技术可转化人们的物质消费欲望，即可通过信息消费的方式部分满足人们原来必须通过物质消费才能满足的欲望，从而缓解人类物欲对地球生态健康的冲击。但这必须伴随着人们价值观的改变才能成为现实。

（六）生态文化的器物

文明的器物层面与技术层面有最为直接的相关性，有什么样的技术，就有什么样的器物。工业体系生产工业品，我们希望，在生态文明中，生态工业体系生产生态产品。利用化石燃料做能源的现代工业是现代文明的硬性标志。随着人口的增长和现代生活方式的全球性影响，人类不得不使用化石燃料，因为生物资源无法满足日益增长的人口的物质需求。更严重的是，在现代文明中，不仅人口增长，而且一代人比一代人贪婪。你完全不能设想现代人完全用木柴或农作物秸秆做饭、取暖……但化石燃料的大

[1] 罗伯特·伯格曼著；陈一壮译. 信息与现实 [J]. 山东科技大学学报，2006（3）.

量使用以及化学工业的扩展，正是现代环境污染和生态破坏的直接原因。西方呼唤生态经济的学者们宣称：“随着新世纪的开始，化石燃料的时代走到了穷途末路。”[1]在未来的文明中，人类必须寻找新能源。莱斯特·R.布朗认为，这种新能源就是太阳能/氢能，采用太阳能/氢能的经济便是“氢能经济”[2]。“世界能源经济重新建构之后，其他经济部门也会发生变化”[3]。莱斯特·R.布朗的预言也许过于简单，如何实现由化石燃料经济向清洁燃料经济的转化，将是生态文明中最重要的科技攻关项目之一，需要一代又一代科技工作者的努力。

实现了能源革命，就不难生产生态产品和环境友好型产品。生态产品和环境友好型产品应成为生态文明中人们使用的主要物品。

随着文明其他维度的改变，人们对物品的需求量会保持在适度的范围，产业部类也会产生巨大的改变。随着人们价值观的改变，人们的消费偏好会改变，如对电子产品、文化产品的需求量可能提高，对汽车一类商品的需求量会趋于稳定。

值得注意的是，器物对文明的作用一向不限于满足人们的基本物质需要。器物总具有符号价值。即使是古代文明，也需要通过器物去标识不同阶级、阶层的社会地位或政治地位。如中国古代皇宫使用的器物象征着皇家气象。各种礼器则更有标识社会地位和政治地位的象征意义。

然而，古代社会器物的符号意义与现代工业社会器物的符号意义根本不同。古代社会的物质生产相对不足，物质生产的主要目的是满足人们的基本需要。除皇家和官宦之家外，人们劳动主要是为了获取生活必需品。现代社会不是这样。现代的物质生产几乎完全从属于“资本的逻辑”。进入消费社会以后，人们拼命赚钱、努力工作，也主要不是为了满足基本物质需要，他们或为制度化的职场竞争所迫，或为追求人生的成功。现代消费社会消弭了基本需要和意义追求之间的界限，它用日益丰富的商品等级和商业服务等级编制了一个价值符号体系。这个价值符号体系就是一个价值阶梯，例如，今日中国不同品牌和价格的轿车就构成一个标识人生成功程度的价值符号系列：如果你只买得起“夏利”，就表明你刚踏上人生

[1] 莱斯特·布朗著；林自新等译．生态经济——有利于地球的经济构想 [M]．北京：东方出版社，2002，第 110 页．

[2] 莱斯特·布朗著；林自新等译．生态经济——有利于地球的经济构想 [M]．北京：东方出版社，2002，第 109 ~ 134 页．

[3] 莱斯特·布朗著；林自新等译．生态经济——有利于地球的经济构想 [M]．北京：东方出版社，2002，第 111 页．

成功的道路；如果你能买得起“宝马”，则表明你已跻身成功人士行列。现代制度支持的由物构成的价值符号体系激励着人们在社会等级阶梯上攀登，从而支持着资本的周转和流通，激励着经济的增长。但物的体系的扩张与生态健康是相互冲突的。

在生态文明中，市场必须受政治、道德和科学的制约，资本也必须受政治、道德和科学的制约。人们价值观的改变和制度的改变会淡化物的价值符号作用。有生态良知和较高境界的人们不会再以拥有尽可能多的物质财富为荣，他们对器物的追求会限于基本物质需要的满足，他们的意义追求将不再依赖于金钱和物质财富的增加。

第三节　生态文明建设的指导思想与原则解读

一、生态文明建设的发展

中华文明是具有五千多年历史的古老伟大的文明，曾以“四大发明”贡献于世界和人类。“启蒙运动”之后，西方文明才随着现代性思想的深入人心和现代科技的迅速发展而崛起。这便是现代西方文明。它是一种至刚的，极具侵略性、扩张性和征服性的文明。在殖民主义时期，西方人凭借先进的科技和武器，在全球范围内掠夺财富、资源、奴隶，建立殖民地。到了18世纪，中国因科技、经济和武器装备落后而处于弱势。“鸦片战争”失败之后，中国沦为了西方列强的半殖民地。中国面对着西方列强的极度屈辱，使许多人（特别是以鲁迅等人为代表的知识分子）对传统中华文明彻底丧失了信心。在他们看来，中华民族唯一的生存之路就是向西方学习，中国的近邻日本就因为率先向西方学习而一跃成为强国。从此之后，实现现代化既被认为是救亡图存的基本战略，也被认为是中国民族再创辉煌的必由之路。

1949年中华人民共和国成立。为顺应时代的发展，中国共产党在现代化建设方面选择了计划经济制度。在1978年，邓小平宣布实行“改革开放”的政策。自此以后，中国的现代化策略逐步由原来的苏联模式转向市场经济为导向的模式。实际上，1978年以来的改革开放证实了市场经济的现代化建设模式具有极高的效率。改革开放之后的20世纪90年代，我们不仅可以轻而易举地建长江大桥，还能建三峡电站。在2009年，中国成为世界第三大经济体；在2010年，中国已然成为世界第二大经济体。中国1978

年以来的经济发展成为举世瞩目的发展奇迹。

、生态文明建设的指导思想

在生态文明建设中，我们应该始终坚持以马克思主义为指导思想，将马克思主义基本原理同我国具体实际相结合，不断推动生态文明理论的创新发展，不断改善生态环境质量。

（一）马克思主义生态思想

对于生态环境保护与改善这一重大时代课题，很多西方学者进行了深刻批判和系统研究，提出了许多值得我们学习和借鉴的思想观点。但是，要跳出资本主义的发展逻辑，站到人类社会发展前途命运的高度思考和解决生态环境问题，就应该把马克思主义作为科学的理论指导和研究方法。

马克思恩格斯认为，人与自然是密不可分的，人是自然界发展到一定历史阶段的产物，人本身就是自然的存在物，是自然界构成的一部分；离开自然界人也就无法生存，人必须依靠自然界而生存。马克思指出："在实践上，人的普遍性正表现为这样的普遍性，它把整个自然界——首先作为人的直接的生活资料，其次作为人的生命活动的对象（材料）和工具——变成人的无机的身体。自然界，就它自身不是人的身体而言，是人的无机的身体。人靠自然界生活。这就是说，自然界是人为了不致死亡而必须与之处于持续不断地交互作用过程的、人的身体。所谓人的肉体生活和精神生活同自然界相联系，不外是说自然界同自身相联系，因为人是自然界的一部分。"[1]马克思把自然界称作"感性的外部世界"，认为它给人提供赖以生存的生活资料和进行劳动的生产资料。离开这种"外部世界""感性自然界"，人的一切物质生产活动便无法进行，人的生命也将不复存在。

马克思恩格斯认为，人是自然界的一部分，并不是说人与自然只是一种动物式的简单服从关系，而是在人类实践活动中，自觉建立起对自然界的理性认识和能动改造关系。这种理性认识和能动改造的实践活动表明，我们在参与自然活动时，不但是自然界的探索者和改造者，而且也应该成为自然界的保管者和看护者。恩格斯在《自然辩证法》中指出："我们不要过分陶醉于我们人类对自然界的胜利。对于每一次这样的胜利，自然界都对我们进行报复。每一次胜利，起初确实取得了我们预期的结果，但是

[1] 马克思恩格斯选集（第 1 卷）[M]. 北京：人民出版社，1995，第 45 页 .

往后和再往后却发生完全不同的、出乎预料的影响，常常把最初的结果又消除了。……因此我们每走一步都要记住：我们统治自然界，绝不像征服者统治异族人那样，绝不是像站在自然界之外的人似的，——相反地，我们连同我们的肉、血和头脑都是属于自然界和存在于自然之中的；我们对自然界的全部统治力量，就在于我们比其他一切生物强，能够认识和正确运用自然规律。”[1]

这些重要论述揭示了马克思主义生态思想的重要原则，即人类的社会实践活动要以时代所规定的客观条件为出发点，要遵循自然界的客观规律。人与自然两者之间表现为内在统一的整体关系，两者相互联系、相互影响、相互依存、相互促进。人类对自然界有着根本的依赖性，自然界为人类的生存及活动提供必要的场所和客观条件，人类是自然界重要的组成部分。同时，人又是社会历史的产物，具有高于自然物质的社会属性，其表现为探索自然和社会发展规律的认识能力、规范人与社会之间行为秩序的道德意识、改造自然界和社会的劳动生产能力。在社会历史发展进程中，人类不但具有改变自然界的能力，同时更具有保护生态环境的职责，其一切活动都应该尊重自然规律。实现人与自然的和谐发展，既是马克思主义生态思想的核心理念，也是建设生态文明社会的重要目标。

马克思主义认为，文明若是自发地发展，而不是自觉地发展，则留给自己的是荒漠。这是对突飞猛进的工业文明发出的睿智忠告，而且正在为世界文明发展的现实所证实。工业革命以来，全球环境遭到空前破坏和污染，全球生态危机已经成为人类生存与发展的最大安全威胁。要保护地球家园，解决生态问题，就必须认识到环境问题既是人与自然的关系问题，也是人与人的关系问题，与社会制度和发展模式有着密切联系，仅靠技术上的修修补补不可能彻底解决。人们越来越认识到，真正解决当代的生态环境问题，应该坚持马克思主义的科学理论和辩证方法。

马克思主义认为，从历史上看，工业文明创造的物质繁荣，在很大程度上建立在资本主义剥削、殖民掠夺和利用先进技术开采全世界资源的基础上，建立在开采不可再生或可耗尽资源的基础上。这种不负责任的行为，造成生产能力、消费欲望的无限扩张和生态环境的有限承载之间的矛盾激化，从而破坏人与自然之间的物质变换平衡，最终威胁到人类本身。恩格斯指出的“大自然的报复”，就是因为人类过度向自然界索取的行为，严重破坏了自然界和人类社会之间的和谐与平衡。人类对自然的无尽

[1] 马克思恩格斯选集（第4卷）[M]. 北京：人民出版社，1995，第383～384页 .

索取，使人与自然之间发生了“物质变换的断裂”，并进一步表现为人与人之间关系的“断裂”。这些“断裂”关系的进一步尖锐化，就外在表现生态危机。

（二）生态危机与资本发展的内在联系

生态危机与资本发展具有内在的联系，是资本在全球扩张的必然结果，是资本主义生产方式对抗性的表现，也是资本主义的痼疾。以资本生产为特征的现代生产方式面临着自身无法解决的困境，以“人类中心主义”为特征的西方生活方式面临着深刻的挑战，以西方发达国家为代表的资本主义社会制度面临着新的深刻危机。解决事关整个人类前途命运的生态危机，应该坚守马克思主义所揭示的社会发展规律，坚信马克思主义所指明的社会发展途径，坚持马克思主义所开拓的前进方向。

保护生态环境，必须依靠全人类的共同努力。马克思主义认为，自然是人类永远的共同财产，只能依靠符合全人类利益的社会制度来管理。“社会化的人，联合起来的生产者，将合理地调节他们和自然之间的物质变换，把它置于他们的共同控制之下，而不让它作为一种盲目的力量来统治自己；靠消耗最小的力量，在最无愧于和最适合于他们的人类本性的条件下来进行这种物质变换。”[1]所以，人类要做到对自然合理地控制与调节，不仅要对生态环境问题产生的根源有科学的认识，还要对“直到目前为止的生产方式，以及同这种生产方式一起对我们的现今的整个社会制度实行完全的变革”[2]。

生态文明是人类社会发展到一定阶段的高级状态，生态文明的核心是人与自然的和谐。它不是单纯的节能减排、保护环境、控制污染、恢复生态的问题，而是要融入经济建设、政治建设、文化建设、社会建设的各方面和全过程。生态文明是人类文明的发展理念、道路和模式的重大进步，但也是一个前所未有的崭新课题。我们不仅需要直面以往发展过程中累积的问题，更要准确地把握时代的脉搏，按照马克思主义“实践—认识—再实践—再认识”的认识论原理，不断探索实现绿色发展、循环发展、低碳发展的有效途径，转变落后的生产方式和生活方式，形成适合我国国情、符合科学发展观要求的中国特色社会主义生态文明发展道路。

---

[1] 马克思恩格斯文集（第7卷）[M]. 北京：人民出版社，2009，第928 ~ 929页 .

[2] 马克思恩格斯文集（第9卷）[M]. 北京：人民出版社，2009，第561页 .

三、生态文明建设的原则解读

生态文明建设是涉及人与自然环境因素的复杂系统工程。推进我国生态文明建设，既应该全面把握当前的基本国情，又应该从人民的根本利益出发，还应该遵循整个人类文明发展的基本方向。当前，我国生态文明建设需要坚持以下几个基本原则。

（一）坚持把节约优先、保护优先、自然恢复为主作为基本方针

我国在当前的经济社会发展阶段，既面临着仍然要以发展为第一要务的紧迫任务，又面临着经济发展与环境保护的双重目标。在处理经济发展与环境保护的具体实践中，我们应该在资源开发与节约中，把节约放在优先位置，以最少的资源消耗支撑经济社会持续发展；在环境保护与经济发展中，把保护放在优先位置，在发展中保护、在保护中发展；在生态建设与修复中，以自然恢复为主，将自然恢复与人工修复相结合。

（二）坚持把绿色发展、循环发展、低碳发展作为基本途径

虽然我国经济总量已经居世界第二位，但是，我国的经济发展仍然有相当大的空间。实践表明，在新的发展阶段，我们的发展不能再是粗放式的发展，而应该是绿色发展、循环发展和低碳发展。也就是说，经济社会发展必须建立在资源得到高效循环利用、生态环境受到严格保护的基础上，与生态文明建设相协调，形成节约资源和保护环境的空间格局、产业结构、生产方式。

（三）坚持把深化改革和创新驱动作为基本动力

发展中的问题需要在发展中解决，发展的动力应该在深化改革中激发。在全面深化改革的新时期，我们应该充分发挥市场配置资源的决定性作用和更好地发挥政府作用，不断深化制度改革和科技创新，建立系统完整的生态文明制度体系，强化科技创新引领作用，为生态文明建设注入强大动力。

（四）坚持把培育生态文化作为重要支撑

我国有13亿多人口，如果人们缺乏生态文化意识，在生产、生活中从不考虑生态成本，那么，我们就必然会付出巨大的生态损耗。相反，如果生态文化意识深入13亿多人的头脑中，并转化为爱护自然、保护环境的实践，那么，就会汇集成巨大的生态红利，形成推进生态文明建设的无穷力量。所以，我们应该将生态文明纳入社会主义核心价值体系，加强生态文化的宣传教育，倡导勤俭节约、绿色低碳、文明健康的生活方式和消费模式，提高全社会的生态文明意识。

（五）坚持把重点突破和整体推进作为工作方式

生态文明建设，既是一个紧迫的现实问题，又是一项任重道远的系统工程。在推进生态文明建设的进程中，我们既应该立足当前，着力解决对经济社会可持续发展制约性强、群众反映强烈的突出问题，打好生态文明建设攻坚战；又应该着眼长远，把加强顶层设计与鼓励基层探索相结合，持之以恒地全面推进生态文明建设。

第二章

我国生态文明建设的历史回顾与考察

第一节　我国生态文明理论渊源

生态文明理论的产生是一个辩证发展的历史过程，是对以往生态思想的继承、发展与创新。生态文明思想继承了中国传统文化中的精华、西方社会中的优秀生态思想以及马克思主义理论中涉及生态环境的基本内容。在此基础上，生态文明理论再与中国的具体国情相结合，以解决和谐社会建设中的生态问题为契机，立足于中国乃至整个人类社会可持续发展的基点之上，实质上生态文明理论是对科学社会主义理论的丰富和完善，其体现了马克思主义理论与时俱进的良好品质。

一、中国传统文化中的生态思想基础

中国的传统文化是世界文化宝库中一颗璀璨的明珠，其博大精深，领域宽广，儒、道、佛三家是其中最重要的组成部分。在儒、道、佛三家深邃思想中，都包含有丰富的生态思想，老祖宗的这些生态思想是生态文明建设的重要理论来源之一。

（一）道家的自然无为、天地父母思想

“自然无为”是老庄哲学的基本要义，自然无为指的是人类“复归其根”自然属性的反映。它要求人们以“自然无为”的方式与自然界进行交流，从而实现顺应天地万物的状态。“人法地，地法天，天法道，道法自然。”（《老子》第25章）“道恒无为而无不为”（《老子》第37章）。“道”把“自然”和“无为”作为它的本性，既有本体论特征，也有方法论意义。这里的“自然”既是“人”之外的自然界，也是“人”生命意义的价值所在。而“道”是人性的根本和依据，决定了人性本善的归宿，是人自然而然的存在，体现出老庄哲学中深刻的人文价值关怀。这里的“无为”，既是对根源于“道”的自然本体属性的认识，也是对人的内在的自然本体属性的认识。“无为”思想体现出了老庄思想的矛盾性，矛盾的统一性表现在个体的自然本性与“道”的本质属性的同一性，矛盾的对立性表现在个体的社会属性与“道”的对立性，即人的“有为”与“道”的“无为”的对立。既然“无为”是“道”的本质属性和存在方式，那么，“无为”也是自然界的本质属性和存在方式，这里的自然界包括了人类在内。人类要想“复归其根”，与“道”合而为一，“自然无为”是根本的

途径。（《老子》第25章）“道”对于天地万物是无所谓爱恨情仇的，植物的春生夏长，动物的弱肉强食，气候的冷暖交替等都是自然现象。道家的“无为”并不是什么都不干，躺在床上等死的颓废，而是一种“无为即大为”的境界，是一种更高层次的“为”。道家的“有为”则是指无视自然本性的“妄为”。“妄为”远离了人的自然本性，靠近了人的功利和狭隘，不可避免地导致人本性的异化，诞生大量的虚伪与丑恶。单纯地从保护生态环境的角度来论证“道法自然”的思想是朴素的、有限的，但它所蕴含的人与自然和谐共生的积极理念，则为我们解决生态危机提供了新的哲学基础，而现代工业文明所缺乏的恰恰是这种思想。

道家把天与地比作父与母，于是就有了“天父地母”的说法，“一生天地，然后天下有始，故以为天下母。既得天地为天下母，乃知万物皆为子也。既知其子，而复守其母，则子全矣”[1]。并且“地者，乃大道之子孙也。人物者，大道之苗裔也”[1]。道家借用父母与子女的关系来比喻道与天地、万物的关系。道家把天地这个大自然系统看成是有生命活力的有机整体，并且表现出人格意志的思想特征，其中包含着明显的生态伦理意蕴。天地万物和人之间的关系如同家长和子女的关系，人作为子女理应承担起照顾好作为父母的天地自然，承担起作为家庭成员应有的伦理责任。

天地生养万物，是人类衣食之源，生存之本，按照此理推论，人类对天地应该始终抱有感恩之心。但是，残酷的社会现实告诉我们，有些人正反其道而行，他们深穿凿地，大兴土木，破坏天地的自然面貌，深挖黄泉之水。“凡人为地无知，独不疾痛而上感天，而人不得知之，故父灾变复起，母复怒，不养万物。父母俱怒，其子安得无灾乎？”[2]利奥波德在《沙乡年鉴》中对大地的看法：“至少把土壤、高山、河流、大气圈等地球的各个组成部分，看成地球的各个器官，器官的零部件或动作协调的器官调整，其中的每一部分都具有确定的功能。”[3]生态女权主义者卡洛琳·麦茜特：“地球作为一个活的有机体，作为养育者母亲的形象，对人类行为具有一种文化强制作用。即使由于商业开采活动的需要，一个人也不愿意戕害自己的母亲，侵入她的体内挖掘黄金，将她的身体肢解的残缺不全。只需将地球看成是有生命的、有感觉的，对她进行毁灭性的破坏行动就应该视为对人类道德行为规范的一种违反。”[4]道家对人们不加节制地开采地下水，破坏自然

[1] 无名氏．太上老君常说清静经注 [M].《道藏》第 17 册，第 148 页．

[2] 王明．太平经合校 [M]. 北京：中华书局，1979，第 115 页．

[3] 雷毅．生态伦理学 [M]. 西安：陕西人民教育出版社，2000，第 128 页．

[4] [美] 卡洛琳·麦茜特著；吴国盛等译．自然之死——妇女、生态和科学革命 [M]. 长春：吉林人民出版社，1999，第 3 ～ 4 页．

的现象表示了担忧，“天下有几何哉？或一家有数井也。今但以小井计之，十井长三丈，千井三百丈，万井三千丈，十万井三万丈。……穿地皆下得水，水乃地之血脉也。今穿子身，得其血脉，宁疾不邪？今是一亿井者，广从凡几何里？”[1]在传统的农耕社会里，上述行为产生的危害是区域性的，不具有整体性，但在现代社会中，为了开采矿山而穿凿土地以及污染地下水的行为却对整个水生态循环系统产生了破坏性影响。

（二）儒家的天人合一、仁民爱物思想

“天人合一”是“天人合德”、“天人相交”、“天人感应”等众多表现形式的统称，是人与自然之间和生和处的终极价值目标。孔子“天人合一”思想的实现，依靠的是“中”的法则的指导，自然与人在“中”之法则的指导下发生联系，趋向统一。孟子的“天人合一”是“尽心、知性、知天”和“存心、养性、事天”的“天人合一”。“尽其心者，知其性也。知其性，则知天矣。存其心，养其性，所以事天也。”（《孟子·尽心上》）董仲舒的“天人合一”思想则明显地带有了政治需要的痕迹，是“人格之天”或“意志之天”。“人副天数”、“天亦有喜怒之气，哀乐之心，与人相副。此类合之，天人一也。”（《春秋繁露·阴阳义》）宋明时期程明道：“天人本不二，不必言合”；朱熹：“天道无外，此心之理亦无外”；陆象山：“宇宙即吾心，吾心即宇宙”。在这里，人就是天、天就是人，人与天达到了同心同理的“天人合一”的境界。“天人合一”的“天”可以分为“主宰之天”，“自然之天”和“义理之天”。“主宰之天”与人们观念中的“神”、“上帝”相一致。董仲舒“天人感应”之“天”含有“主宰之天”之意。“自然之天”是“油然作云，沛然作雨”的天，是“四时行焉，万物生焉”的天。“义理之天”是具有普遍性道德法则的天。“惟王其疾敬德，王其德之用，祈天永命。”（《尚书·召诰》）君主应该崇尚德政，以道德标准来判断是非，才是顺天应命，才能够得到“天”的护佑。宋明时期的“理学之天”实际上是对孔孟“义理之天”的进一步发挥，所以，“理学之天”基本上就是“义理之天”。在上述关于“天”的三种解释中，“义理之天”占据了主要位置，它为人们的生产生活提供各种伦理道德规范，是文化世界的一部分。“主宰之天”和“自然之天”也为人们提供适应社会生活的各种伦理价值，即人的社会政治活动受制于自然法则，自然法则含有社会伦理学的因子。[2]天人合德是儒家天人合一思想的第一种重要形式。儒家认为动植物

[1] 王明．太平经合校 [M]. 北京：中华书局，1979，第 115 ~ 119 页．

[2] 陆自荣．儒学和谐合理性 [M]. 北京：中国社会科学出版社，2007，第 40 ~ 43 页．

是人类的生存之本，而这些动植物资源又是有限的。荀子肯定了自然资源是人类赖以生存和发展的物质基础："夫天地之生万物也，固有余足以食人矣；麻葛茧丝鸟兽之羽毛齿革也，固有余足以衣人矣。"（《荀子·富国》）"故天之所覆，地之所载，莫不尽其美，致其用，上以饰贤良，下以养百姓而安乐之。"（《荀子·王制》）对大自然不能够采取杀鸡取卵、涸泽而渔的态度，一旦这些资源枯竭，人类也会自取灭亡。自然资源的有限性和人类需求的无限性构成了矛盾统一体，二者既相互对立，也相互统一，限制其矛盾性的方面，发展其统一的方面，只能在相互影响与促进的过程中共同发展。

从持续发展和永续利用的基点出发，儒家萌生了"爱物"的生态理念，主张爱护自然界中的动植物，有限度地开发利用资源，反对涸泽而渔式的破坏性使用。孟子进一步阐发了孔子的"仁爱"思想，提出了"君子之于物也，爱之而弗仁；于民也，仁之而弗亲。亲亲而仁民，仁民而爱物"（《孟子·尽心上》）。孟子认为，道德系统是由生态道德和人际道德组成的。即爱物与仁民，是一个依序而上升的道德等级关系。[1]何谓"义"（道德）？"夫义者，内节于人而外节于万物也"（《荀子·强国》）。把外节于万物的生态道德和内节于人的人际道德看成是道德统一体的两个不同方面，并且把它们的关系定位于道德的外与内的关系，说明儒家不仅重视人际道德，而且提出来德与物之间不可分割的联系。因而，将义运用到人际关系上表明的是对人与人之间产生的行为关系的规范和评价，这是人际道德固属于内；而将义运用到人与自然的关系上表明的是对人与自然之间产生的行为关系的规范和评价，这是生态道德固属于外。《易传》中"君子以厚德载物"的思想启发人们应该效法大地，把仁爱精神推广到大自然中，以宽厚仁慈之德包容、爱护宇宙万物，践行"与天地合其德"与"四时合其序"的价值观。孔子主张"钓而不纲，弋不射宿"，反对使用灭绝动物的工具，提倡动物的永续利用，含有"取物不尽物"的生态道德思想。

荀子明确提出了以"时"来休养生息，保护自然资源的思想："春耕夏耘秋收冬藏，四者不失时，故五谷不绝，而百姓有余食也……斩伐养长不失其时，故山林不童，而百姓有余材也"（《荀子·王制》）。同时提出了关于环境管理的"王者之法"、"山林泽梁以时禁发而不税"（《荀子·王制》）的思想。所谓的"以时禁发"，就是根据季节的演替来管理

[1] 张云飞．试析孟子思想的生态伦理学价值 [J]. 中华文化论坛，1994（3）.

资源的开发和利用。曾子曰："树木以时伐焉，禽兽以时杀焉。夫子曰：断一树，杀一兽，不以其时，非孝也"（《礼记·祭义》），就是按照季节变化和动植物的生长规律有节制地砍伐和畋猎。[1]荀子注重从政治制度上管理自然资源，要有专门的环境保护的机构和官吏，王者之治和王者之法才能够有可靠的保证。只有环保机构和主管人员认真贯彻执行自然保护条例，才能够达到"万物皆得其宜，六畜皆得其长，群生皆得其命"（《荀子·王制》）的天人和谐的理想境界。

（三）佛家的无情有性、珍爱自然思想

"无情有性"是佛教教义的重要方面，也是佛教自然观的基本体现。"无情有性"是指山川草木、石块瓦砾、亭台楼阁等无情物也有佛性，即所谓的"草木成佛"论。大乘佛教认为一切法都是佛性的体现，万事万物都有佛性，既包括有"情"的飞禽走兽，也包括无"情"的花草树木、砖头瓦块等。天台宗的湛然（711—782）提出了"无情有性"说，"众生佛性犹如虚空，非内非外。若内外者，云何得名一切处有?"[2]也就是说，就算没有情感的物品也具足了佛性。禅宗认为"郁郁黄花，无非般若，清清翠竹，皆是法身。一花一世界，一叶一菩提"，自然界的万事万物都是佛性的体现，有其之所以为此物的独特价值。因此，爱护自然界的万事万物成为佛教徒们必然要遵守的清规戒律。

把"无情有性"思想运用到今天的环境保护中，不仅体现在人类对自然的关爱和利用上，即不仅体现在自然对人类的工具性价值，还体现在自然本身的内在价值上，要尊重自然生态系统的完整性和稳定性。英国历史学家汤因比（Arnold Joseph Toynbee，1899—1975）发挥了佛教的"无情有性"说，"宇宙全体，还有其中的万物都有尊严性，它是这种意义上的存在。就是说，自然界的无机物和有机物也都有尊严性。大地、空气、水、岩石、泉、河流、海，这一切都有尊严性。如果人侵犯了它的尊严性，就等于侵犯了我们本身的尊严性"[3]。汤因比关于宇宙万物的尊严性问题与佛家的无情有性、珍爱自然的思想，无论是在根本旨趣还是在行动上都是一致的、相通的。

---

[1] 乐爱国．道教生态学[M]. 北京：社会科学文献出版社，2005，第 41 ~ 45 页．

[2]《大正藏》第 46 卷下，第 781 页．

[3] [英] 汤因比，[日] 池田大作著；荀春生等译．展望二十一世纪[M]. 北京：国际文化出版公司，1984，第 429 页．

、西方社会的生态环境思想

进入20世纪60年代之后，受工业社会持续发展的影响，一些西方国家的生态环境出现恶化的状况，许多具有远见卓识的西方学者开始反思工业社会及其发展方式，并对生态环境问题展开系统研究，根据各自面对的具体情况进行分析，提出了不同的解决方法，形成了众多的生态思想或流派。下面将简要介绍一下生态马克思主义、生态社会主义以及西方社会中产生了较大影响的生态思想流派。

（一）生态马克思主义

最早使用“生态马克思主义”一词的是美国生物学教授阿格尔，阿格尔在1979年出版的《西方马克思主义概论》一书中第一次提到了“Ecological Marxism”这个概念。生态马克思主义对生态学的关注开始于法兰克福学派的霍克海默、阿道尔诺、马尔库塞，之后是莱斯和阿格尔。该派的主要观点体现在以下几个方面。

1. 从人与自然关系的变异来分析资本主义生态危机

生态马克思主义提出了控制人与自然关系的观点。莱斯认为，人类控制自然观念的变化是生态危机的重要根源，而科学技术只不过是人类控制自然的意识工具。只有对人类控制自然这种思想意识中的矛盾进行深入正确的分析，才能够找到解决当今世界生态危机的根本出路。资产阶级政府和企业所采取的环境保护对策，离不开资本主义自身体系的需求。发展中国家为了满足发达国家日益增大的能源资源需求，不得不执行斯德哥尔摩“人类环境大会”上的环保标准。这种情况使得发展中国家的经济增长更加缓慢，南北差距更加扩大，环境问题也因此成为全球性的政治问题。莱斯还批判了把科学技术看作是生态危机根源的观点，肯定了马尔库塞关于“技术的资本主义使用”的判断，承认科学技术只是生态危机的手段而不是根源，从而给科学技术以恰当的评价。[1]莱斯认为，生态危机产生的根源在于对自然进行控制的意识形态，科学技术只是实施控制自然的意识形态的特定工具，从而也揭露出了“控制自然”的内在矛盾性。

生态马克思主义者创建了资本主义生态危机理论。资产阶级为了维护再生产的不断扩大，利用消费信贷、广告等手段，极尽刺激之能事，促使消费者购买更多商品。这样做的结果就是造成了生产和消费的快速膨胀，

[1] 刘仁胜．生态马克思主义概论 [M]．北京：中央编译出版社，2007，第 32 ~ 40 页．

资源能源的大量消耗以及生态危机的加重。通过这些手段，资产阶级成功地把危机从生产领域转移到了消费领域，经济危机似乎变得遥遥无期，而生态危机却成了人们如影随形的附体。莱斯把这种通过消费奢侈品以补偿异化劳动过程中的艰辛和痛苦、追求膨胀的自由和幸福的消费称为异化消费。由于生态系统的有限性与资本主义生产能力的无限性是一对不可调和的矛盾，所以异化消费无疑是一种饮鸩止渴的解决方式，当生产资料无法从自然界获取时，这对矛盾的破坏力将在生态系统和生产方式中同时爆发，整个人类也将面临生死存亡的抉择。所以，阿格尔根据马克思消灭经济危机和异化劳动的实现形式，构想出了消灭异化消费和生态危机的社会变革模式，即通过“期望破灭的辩证法”或者期望破灭理论，实现稳态经济的社会主义。但是，生态马克思主义理论在解决生态危机时回避了资本主义的基本矛盾[1]，所以，它不可避免地走向了历史唯心主义的道路，把解决资本主义生态危机的最终希望寄托在了生态危机的最终爆发和资本主义社会消费希望的最终破灭上。

2. 对资本主义生态环境灾难的纯科学技术批判

依据对科学技术使用态度的不同，绿色理论可以分为浅绿色（shallow green）和深绿色（deep green）两种。[2]浅绿色理论认为，科学技术的进步是人类解决一切问题的灵丹妙药，无论是能源危机还是环境灾难。只要太阳光还能够照射到地球上，人们就可以利用技术把太阳能转化成人类需要的各种能源。在这一点上，浅绿色是一种技术乐观派，认为科学技术可以把地球无限的潜在能源变成人类可以利用的能源。唯一让科学技术难堪的问题是它相对于现实需要的滞后性，这种滞后性使生态危机和环境灾难成为可能。浅绿色主张利用科学技术对资本主义工业和文明体系进行修补和完善，以更好地开发和利用自然，满足人类的欲望。深绿色认为，科学技术不是可以包医百病的济世良方，它或许能够解决某一个或者几个环境问题，但却不能从根本上解决现代社会的能源危机和生态危机。现代工业社会的运行机制和人类自身的价值观念才是生态危机的根源，不解决这两个方面的问题，只对生态危机进行一些浅尝辄止的改造，或者只想通过技术手段，是不可能从根本上解决人类面临的生态危机的。深绿色是一种技术悲观派，认为科学技术不是造成生态危机的主要原因，它只不过是增加了

[1] 刘仁胜．生态马克思主义概论 [M]. 北京：中央编译出版社，2007，第 40 ~ 45 页．

[2] 万健琳．异化消费、虚假需要与生态危机——评生态学马克思主义的需要观和消费观 [J]. 学术论坛，2007（7）．

环境灾难和生态危机的程度而已。绿色理论在绿色运动中提出的“回到自然中”的技术悲观主义口号与“宇宙殖民”的技术乐观主义口号，是对生态危机与科学技术关系正反两方面的论述，从而完成了生态马克思主义对资本主义生态危机的纯科学技术批判。[1]

3. 对自然与资本逻辑关系的分析

自然系统在资本的生产和流通过程中占有重要地位，资本的再生产在总体上是与根据其自然属性来定位的价值构成（不变资本、可变资本）的相对比例联系在一起的。与自然界本身独立的物理与生物属性相对应，自然因素在资本的周转和再生产过程中起着作用，能源、复杂的自然和生态系统都成为资本主义生产的基础。资本主义生产不仅大规模地开发利用不可再生资源，而且对土壤、水源、大气、动植物资源以及整个生态系统都产生了破坏作用。对资本主义传统经济学的论证，因为忽略了资源能源因素，忽略了劳动对象的生物学特性，所以在理论和实践意义上都是有限的。马克思清楚地意识到资本对生态资源和人类本性的破坏作用，认为作为生产外部条件的自然仅仅是资本的出发点，而不是归宿。“当一个资本家为着直接的利润去进行生产和交换时，他只能首先注意到最近的最直接的结果。一个厂主或商人在卖出他所制造的或买进的商品时，只要获得普通的利润，他就心满意足，不再去关心以后商品和买主的情形怎样了。这些行为的自然影响也是如此。”[2] 在资本主义的生产、分配、交换、消费过程中，资源在不断地耗竭、废弃物在不断地产生、污染在不断地加剧。这时，自然界的被破坏抬高了马克思所说的“资本要素的成本”。资本在破坏了它自身生产和积累条件时，即在破坏了自身的利润时，它也树立起了社会和政治上的反对力量。[3] 资本与它的生产条件之间的系统性关系，也因此转变为对抗性的社会关系。在分析资本的生产过剩危机时，我们不仅要考虑传统马克思主义中的需要层面，还要考虑生态学马克思主义的成本层面。

4. 对共产主义是解决生态危机的最好选择的论证

“希望破灭的辩证法”是莱斯和阿格尔试图解决资本主义社会生态危机的办法，奥康纳则试图利用经济危机的方法来解决，因为资本主义自身无法克服的矛盾决定了它无法提供给资本主义必需的生态条件。马克思恩

[1] 刘仁胜 . 生态马克思主义概论 [M]. 北京：中央编译出版社，2007，第 193 ~ 213 页 .

[2] 马克思恩格斯全集（第二十卷）[M]. 北京：人民出版社，1971，第 521 页 .

[3] [美]詹姆斯·奥康纳著；唐正东译 . 自然的理由——生态马克思主义 [M]. 南京：南京大学出版社，2003，第 193 ~ 213 页 .

格斯描绘的共产主义是生产力高度发达，生产资料归社会占有，实行社会公有制的社会，它可以根据实际拥有的自然资源和整个社会的需要来调节生产。在共产主义的初级阶段，个人消费品实行按劳分配；在共产主义的高级阶段，个人消费品根据其合理与否的标准实行按需分配，消灭一切阶级和阶级差别，国家将自行消亡。这种社会制度与当今解决资本主义的生态危机在所有制和经济运行的调节手段上具有一致性，即需要用计划手段来调节市场的无序性、人口增长的无序性、自然资源的稀缺性和人类消费的无限性。同时，共产主义的分配方式与消费方式是相统一的，按需分配决定了其消费方式的有用性，是有利于人的全面发展的消费方式，而当今资本主义社会的异化消费则超越了自然界的承载力，自然界不可能无限制地供给，因此，必然走向按需分配。莱斯和阿格尔都把共产主义作为解决资本主义生态危机的最终形态。

（二）生态社会主义

生态社会主义（Ecological Socialism或Ecosocialism）是生态运动和思潮的一个重要流派，最早出现在阿格尔1979年的《西方马克思主义概论》中，其主要代表人物有巴赫罗、莱易斯、阿格尔、高兹、佩伯等。

20世纪90年代之后，生态社会主义学家特别注意吸收绿党和绿色运动推崇的一些基本原则，包括生态学、社会责任、基层民主和非暴力等方面，坚持马克思人与自然的辩证法的基本理念，否定资产阶级以狭隘的人类中心主义和技术中心主义，把生态危机的根源归结为资本主义制度下的社会不公平和资本积累本身的逻辑，批判了资本主义的经济制度和生产方式，要求重返人类中心主义时代，也为生态社会主义思想的初步形成打下了基础。

1. 包容性民主变革

“包容性民主”或称“生态民主”，是一种旨在实现权力在所有水平上平等分配的民主变革。[1]它不是消极的空想，而是走出现存生态危机的必然选择。包容性民主变革不单单是对希腊式民主的追求，更是对它的一种超越，其目的是要实现政治、经济、社会、生态的和谐统一。包容性民主与各种形式的权力分配中的不平等形式格格不入，与主宰自然世界观念的等级制结构不相容，同时也与任何封闭的信念、教条和观念体系不相容。资产阶级的民主政治正处于一场十分严重危机之中。市场经济的日趋国际化的形式以及以“民主”为主体的代表制的日益衰败。而市场经济的日益国际化与市民社会的日益国际化同样是如影随形，这就决定了对市场进行

[1] [希]塔基斯·福托鲍洛斯著；李宏译. 生态危机与包容性民主[J]. 马克思主义与现实，2006(2).

社会控制与生态控制方面的最低标准是相同的。因此，我们需要创建一个新型社会，这个社会超越了市场经济和国家主义的组织形式，并且把人们对新民主的参与热情和同时发生的经济资源与市场经济的脱离相联系，以促进新制度框架的创建和新的价值观念的系统化。在新制度和国家之间经过一段磨合期后，一种新的包容性的民主及其相对应的民主范式就诞生了，它在一定程度上取代了市场经济、国家主义民主及它们对应的社会范式，并且建立起一种自下而上的“政治和经济权力的大众基础”，即直接的和经济民主的公共领域。这就把联邦化推向了历史的前台。这一方法将有助于我们从根本上解决社会、经济和生态灾难，并消除现存的不合理的权力结构。替代性民主及对应的社会范式将成为社会的主导性民主和范式，社会制度将因为出现断裂而改变，当今“民主”的合法性也将消失。一旦公民从这种真正的民主中获益，以前的伪民主组织形式将被彻底地抛弃，即便是进行物质或者经济暴力的威吓也无济于事。一个真正的包容性民主，将使人们首次获得决定其自身命运的真实权力，并促使一个新的大众权力基础的确立，而主导性的社会范式及制度框架也将逐渐走向衰亡。

2. 生态化生产

生态社会主义反对生态马克思主义提出的分散化和官僚化的乌托邦思想，反对垄断资本主义和苏联高度集权化的社会主义经济，反对稳态经济，主张在公有制和民主管理的基础上实现计划和市场相结合、集中与分散折中、中央与地方互补的混合型经济的增长。20世纪90年代，美国约尔·克沃尔提出了具有明显的生态马克思主义特点的生态社会主义道路，赞同佩伯提出的关于计划与市场相结合的经济原则，但同时强调了生产必须符合生态化生产[1]原则的重要性。生态化生产包括以下几点。

第一，生产过程与产品的一致性。生产过程是产品的重要组成部分，因为受到资本主义的压抑而消失的生产过程的快乐，将会在生态化的生产过程中再现，并成为日常生活的有机组成部分。劳动成为生态化生产的自由选择，其目标在于完全实现使用价值而不是资产阶级所追求的交换价值。生产过程的民主化和生产产品的民主化得到统一，这是实现生态系统整体性的基础和条件。

第二，生产过程必须符合自然规律，特别是热力学定律。在一定程度上，太阳可以为地球补充能量，但是，资本为了实现利润的最大化，会利用一切可能的办法利用燃烧石油和煤炭等的能量来代替人工劳动，而在一个相对封闭的自然系统中，这种可供转化为能量的煤炭和石油越来越少。

[1] 刘仁胜 . 生态马克思主义概论 [M]. 北京：中央编译出版社，2007，第 100 ~ 104 页 .

根据热力学定律这种转化是不可逆转的。因此，有必要对造成这种状况的资本主义生产体系进行变革，以确保人类社会的持续发展。生态化生产虽然不是完全符合能量守恒定律，但是我们还是应该尽可能地采用可更新能源和直接的人工劳动，来避免由于资本对能源的消耗而造成的高熵值的不稳定状态。

第三，生态化生产与生态化需求的一致性。克沃尔提出了“需求的极限”理论，认为人们需要通过提高感受性来重新定位人类的需求，不仅要对基本的劳动组织进行改革，而且要从质量而不是数量上来定位人类需求的满足，它解决的是可持续发展的问题。

第四，生态化生产与人的思维方式的一致性。人类必须参与维护人道的生态系统，发展一种接受性的存在方式，既要在主观上承认人类是自然的构成元素，又要在劳动的过程中与自然界相互融合。

3. 社会公正与环境公正

资本主义制度对资源的不合理分配不但造成了社会不平等现象的普遍化，而且严重破坏了全球的生态系统。绿色经济理论认为，资本主义对生态危机具有一定的免疫力，它可以吸收生态危机，并进行自我恢复，包括建立奖惩制度、生态关税、自然资源损耗税等。绿色经济理论既不属于资本主义体系，也不外在于资本主义体系。尽管他们可能对资本主义进行严厉的批判，甚至是制裁，但是对社会制度的改革却不在他们的兴趣范围之内。相对而言，主流的生态经济学家们其实并不关心经济的规模，只有那些支持绿色经济的生态经济学家才关心经济的规模，并试图恢复小型的独立资本。所以，可以称之为新亚当·斯密主义。亚当·斯密倡导的自由市场经济与今天的新自由主义有着明显的不同。他反对垄断，提倡小生产者以及他们之间的产品交换，并且通过买卖双方的自律来避免市场竞争中的垄断行为，避免单方面决定价格行为的出现。新亚当·斯密主义之所以反对政府对经济的干预行为，是因为政府的干预往往最终都会演变为经济的垄断和经济巨人症。新亚当·斯密主义的代表人物大卫·科特认为，生态社会就是民主多元主义，它依靠规范的市场为基础，依靠政府和市民社会的共同努力来阻止资本企业的垄断行为，为经济的进一步发展提供动力。克沃尔指出了科特理论中的缺陷，认为科特的民主多元主义没有涉及资本本身的集中和扩张，也没有涉及诸如阶级、性别及其他具有统治地位的范畴。[1]大卫·科特对科学技术革命持否定态度，认为科学技术连同唯物主义

[1] 刘仁胜．生态马克思主义概论 [M]. 北京：中央编译出版社，2007，第 99 ~ 125 页．

是剥夺自然和生命意义的主要危害，从而暴露出了他在绿色外衣下维护资产阶级利益的本来面目。

4. 生产资料共同所有

美国绿党的克沃尔首先肯定生态社会主义属于社会主义，只不过是用生态学的相关原则阐释的社会主义。克沃尔认为，真正的社会主义必须符合《共产党宣言》提出的两个基本原则，以往的社会主义都不是真正意义上的马克思所设想的社会主义，因为：第一，生产者没有真正占有生产资料，他们之间处于一种分离和异化的状态；第二，没有真正建立一个社会，在这个社会中“每个人的自由发展为一切人自由发展的条件”[1]。科沃尔提出了具有明显生态马克思主义思想特点的生态社会主义道路，指出，要建立真正传统的社会主义社会，必须具有两个基本条件：即生产资料的公共所有与劳动者的自由联合体。生产资料的公共所有并非一定会带来劳动者之间的自由联合，但是，劳动者的自由联合体必然以生产资料公共占有为前提。[2]以往的社会民主主义用偷梁换柱的手法，提出了社会主义要建立在资本主义私有制基础之上的主张，而苏东模式下的社会主义虽然实现了公有制，但是，由于劳动者缺乏民主，无法实现自由联合，最终走向了国家资本主义或官僚资本主义。

资本主义社会中个人的私有财产是神圣不可侵犯的，由此整个社会必然产生出两个尖锐对立的阶级：资产阶级和无产阶级。而生态社会主义的价值观则强调事物自身的存在，强调个人对社会与他人的奉献，以及由此而来的对自然的可接受性，而不是个人对事物的占有。生产资料归集体所有是生态社会主义的一条主要原则，而劳动者个体以及劳动者个体繁衍而成的家庭生活必需品也都归集体所有，并且根据各自的需求由集体进行必要分配，劳动者个体所能够支配的生产生活资料是有限的。在生态社会主义社会中，社会财富是被全体劳动者共同占有，而不是像资本主义社会那样被少数几个人占有。生态社会主义认为，无论是地球还是自然，都不可能被任何个人或集体所占有，人类只可以使用以获得生存发展的资料。

“生态社会主义不是将剥夺的所有权转移给人民或者是人民的代理机构，人们除了拥有表达自我存在的事物之外，不能够拥有地球和自然，对地球和自然的所有权是建立在对自然的控制之上的，生态社会主义的人民集体拥有对地球和土地的使用权，维持人类与自然之间的新陈代谢的平

[1] 马克思恩格斯选集（第一卷）[M]. 北京：人民出版社，1995，第 294 页 .

[2] 刘仁胜 . 生态马克思主义概论 [M]. 北京：中央编译出版社，2007，第 99 ~ 100 页 .

衡。”生态社会主义认为，由于人与自然是相互依存的两极，而不是资本主义社会中无产阶级和资产阶级的尖锐对立，所以，我们的大自然得以休养生息，可以自我调节自身的平衡，人与自然之间的异化状态也将转变为人类能够更好地利用和享受自然。

（三）其他生态环境思想

除上面阐述的生态马克思主义、生态社会主义之外，还有几种重要的生态思想在西方世界中也产生了深远影响。这几种思想涉及与生态环境密切相关的道德、伦理、公平、正义等方面，主要包括史怀泽的“敬畏生命”思想，利奥波德的“大地伦理”思想，罗尔斯顿的“内在价值”思想与黑尔的“环境正义”思想等。

1. 史怀泽的“敬畏生命”思想

20世纪中叶之后，以法国生命伦理学家阿尔伯特·史怀泽（Albert Schweitzer，1875—1965）为代表的生命伦理学派，把伦理关怀的对象从人扩展到一切生物，提出了“敬畏生命”（reverence for life）的理论，这一理论对当今世界和平运动和环保运动都具有重大影响。

“敬畏生命”理论提倡对生命的“敬畏”，反对无辜毁灭动植物的不道德行为，因为一切生命都是自然界进化发展的产物，都具有天赋的不可被剥夺的生命存在权利和内在价值。人类敬畏其他拥有生存权利的生命应该同敬畏人类自己的生命那样，把伦理关怀的对象扩展到宇宙中的一切生命。“谁习惯于把随便哪种生命看作没有价值的，他就会陷于认为人的生命也是没有价值的危险之中。”[1]史怀泽一直对动物保护情有独钟，认为关爱和保护动物是人道主义精神的天然体现，是真正的人道，在这一点上人们不能漠不关心。

“敬畏生命”思想如同昏暗世界中的一盏明灯，照亮了人们阴暗心理世界的某个角落。史怀泽认为，伦理是一种永恒的东西，只要人类社会存在，伦理规范的约束作用就会永远存在，只不过目前它正处于“休眠”状态。人们的道德水平似乎不仅没有超越过去，而且还在日益下滑，靠着前人的某些成就生活，甚至是一些宝贵的遗产经过我们的过滤之后反而销声匿迹了。人们对一些非人道的思想不但不加以呵斥和拒绝，而是在短暂的沉默后被草率地接受或默许了。因为“敬畏生命”的伦理学，我们尘封已久的良知被唤醒，从而更加关心与我们发生联系的，存在于我们范围之内

[1] 陈泽环．天才博士与非洲丛林——诺贝尔和平得奖者阿尔贝特·施韦泽传 [M]. 南昌：江西人民出版社，1995，第 161 页．

的一切生物，在力所能及的范围内帮助它们。这样，人们和宇宙之间就建立起了一种精神性的联系。这种精神性联系丰富了人们的内心生活，给予人们一种精神的、伦理的力量，促使人们去创造一种比以前更高级的生存方式和活动方式。得益于“敬畏生命”的伦理学，我们成了另外一种人。

承认一切生命的内在价值是“生物中心伦理”（Biological Center ethics）的核心观点，是对涉及自然法则的传统伦理的丰富和发展，史怀泽把内在价值称为“世界和生命主张”（world-and-life-affirmation）思想。科学技术使工业化水平越来越高，但它无视自然的价值，只把自然看作是遵从物理学和力学规律的机械性的东西，从而使自然的善与生活的善之间的联系更加疏远，使自然和伦理之间形成二元性的分离。大自然本身没有善恶美丑之分，伦理也只是由于人的存在和人的判断才具有意义。现代社会中的许多非伦理行为都与自然和伦理的二元性分离相关，如精神文化的堕落、官僚主义、战争等。

2. 利奥波德的“大地伦理”思想

大地伦理学的奠基人是美国的奥尔多·利奥波德（Aldo Leopold，1886—1948），其作品《沙乡年鉴》（A Sand County Almanac）被认为是大地伦理的开山之作，不仅引起了当时理论界和科学界的震动，而且对当今生态问题的研究和解决也具有一定的参考意义。

人与天地万物之间不是主人和奴仆、征服和被征服的关系，而是“民胞（同胞）物与（同伴）”的平等关系，这些观点与当代生态伦理学的观点基本一致。利奥波德认为，对待土地我们绝不能像奥德修斯对待他的12个行为不端的女奴一样，不能只拥有权利而不尽义务。伦理关怀的范围应该扩大到动物、植物和土地在内的众多方面，利奥波德反对把土地只当作“死”的物体，当作可被我们随意改造和利用的物品，提倡把土地看作是和人一样的有机体，有“喜怒哀乐”，有“生老病死”。这时的土地已经超越了土壤范畴，成为能量在动物圈、植物圈和土壤圈流动的基础。这时的人类也不是以主人或征服者的面目出现，而是与前面所讲的“民胞（同胞）物与（同伴）”相同，即是一种伙伴关系。人类应该尊重他的生物同伴，而且也以同样的态度尊重社会。人类充其量是生物群落中的一部分而已，是“生物公民”而不是自然的“统治者”。利奥波德的土地伦理把道德审视的重点从生物个体转向了生物总体。橡树就算是被当作燃料，它作为生物总体的一部分仍然是有价值的，其他物种可以从消费死亡的橡树中获益。在一个相对稳定的群落中，一个成员通常是其他成员延续生命能量的一种“资源”，一棵大树死了，其他的大树仍然活着。一个成员被“消费”了，但能量永远在系统中循环。组成群落的各个成员之间形成了各种依赖关系，群落的健康就体现在它的整体性和稳定性上。利奥波德用“土地金字塔”图形来说明生物群落的“高度组织化的结构”和它的自然属性。土壤在金字塔的最底层，往上依次是植物、昆虫、鸟、啮齿、不同的动物。这样，物种按其食物次序的差异被安排在不同的层级中，“每个后继层在数量上递减”，从而形成了系统的金字塔形状。

生态环境问题的实质是哲学问题。奥尔多·利奥波德在《大地伦理学》中指出：环境问题与其说是一个实证问题、技术问题，倒不如说它更是一个哲学问题，而且最终也只能够走向哲学的终点，如果要想使环境保护获得更多成绩，我们就需要某种哲学方法的支撑。从《创世纪》前面几段的内容里我们不难看出，上帝有意让人去治理地球。人们常常从这种意蕴出发，去指责宗教，认为宗教应该对我们的环境问题负责。人们据此认为是《创世纪》导致了人类用灾难性的方法去改造自然，这种方法延续至今。而帕斯摩尔指出，《创世纪》是在这种改造开始之后才撰写的，这样，它就不可能是最初的原因。但是，也有一些内容是值得讨论的，即在一定程度上，《创世纪》为人类改造自然行为的合理性进行辩护，因而是人类“拯救自己的良知”的一种企图。虽然这种解释把宗教置于人类对环境破坏的原罪上，但仍然改变不了如此辩护的苍白无力。

“如果他们的后代在过去的几百年里对人与自然的关系都只有一点模糊的理解，那么很难想象人类能够在文明之初，就能如此清晰地意识到他们的行为对环境的破坏性影响”[1]其实，如果我们从另外一个角度去思考这个问题可能会更加合理，即早期人类的生存状况问题，衡量他们在对自然的恐惧与对自然所犯的罪恶之间的选择就可以知道这个问题的答案。

很明显，《创世纪》的主要目的不是为人类对自然所犯错误开脱，而是为处于绝对劣势中的人类提供安慰和希望，如果连起码的生存都不能得到保障，那么再谈人类在自然界中的位置就没有价值了。利奥波德认为：“哲学告诉了我们为什么不能破坏地球而不受道德上的谴责，也就是说‘死’的地球是拥有一定程度生命的，应当从直觉上达到尊重。”

3. 罗尔斯顿的“内在价值”思想

多年以来，人们一直希望能够有一种新的伦理思想来指导生态建设。美国环境哲学家罗尔斯顿（Holmes Ralston）是利奥波德大地伦理学的推崇者。罗尔斯顿指出：“一个物种是在它生长的环境中成其所是的。环境伦理学必须发展成大地伦理学，必须对与所有成员密切相关的生物共同体予

[1] [美] 尤金哈格罗夫著；杨通进译. 环境伦理学基础 [M]. 重庆：重庆出版社，2007，第 20 页.

以适当的尊重。我们必须关心作为这种基本生存单位的生态系统。”[1]人类对自然尊重的基础，通常要考虑自然的内在价值、生态系统的完整性与稳定性。

人类从大自然的统治者降为普通成员，在自然界中没有特权。这种转变不仅提高了自然物体和生态系统的道德地位，而且与现代生态学的科学精神相一致，大地伦理学是彻底的非人类中心主义。罗尔斯顿认为，自然具有科学、审美、经济、消遣、遗传等14种价值，这些价值产生于人类与自然的相互关系中，是人类赋予自然物的。生态系统是这些价值存在的一个集合体，它是不以人的意志为转移的。

一个东西具有内在价值，是就它而言被认为具有为它自己的利益的价值。澳大利亚《生态与民主》的编辑玛休斯认为，当一个系统能够自我实现、自我保护时，我们就认为它拥有内在价值。人类把内在价值赋予人类自身，因为每个个人就是一个自我。在这里，我们没有强迫那些认为他们自身具有内在价值的人去认识其他自我的内在价值，包括其他人的内在价值。这就是道德哲学中的著名论题：人们是怎样根据第一个人的情况的前提出发，去对第二个人、第三个人的情况做出论断的。自我理念在玛休斯自我矛盾的痛苦中被迫把内在价值赋予自我而不是他们自己。玛休斯认为，作为自我实现、自我保护的实体，非人类存在物的自我是“他们自身就是目的”。如果道德代理人承认其他自我拥有他们自己的“好”，那么这些代理人就应该去促进那些其他自我的“好”，把其他自我提升到更高位置。这时，道德代理人从其他拥有内在价值的自我那里收获的普遍观点其实就是道德代理人自己的观点。去维护其他自我的“好”是我们“好”的一部分，也是其他自我“好”的一部分。[2]虽然玛休斯在确立道德代理人是人还是其他自我上具有很大的模糊性，并在一定程度上迫使其他道德代理人的自我接受这种内在价值，但是，生态主义仍然需要这样的论证。

任何事物都不可能脱离其生存环境而孤立存在，不可能拥有自在自为的生态系统。自在价值（value-in-itself）总要转变为共在价值（value-in-togetherness），并在生态系统中发挥作用，单个物体不可能成为系统中价值的聚集地。虽然生态系统的进化创造出了更多的个体和自由，创造出了越来越多的内在价值；但是，生态环境的整体性和系统性特质让“自在自为”的个体内在价值失去了存在基础。如果把这些个体的内在价值从公共

[1] [美]H. 罗尔斯顿著；初晓译 . 尊重生命禅宗能帮助我们建立一门环境伦理学吗 [J]. 哲学译丛，1994（5）.

[2] [英]布莱思·巴克斯特著；曾建平译 . 生态主义导论 [M]. 重庆：重庆出版社，2007，第 64 ~ 68 页 .

的自然生态系统中剥离，那么就容易把价值看成是纯粹内在的和基元的，容易走入形而上学的死胡同，以至于忘记了价值的联系性和外在性。在由溪流和腐殖土壤组成的生态环境中，延龄草获得了充足的水源和养分而茁壮成长，潜鸟也从那些湖泊中得到了营养和水源，这时的溪流和腐殖土壤是可评价的，有价值的。人们对物种、种群、栖息地和基因库的关注需要一种合作意识，这种意识把价值看作“共同体中的善”。自然界实体之间的关系和实体本身一样真实不妄，样式与存在、个体与环境、事实与价值密不可分地联系在一起，事物在它们的相互关系中得以生成和发展。内在价值只是整体价值的一部分，任何把它割裂出来并孤立评价的做法都是片面的，个体价值也只有在自然系统中才具有意义。

4. 黑尔的“环境正义”思想

当人们的需求超出了能够满足他们的手段，当少数人施加给社会结构的危害增大时，正义就成为一个重要议题，这时就需要避免人们的正义感受到更大伤害，即便不能让每个人感到幸福，也要对群体中的个体进行安慰。因为当人们在受到不公正的待遇时，他们往往寄希望于现行状况的改变。如果现行状况不会发生改变，那么这些人将不再对维持社会秩序进行合作，社会就会陷入混乱不堪的状态。

功利主义者认为能够带来最大化收益的政策与行为是正当的。那么，这种政策和行为对所有个体和族群是否都是公平的?幸福的最大化是否以他人的牺牲为代价而使相对少数人的幸福而达到?功利主义批判者认为富人和穷人的差距极大而且极不公正，从而否定了上述两个问题。但在20世纪80年代初，英国著名道德哲学家R.M.黑尔指出，“功利主义注定是属于现实世界的，而不是反对者的空想世界。在现实的世界中，反对者所设想的那些选择是不可能实现的”。人们不可能直接从社会分配中获得“舒适”和“烦人”，社会能够分配的只能是商品、服务、住房、交通运输、工作等，这些只是获得“舒适”并且远离“烦人”的手段而已。那么，“真正的问题在于，功利主义是否会认可这些实现美好生活的手段的不公正分配，或者是否通过这些分配手段，它要求‘舒适’和‘烦人’的不公正分配”[1]。根据边际效用递减规律，一个人拥有某物越多，他从该物的增益中享受的乐趣就越少。在其他条件相同的情况下，边际效用递减规律意味着，一种商品和服务给予穷人的分配将会带来更多的“乐趣”。额外的10万美元对一个平民百姓来说要比对比尔·盖茨的意义更大。如果社会花费

[1] [美] 彼得·S. 温茨著；朱丹琼译 . 环境正义论 [M]. 上海：上海人民出版社，2007，第 233 页 .

1亿美元建设住宅的话，给相对贫困的人建造2000处每座价值5万美元的住房，要比为那些已经富裕的人建造200处豪宅来得更为“舒适”。这时，幸福和偏好满足的最大化就成为我们的目标，为穷人修建2000所住房的政策就成为我们的首要选择。如果边际效用递减规律成为人们在选择时唯一思考的因素，功利主义针对贫困者商品和服务的分配将会量化，直至其幸福程度与富人相等为止。只要社会上存在贫富差距，那么，把资源直接分配给那些不足者而不是有余者，将会带来更多福祉。当且仅当所有人都均等地分享到社会资源时，社会福祉才会达到最大化。所以，在一般情况下，个人的生产力不可能得到全部发挥，除非这个前景与个人利益息息相关。黑尔认为，如果抛开了个人对商品和服务的贡献而实行平均主义的策略，就会挫伤劳动者的生产积极性，从而使社会可分配的商品和服务会越来越少，社会的总体“舒适”越来越低。因此，功利主义反对均等化的做法，赞同适度的偏离平等，以激励人们的生产创造力。

生态化社会意味着社会正义原则的伸张。在一个充满正义的社会中，个人、社群甚至民族都有权享受社会报酬和获得均等的生活机会。因为社会正义既强调物品的公平分配，也强调教育、娱乐、食物、住所、个人和社群的自由以及政治权利的平等表达。在一个实现了社会正义的社会里，没有人会在资源环境方面做损人利己的事情。那些奉行被称为“环境正义运动”的主张和事业，在正义社会中将会消亡。而在当今世界，穷人和权利被剥夺的人正日益成为环境破坏和社会不公的主要牺牲品。所以，美国的环境正义运动组织坚决反对在穷人或者少数族裔社区建设废物转移或焚烧设施。20世纪80年代，美国卡罗来纳州曾经向一个黑人聚居的农村县沃伦县倾倒了大量多氯化联苯沾染的污土，在法律行动失败后，民众与当局之间爆发了大规模冲突，致使几百人被捕，但仍然无法阻止废物的倾倒。社会责任和社会正义相互联系的前提是所有人的人权和民主权利的保障。社会正义启迪人们要在政治自决和经济自立的基础上，去追求环境的安康与福祉。环境就围绕在我们身边，它拒绝内城中破烂不堪的街坊，也拒绝因酸雨遭受病患的光秃的山顶。社会正义认为全体人民的能源需求将使光和热不仅进入富人的高档社区，也要进入贫穷的低矮内城。而在能源生产中产生的危险副产品必须首先被彻底废除，即使不能完全做到，至少不应倾倒在无权无势的社区。[1]理想中的生态社会应是一个公平正义的社会，这

[1] [美] 丹尼尔·A·科尔曼著；梅俊杰译. 生态政治：建设一个绿色社会 [M]. 上海：上海译文出版社，2002，第 108 页.

个社会赋予了人们高超的能力和强大的手段，鼓励人们去追求健康的、有序的生活方式。

三、马克思主义创始人的生态思想

即使马克思恩格斯的著作多以经济问题和政治问题为中心展开论述，但在这些论述中却蕴含着丰富的生态思想，而生态思想成为社会主义生态文明建设十分重要的理论来源之一。马克思恩格斯在谈论自然问题时，很少孤立地就自然问题谈自然问题，而是把它放在当时经济社会发展的现实当中，根据具体情况对自然问题做出必要评判，进行可行性预测。虽然有些内容与当今全球化时代的实际情况有些出入，但其生态思想中的精髓内容仍可以作为我们建设中国特色社会主义生态文明的有益借鉴。

（一）人与自然的一致性

自然界的存在物，特别是人，是不能够独立存在于自然界与社会之外的。人是自然界的一部分，必须与自然界进行物质能量信息的交换，才能够生存和发展下去。

这是主体间的相互依存关系的本体论论证。“人直接地是自然存在物。人作为自然存在物，而且作为有生命的自然存在物，一方面具有自然力、生命力，是能动的自然存在物；这些力量作为天赋和才能、作为欲望存在于人身上；另一方面，人作为自然的、肉体的、感性的、对象性的存在物，同动植物一样，是受动的、受制约的和受限制的存在物，就是说，他的欲望的对象是作为不依赖于他的对象而存在于他之外的；但是，这些对象是他的需要的对象；是表现和确证他的本质力量所不可缺少的、重要的对象。”人直接地是自然存在物，包括能动和受动两个方面。人只有通过现实的感性的对象才能够表现自己的生命，即表现和确证人的本质力量的对象是不依赖于人而存在于人之外的。一方面，人是一种能动的存在物，有生命力、自然力，表现为人的天赋、才能、欲望等。另一方面，人是一种受到限制的受动的存在物，欲望的对象是满足人的需要，确保人的本质力量必不可少。人只有凭借现实的感性的对象才能够表现自己的生命，比如饥饿、性欲。

“人对人的直接的、自然的、必然的关系是男人对妇女的关系。在这种自然的类关系中，人对自然的关系直接就是人对人的关系，正像人对人的关系直接就是人对自然的关系，就是他自己的自然的规定。因此，这种关系通过感性的形式，作为一种显而易见的事实，表现出人的本质在何种程度上对人来说成为自然，或者自然在何种程度上成为人具有的人的本质。”人与自然的关系实际上就是人与人之间的关系。而人与人的关系是通过自然属性来展现的，这种自然性的展现是人与人之间的关系在自然方面的反映；从自然界的基点上看人与人的关系，在人与自然的关系中也体现了人与人之间的关系，人的某种自然的行为在一定程度上成了人的行为，或者是人的本质在何种程度上成了自然的本质，这个时候，我们就可以说，人的本性和自然界是统一的。

当个人的存在和社会的存在相统一时，即当人的本质等于自然的本质，当人的自然的行为成为人的行为，人的自然的需要就变成了人的需要，个人变成了别人的需要，别人同时也是自己的需要。这时对私有财产的积极的扬弃，不过是私有财产的变相表现而已，是一种把私有财产作为积极的共同体确定下来的卑鄙的表现而已。

（二）人类活动对自然的影响

人类与自然界之间是作用和反作用的关系，人类对自然界的作用在于人类的主观能动性，自然界对人类的反作用则体现在自然对人类的报复及非人化的完成上。人类是自然界的一部分，自然界就是人类自身，这就决定了我们对待自然界应该和对待人类自身一样。恩格斯指出：“由动物改变了的环境，又反过来作用于原先改变环境的动物，使它们起变化。因为在自然界中任何事物都不是孤立发生的。每个事物都作用于别的事物，并且反过来后者也作用于前者，而在大多数场合下，正是由于忘记了这种多方面的运动和相互作用，就妨碍了我们的自然研究家看清最简单的事物。”[1]人类与自然界之间的作用是相互的。人类对自然界发生影响的同时，自然界也在对人类施加潜移默化的影响。

随着科学技术的发展，生产工具的改进，人们对自然界及其规律的认识在不断加深，对自然界施加反作用的能力也在不断增强。“而人所以能做到这一点，首先和主要是借助于手。甚至蒸汽机一直到现在仍是人改造自然界的最强有力的工具，正因为是工具，归根结底还是要依靠手。但是随着手的发展，头脑也一步一步地发展起来，首先产生了对取得某些实际效益的条件的意识，而后来在处境较好的民族中间，则由此产生了对制约着这些条件的自然规律的理解。随着自然规律知识的迅速增加，人对自然界起反作用的手段也增加了；如果人脑不随着手、不和手一起、不是部分地借助于手而相应地发展起来，那么单靠手是永远造不出蒸汽机来的。”[2]动物对于地球的影响是有限的，而人对地球的影响却是很大的。由于人们

[1] 马克思恩格斯选集（第四卷）[M]. 北京：人民出版社，1995，第 381 页 .

[2] 马克思恩格斯文集（第九卷）[M]. 北京：人民出版社，2009，第 421 页 .

对自然规律的认识程度和认识能力都大幅度提高，所以对自然界的改造和破坏也往往是巨大的。人的改造活动与人的主观能动性的发挥是密切相关的，是人的主观能动性的表现和发挥的结果，加上自然界提供的基本物质条件，因而创造出了许多自然界原来没有的东西。如果这种改变有益于自然界，就会促进自然界的发展；反之，则会产生巨大危害。这也是当今生态危机中的一个迫切需要解决的重要问题。

（三）人与自然关系的异化

在私有制条件下，工人阶级为了获得维持生存的资料，必须出卖自己的劳动力给资本家，而出卖劳动力的过程，实际上为资本家创造更多的使用价值、获得微薄工资的一种过程，由此导致了人与人、人与自然关系的各种异化。马克思认为："工人在这两方面成为自己的对象的奴隶：首先，他得到劳动的对象，也就是得到工作；其次，他得到生存资料。这种奴隶状态的顶点就是：他只有作为工人才能维持自己作为肉体的主体，并且只有作为肉体的主体才能是工人。结果是，人只有在运用自己的动物机能——吃、喝、生殖，至多还有居住、修饰等——的时候，才觉得自己在自由活动，而在运用人的机能时，觉得自己只不过是动物。动物的东西成为人的东西，而人的东西成为动物的东西。"这时，人已经被劳动所异化，被自己的劳动对象异化。工人在获得劳动对象和生存资料的过程中，成为自己对象的奴隶，即当他在运用自己的动物机能时，感觉自己是人，而在运用人的机能时，却感觉自己是动物。

异化劳动从人那里夺去了他的生产的对象，也就从人那里夺去了他的类生活，即他的现实的类对象性，把人对动物所具有的优点变成缺点，因为人的无机的身体即自然界被夺走了。人同自己的劳动产品、自己的生命活动、自己的类本质相异化的直接结果就是人同人相异化。当人同自身相对立的时候，他也同他人相对立。凡是适用于人对自己的劳动、对自己的劳动产品和对自身的关系的东西，也都适用于人对他人、对他人的劳动和劳动对象的。在人类自身异化的过程中，人与自己的劳动产品、生命活动、类本质也发生了异化，这种异化反过来又进一步加深了人自身的异化，促使与他人的劳动和劳动对象的相异化。

如果人在生产过程中，在运用人的本质力量进行生产的时候，这个劳动却不属于自己，那它肯定属于别的什么存在物。这个存在物占有了工人的劳动过程，实际上已经是占有了工人的自然身体和附着在身体上的技术、精神、意志、情感等。马克思指出："如果说劳动产品对我说来是异己的，是作为异己的力量同我相对立，那么，它到底属于谁呢?如果我自己的活动不属于我，而是一种异己的活动、被迫的活动，那么，它到底属于谁呢?属于有别于我的另一个存在物。这个存在物是谁呢?是神吗?确实，起初主要的生产活动，如埃及、印度、墨西哥的神殿建造等等，是为了供奉神的，而产品本身也是属于神的。但是，神从来不单独是劳动的主人。自然界也不是主人。而且，下面这种情况会多么矛盾：人越是通过自己的劳动使自然界受自己支配，神的奇迹越是由于工业的奇迹而变成多余，人就越是不得不为了讨好这些力量而放弃生产的欢乐和对产品的享受!”所谓的异己，就是不属于我的，这是最浅显的理解。人类对于自然界的支配力量越强大，人就越会在生产劳动中丧失作为人的本质活动的最原始和最美好的东西，就会越来越异化，更不用说人成为自然界主人的梦想了，因为这个时候的人已经离自然界越来越远了。作为劳动主体的工人的劳动不属于工人的事实，是工人阶级不自由的重要表现，是资本家给工人阶级套上的无形的枷锁。

（四）未来人类社会的理想状态

共产主义社会是人的异化的一种回归。“共产主义是对私有财产即人的自我异化的积极的扬弃，因而是通过人并且为了人而对人的本质的真正占有；因此，它是人向自身、也就是向社会的即合乎人性的人的复归，这种复归是完全的复归，是自觉实现并在以往发展的全部财富的范围内实现的复归。这种共产主义，作为完成了的自然主义，等于人道主义，而作为完成了的人道主义，等于自然主义，它是人和自然界之间、人和人之间的矛盾的真正解决，是存在和本质、对象化和自我确证、自由和必然、个体和类之间的斗争的真正解决。它是历史之谜的解答，而且知道自己就是这种解答。”共产主义是私有财产的积极扬弃，即人的异化的自我回归，包括了人与自然、人与人、人与社会、人与自身之间异化的回归，是一种完成了的人道主义，或者是完成了的自然主义，是历史之谜的解答，是通过人并且为了人而对人的本质的真正占有。私有财产是人自身的一种异化表现，私有财产的扬弃就是对人的异化的积极扬弃。

共产主义社会实际上是人与自然界完成了的本质的统一。“因此，社会性质是整个运动的普遍性质；正像社会本身生产作为人的人一样，社会也是由人生产的。活动和享受，无论就其内容或就其存在方式来说，都是社会的活动和社会的享受。自然界的人的本质只有对社会的人来说才是存在的；因为只有在社会中，自然界对人来说才是人与人联系的纽带，才是他为别人的存在和别人为他的存在，只有在社会中，自然界才是人自己的合乎人性的存在的基础，才是人的现实的生活要素。只有在社会中，人的自然的存在对他来说才是人的合乎人性的存在，并且自然界对他来说才成为人。因此，社会是人同自然界的本质的统一，是自然界的真正复活，是人的实现了的自然主义和自然界的实现了的人道主义。”马克思强调了社会的重要性，认为只有生活在社会中的人才具有人的自然本质特征，因为人与人的联系是通过自然界的现实的生活要素进行的，社会中的人的存在基础是自然界，而且只能是自然界。这里的自然界因为人的关系已经被赋予了人的特性，自然界因此成了人的无机的身体，人的身体的一部分，自然界也因此成为人。

第二节　早期环境保护的探索与改革开放以来的生态文明建设

新中国成立以来，中国共产党在社会主义革命、建设、改革的各个时期都重视生态环境保护，并取得了巨大的成就。回顾总结60多年来我国生态环境保护的发展历程、丰富经验，这些对在新的历史起点上不断开创生态文明建设新局面具有至关重要的意义。

一、早期环境保护的探索

新中国成立初期，以毛泽东为核心的党的第一代中央领导集体，十分重视生态环境建设，并结合中国国情，提出了“植树造林、绿化祖国”，根治大江大河等一系列重大部署。毛泽东在《论十大关系》中曾明确指出，“天上的空气，地上的森林，地下的宝藏，都是建设社会主义所需要的重要因素”[1]。毛泽东关于生态环境保护的思考与实践不仅对当时中国社会主义建设发挥了重要作用，而且对当前全面建成小康社会，建设美丽中国，实现中国梦，仍然有着十分重要的现实指导意义。

毛泽东虽然没有提出生态文明的概念，但是他对生态环境保护却有不少深刻的思考。在担任党和国家领导人期间，他多次就林业、水利、人口问题做过重要批示和讲话，提出了一系列关于生态环境保护的真知灼见。由中中央文献研究室、国家林业局编的《毛泽东论林业》一书中详细收录了毛泽东自1919年至1967年关于林业问题的58篇文稿，集中展示了他的环

[1] 毛泽东文集（第七卷）[M]. 北京：人民出版社，1999，第 34 页 .

境保护思想，对于推动我国今后的生态文明建设具有重要指导意义。

、生态文明的愿景

为建设生态文明必须实现“四个转变”：①变线性经济为循环经济（生态经济），促成物质经济生态化和非物质经济扩大化；②改变制度建设和创新的指导思想，以生态学而不是以“资本的逻辑”为制度建设和创新的根本指导思想；③扭转科技发展方向，由无止境地追求征服力的科技转向以人为本、维护地球生态健康的调适性科技；④转变思想观念，摈弃科技万能论和物质主义价值观。

实现了这“四个转变”，人类文明将呈现如下愿景。

（1）清洁能源逐渐取代污染性的矿物能源，如太阳能、氢能、风能、潮汐能等得到广泛的利用。清洁生产技术迅速发展。循环经济（生态经济）逐渐取代了线性经济。物质经济实现了生态化，且达到稳态，即经济系统与生态系统之间的物质流和能量流被严格限制在生态系统的承载限度之内。非物质经济迅速发展。

（2）随着生态学知识的普及和广为接受，生态学成为制度建设和创新的主导思想。这不意味着“资本的逻辑”被废除了，却意味着生态规律成为制度所优先服从的规律，而不像迄今为止这样，“资本的逻辑”是制度优先服从的“规律”。生态文明的制度将激励物质经济的生态化和非物质经济的扩大化，将促进循环经济的生长发育；将激励人们的可持续消费，支持人们的非商业性交往和非商业性生活方式；将保障财富和资源的公平分配，而不像迄今为止的制度，过分重视保障效率，且偏护以赚钱为主要人生旨趣的人们。这意味着，生态文明的制度更加公平。它不仅中立于各种宗教信仰，而且中立于各种利益集团。迄今为止的制度在很大程度上受所谓的科学——新古典经济学的指导，它打着科学和中立的旗号，实际上偏护以赚钱为人生主旨的人们，即偏护拼命赚钱、及时消费的人们，而漠视甚至排挤梭罗、颜回式的贤人。生态学是比新古典经济学更客观的科学，优先服从生态规律的制度将比迄今为止的优先服从“资本的逻辑”的制度更公平，它不仅保障拼命赚钱、及时消费的人们的基本权利，而且保护甚至奖励梭罗、颜回式的贤人。在现代工业文明中，梭罗、颜回式的贤人被当作怪人或“落后的人”，而排斥在社会的边缘，因而对制度创新产生不了任何影响。在生态文明中，这样的人应对制度创新产生较大影响。也就是说，在生态文明中，不仅像袁隆平那样的优秀科学家和比尔·盖茨那样的优秀企业家会产生重大影响，像梭罗（善于发现精神世界的“新大陆”）和颜回（一心培养美德）那样的贤人也会产生重大影响。

（3）真正以人为本且以维护地球生态健康为主要目标的科技成为主导性科技。主流科学将不再像现代科学那样，要按所谓“统一科学”的“内在逻辑”去发现自然的“终极定律”，[1]而将服务于人类对安全和幸福生活的追求，努力倾听自然的言说，发现人类生活应该遵循的“道”（生活之路）。主导性技术将不再像现代技术这样一味扩张征服力，以便“统治星球、石头和天下万物”，而重点转向发现清洁能源，研究清洁生产和循环经济所需要的各种技术，探讨维护生态健康的生态技术，等等。

（4）现代性思想中的许多错误被多数人所摈弃，生态学知识得到普及，合理生态主义的基本观念深入人心。现代性思想中与生态文明根本冲突的观念就是科技万能论和物质主义。科技万能论者认为，力倡生态文明的人们夸大了环境危机和生态危机，在他们看来，所谓的环境危机和生态危机只是现代工业文明发展过程中出现的暂时的小问题，随着征服性科技的进步，危机会烟消云散。在他们看来，既不需要什么制度的根本变革，也无从谈什么科技的生态学转向，也不需要改变经济增长模式，唯一需要做的就是加速科技进步。一旦可控核聚变研究成功，则人类就有了取之不尽用之不竭的能源，一旦航天技术有了突破性进展，星际航行成为家常便饭，就不必为保护这小小的地球而忧心忡忡。如果科技万能论者永远占人口的多数，则生态文明建设无望。因为他们绝不会由衷地赞成节能减排，赞成转变经济增长方式，赞成促进生态经济，因为他们根本就不相信生态学。他们所信奉的科学——还原论的、逼近自然“终极定律”的科学与生态学是不相容的。他们会衷心地信奉物质主义，会认为人生的根本意义就在于占有尽可能多的物质财富，在于实现征服自然的野心，在于拥有尽可能大的权力，他们认为，“大量生产—大量消费—大量废弃”的生产生活方式最符合人类的天性。生态文明能否建成，就取决于生态学及其支持的生态主义能否取代科技万能论和物质主义，而成为主流意识形态，取决于信奉生态学和生态主义的人们可否由少数变成多数。生态文明成为现实之时，必是信奉生态学和生态主义的人们成为多数之日。

与其说生态文明代表着一种文明理想，不如说它代表着人类避免灭绝寻求安全的一种生存策略。它是在现代工业文明将人类推近灭亡的边缘时的一种必然选择。建设成生态文明，绝不意味着人类建成了人间天堂，从此没有不同思想的分歧和斗争，没有不同阶级或集团的尔虞我诈和生死搏

[1] 由蒂文·温伯格著；李泳译．终极理论之梦 [M]．长沙：湖南科学技术出版社，2003，194 页．

斗，没有罪恶和苦难。生态文明的建成也只标志着人类文明的一次转型，它只承诺人能作为一种追求意义的生物而生活在地球上。

在本书第一章，我们曾说大致存在两种生态文明论，一种是修补论，一种是超越论。超越论认为，现代工业文明的整体构成就是反生态的，故只有实现了完全彻底的转型，人类文明才能走向生态文明。超越论看到了现代工业文明的病根，开出了文明转型的良方。从理论上看透这一点是重要的。但在现实中，建设生态文明的事情只能一点一点地做，故修补论也有值得肯定的方面。建设生态文明，我们不能不从保护环境、节能减排、低碳生活做起，不能不从调整产业结构、逐渐改变经济增长方式做起。从前现代文明转向现代文明经历了300多年时间，由现代文明转向生态文明也许要经历更长时间。如果说这是一场文明的革命，那么它便是一场“渐进的革命”。

“革命”通常指一个朝代取代另一个朝代的剧烈的政治变动，如“汤武革命”、“辛亥革命”和“新民主主义革命”。如果“革命”只有这一层意义，则“渐进的革命”就是一个自相矛盾的概念。但“革命”也指某种系统之根本结构的彻底改变，如库恩在《科学革命的结构》一书中所谈论的科学革命。说走向生态文明是一场革命，意指这将是一场彻底改变人类文明之结构的深刻的变革。最终实现了“四个转变”可不是文明结构的根本变革?但这种变革既不可能发生于一朝一夕，又不可能诉诸暴力革命。它只能寄望于从改变自我开始的渐变。它要求人们戒除恋物（广义的）的癖好，明白物质财富只是生活幸福的必要条件，而不是幸福生活本身；它要求人们“认识自己”、“关心自己”，去发现内心世界的“新大陆”，而不是一味拼命赚钱、及时消费。

这场“渐进的革命”只能在民主政治的条件下，通过非暴力的方式而得以实现。衷心信仰生态学和生态主义的人们成为多数，必然要经过一个较长的历史过程，必然要经历生态学、生态主义与科技万能论、物质主义的较长时间的思想斗争。这场革命业已开始。我国已开始发展生态经济，已有不少地方开始建设生态工业园区，我国已颁布了《循环经济促进法》，已提出了建设低碳经济和低碳社会的目标，环境保护法的执行力度有加强的趋势；已有科技人员在研究清洁能源、清洁生产，已有科技人员在致力于生态技术研究；生态学知识正在得以普及，人们的环保意识正日益提高……但建设生态文明不可能是一帆风顺的，在现实中不乏打着建设生态文明的旗号干着反生态文明的事情的人。改变长期以来形成的产业结构和经济增长方式，还需要较长时间，还会受到既得利益集团的或明或暗的抵制；在制度建设和创新领域，生态学的指导地位还远没有奠定，“资本的逻辑”仍在顽强地抵制生态学，GDP至上的思想仍在制约着我们的制度和政策；主流科技仍是努力发现自然“终极定律”和无止境扩展征服力的科技，生态学和环境科学仍处于弱势；科技万能论和物质主义仍有十分强大的影响力，信奉科技万能论和物质主义的人们仍比信奉生态学和生态主义的人们多。生态文明建设任重而道远。但我们相信：在大自然的警示之下，会有越来越多的人接受生态学和生态主义，摈弃科技万能论和物质主义，人类一定能走出全球性的生态危机，走向生态文明，中国人一定能在生态文明建设中实现中华民族的伟大复兴!

第三节　我国生态文明建设实践活动的转向

人类实践活动是实践主体（人）运用实践中介能动地作用于实践对象进而改造世界的客观物质性活动。随着人类进步、社会发展、社会分工进一步细化，人类实践活动的形式越来越多样化，但基本的形式无外乎物质生产实践、社会政治实践和科学文化实践三种。时至今日，随着实践活动的内外环境进一步恶化，人类提出生态文明理念，希冀对自身实践活动加以引导，加以归正。

一、人类实践活动需要生态文明理念的引导

伴随着经济社会发展过程中生态环境问题的频发，人类社会对传统文明（尤其是工业文明）进行了深刻反思。自从1972年罗马俱乐部发表了第一份报告《增长的极限》，做出“如果目前世界人口、工业化、资源消耗、环境污染、粮食生产的趋势继续不变，下一个一百年的某个时刻，就会达到这个行星增长的极限——出现不可控制的灾变”[1]的预测后，生态危机日益严重，已成为全人类共同攻克的时代难题。以重构人与自然、人与人、人与社会的关系为根基，生态文明成为新时期人类追求的新的发展方向。生态文明是人类社会实践活动的产物，反过来也会对人类社会实践活动产生重大影响作用。因而从党的十七大报告明确提出了建设生态文明的要求到党的十八大报告着重强调、独立成篇论述大力推进生态文明建设，

[1] 丹尼斯·米都斯著；李宝恒译．增长的极限 [M]. 长春：吉林人民出版社，1997.

五年间理论界也由此兴起了生态文明的研究高潮。这对生态文明的内涵剖析和理念传播具有重要价值，对人类实践活动无疑具有导向作用。

在生态文明理念的规制下，从人与自然的互动关系看，人类实践活动普遍遵循真、善、美相融合的实践准则和价值评价标准，能动地把主体的内在尺度与客体的外在尺度有效结合起来。一方面，实现人类实践活动的合规律性，根据自然的基本属性、发展规律、客观条件等从事实践活动；另一方面，实现人类实践活动的合目的性，按照人类自身需要、主观目的进行主体选择，最终人类实践活动在合规律性又合目的性的主客体关系中形成一种自由的境界与自觉的状态，实现人与自然之间最优的双向对象化。人类实践活动的过程其实就是实践主体自身与实践客体的物质力量相互作用、相互转化的过程，在这一过程中实现了人类实践活动的最终目标和根本使命。当然完成这一使命需要人类在改造客观物质世界的同时积极地改善和优化人与社会、人与自然的关系，需要人类在从事物质实践活动同时思想上要高度重视，发挥生态文明理念的引导作用。生态文明理念以尊重和维护自然为前提，以人与人、人与自然、人与社会和谐共生为宗旨，以资源环境承载力为基础，以建立可持续的产业结构、生产方式和消费模式以及增强可持续发展能力为着眼点。[1]生态文明建设是一项庞大的系统工程，包括生态经济建设、生态政治建设、生态文化建设、生态法治建设等内容，涉及人类社会实践活动的方方面面。它要求人类实践活动目的性的多维度，物质利益、经济利润在此之前被放在至高位置，精神需求与人的全面发展目标被轻视，人类生存环境的优化被忽视，导致人类实践活动的实效性大打折扣。因此我们需要运用生态文明理念在实践中全面实现人与人、人与自然、人与社会的对立统一关系，朝着物质财富与精神财富共同繁荣，人类进步与自然发展和谐相处，经济发展与生态优化齐头并进的方向努力，促进人类实践活动方式的转向。

、物质生产实践活动方式的转向

物质生产实践是人类最基本的实践活动，它处理、解决人与自然之间的复杂关系，主要涉及社会的物质生活领域。其中物质生活的生产方式制约着整个社会生活、政治生活和精神生活，约束着人类的存在。生态文明理念对物质生产实践活动方式的转向作用巨大，已成为目前各国经济发

[1] 周生贤 . 积极建设生态文明 [J]. 求是，2009，（22）：30~32.

展的助推器和导航仪。处理好经济发展与生态文明的关系已成为实现人类现实利益与长远利益、经济利益与社会利益的根本要求。通过生态文明理念转变经济发展的方式，严格遵循自然生态系统的物质循环和能量流动规律，积极采用“资源—产品—废弃物—再生资源”的闭环反馈式循环来发展社会经济，实现经济发展模式的转变，建立高效生态经济。文章仅以经济生活的生产领域和消费领域分析供给与需求的现状，以实现人类实践活动方式的转向。

（一）生产领域实现由膨胀生产向循环经济生产模式的转向

人类生产行为以最大限度地攫取物质财富为终极目标，对自然界进行无休止地索取与掠夺，使生产规模无限膨胀，无视现有的生产方式与规模所带来的恶劣影响，向自然界强压人类自以为是的生产方式，将包括人力资本、社会资金、固定资本、自然资源等在内的生产要素不断膨胀，无限扩大生产投入的客观需要，造成社会总产出的极端不稳定增长。这种生产方式的结果就是带来了严重的资源浪费、环境破坏、生态系统的不平衡，严重威胁到人类自身的生存与发展。于是，人类对传统的经济生产方式进行了深刻的反思，否定了以往单纯建立在科学技术基础上的、以强压掠夺和攫取财富为终极目标的生产方式，提出了生态文明的理念，强调了人类与自然的和谐共生、协调发展关系，而不是单纯的征服掠夺和获得。实现经济生产模式的转向，主要是实现由以资源高消耗和污染高排放为特征的线型经济向以资源低消耗和污染低排放为特征的循环经济的转向。一方面，可以通过提升绿色技术，设计各环节之间的物料循环，使企业在生产领域达到少排放甚至“零排放”的目标，实现以资源高消耗与污染高排放为特征的线型经济生产方式的转变，彻底抛弃膨胀生产的生产方式，把投入生产过程的物质与能量尽最大可能地转化为产品，实现废物最少化、利用最大化。众所周知，高排放的后果是全球性的，因为CO2气体可以跨区域、跨国界流动，因此实现循环经济生产必须依赖于全球的普遍参与和共同努力，拓展生态合作生产的最大空间。这也是高效生态经济应运而生的可行之策。“可以说，高效生态经济是人与自然关系逻辑运动的结果，是人与自然关系‘否定之否定’的结果，是人类对经济发展模式做出的新选择，反映了人类文明形态的新进展。”[1]另一方面，经济生产不仅包括成品的生产，还应当包括废物的生产。通过企业或产业之间的废物利用，重新规划生态产业园区建设，实现资源共享，促进产品互换，将企业或产业产生的废气、

[1] 刘文烈，魏学文 . 关于发展高效生态经济的理论思考 [J]. 滨州学院学报，2011，（4）：42.

废热、废渣、废水等在自身循环的同时，作为其他企业或产业的原材料或能源，真正实现“经济结构包括生产的组织制度结构、生产关系结构、国民经济的产业结构、产品结构、技术结构、空间布局结构等发生重大转变，形成持续的高级化变化过程。这一含义要求经济结构持续高级化，这与生态文明注重增加科技投入，运用科学技术，优化产业、产品结构，提高经济运行的质量和效益，同样不谋而合。”[1]特别是农业、工业、服务业这三大产业一定要在现有基础上，根据各自特色充分利用现有资源，变废为宝，形成生态产业链，建立三大产业链之间的生产互动机制。

（二）消费领域实现由异化消费向绿色消费的转向

随着人们现代生活方式的提升，经济的迅猛发展，自身需求的多样化、多层次增多，人们的消费方式也随之产生变化，甚至进入一种异化消费的状态，放纵人的物质欲望成为当下工业文明最鲜明的特色表现之一，成为刺激目前经济增长的动力之一，造成了人与自然关系的严重失衡。消费方式之一：符号消费。人类已经过了将产品消费仅用于满足自身基本需求的阶段。随着生活水平的提高，相当一部分人进行消费、选择产品根本不是满足自身所需，而是为了填补心理需求与身份体现。于是这种消费被称为符号消费。产品对消费者自身而言没有使用价值，甚或造成消费者产生不健康的攀比心态。有些人明明不需要此类产品，也不具备购买水平，但为了虚荣，硬是通过各种偏激手段来进行购买行为，严重背离消费初衷。消费方式之二：广告消费。各种媒体中充斥大量广告，无孔不入，且从消费者心理角度设计极具诱惑，尤其对年轻人来说很难招架。再加上明星效应、创新理念、从众心理等导致许多消费者盲目消费，不考虑目前是否需要，购买后用处大不大，造成资源严重浪费。消费方式之三：一次性消费。“为了加快产品流通环节的速度，缩短购买力时间，加速资本循环与扩大再生产，众多生产者和销售者鼓吹一次性产品的优越性，加快其普及程度。”[2]一次性筷子、杯子、餐具、塑料袋等大行其道，殊不知木材等资源浪费严重。消费者应养成良好的日常生活习惯，自带水杯、使用循环使用的餐具，高温消毒，既卫生又环保，养成利于自然的生活态度与消费习惯尤为重要。

国家倡导生态文明，实行绿色经济发展模式，公众理应积极参与、主动配合，实现消费方式的转向。所谓绿色消费就是消费者从关心和维护生

---

[1] 杨国昕 . 生态文明应与物质、政治、精神文明并重 [J]. 中共福建省委党校学报，2003，（9）：33.
[2] 周琳 . 新马克思主义克服异化消费理论与实行低碳消费之多维透视 [J]. 经济问题探索，2011，（2）：39.

态环境、身心健康、社会持续发展出发，拒绝购买大量消耗资源、严重污染环境的商品，选择、采用环保技术、废物产生少，环境污染少、可循环再利用的商品。与工业时代的消费方式相比较，绿色消费既符合物质生产的发展水平，又符合生态环境的发展水平；既注重商品的有用性，又关注商品的环保价值；既注重个人需求，又关注社会整体需求。这是一种科学合理、文明健康的消费方式，这是对传统消费方式颠覆性的转向，有利于资源的循环使用和经济的可持续发展，有利于人类文明的不断进步，更有利于每一个人、每一个家庭获得最终意义上的“幸福”。从本质上看，“在马克思实践唯物主义视野里，幸福是一种主客观的统一。这种统一的基础是人的实践。人的幸福的获得，不是也不可能是某种外在力量的给予，而是人通过自己的实践活动改造外部环境，即通过实践活动过程本身获得的，即是说是人本身创造和争得的。而人的实践活动是一种主体客体化与客体主体化的双向活动。人的幸福在这种双向活动中，客体的变化及其对主体需要的满足，表现为客体向主体的生成”。[1]生态文明理念及生态学还远没有成为公众常识，生态价值观还没有成为大多数人所信奉的消费导向。积极倡导绿色消费需要三方面的消费主体的共同协商努力：一是政府的公共性消费，它可以发挥政府对公众的引导和示范作用，产生巨大社会影响力；二是企业的生产性消费，它可以对原材料供应商、生产机器设备、技术供应商、产品代理商等各环节进行选择，起到相互监督的作用；三是家庭的消费性消费，通过家庭绿色消费，强化家庭成员环保意识，提升家庭成员自身素质，有利于形成合力，促进生态文明。

三、社会　治实践活动方式的转向

在物质生活基础上，人们形成了复杂的社会政治与公共关系，解决着人与人之间的各种矛盾，构成社会政治实践活动。当下社会经济的发展已经不单纯依靠自身的自然资源禀赋，外部资源的供给和后天习得的技能等对社会经济发展的作用日渐显现，创造有利于吸引人才、开发技术、更新观念等无形要素集聚的条件和机制变得极为重要，这一系列社会政治实践活动方式需要适势转向，需要政府发挥更大的改革功效来实现生态安全。

（一）政府在政策落实方面的转向

在某种程度上，“制度重于技术”的理念对于生态文明建设有着更为

[1] 林剑．幸福论七题［J］．哲学研究，2002，（4）．

重要的作用与效果。政府鼓励绿色技术创新，提倡绿色生产，引导绿色消费，扶持绿色产业，这都需要有系统、完备的制度进行保障，需要有切实可行的政策进行引导。其中最为关键的是要建设政府行政生态化，实现对一个政府的目标、法律、政策、职能、体制机构等诸方面的生态化。实现在政策落实方面特别注意政绩观的转变。以往的经济发展速度快，各地政绩过分追求GDP，无视经济结构、经济效益，无视生态建设、环境保护，无视污染治理与惩治。地方政府只重视本地短期经济指标，轻视社会环境长期发展，更不理会对周边区域产生的负面影响，各自为政的情况普遍存在，不会统筹兼顾，不会长期规划，缺少生态观念。政府对待生态文明建设的防控与治理政策多为偶然的、零散的，缺少系统性的制度与管理创新。因此各级政府必须实现政绩观的转向，加强区域生态合作治理，积极探索绿色GDP新政，建立体现生态文明理念的绿色政绩考核机制。各地政府应从政策导向上推行绿色GDP，切实发挥各级政府的领导协调作用，对生态文明建设项目提供组织保障与政策支持，发挥组织协调作用，对各生产企业、各社会团体进行系统规划，加强监督管理与立法规范工作，促进生态城市的构建有序开展。

打造生态城市既是一项复杂而又庞大的系统工程，又是一项关乎全局和长远发展的战略任务。各个环节、各个主体应当相互配合，需要有缜密的计划步步实施，需要加强组织领导以便扎实有效地推进各项协调环节，只有政府才能做好这一统筹工作。生态城市是人类城市建设发展的新方向与目标，需要既满足人类生活高品质要求，又满足人类持续发展、环境持续发展的长远诉求；需要人类社会政治高度文明，经济持续发展，自然协调共生的融合；需要有生态安全做外围保障，需要城市发展目标生态化，城市功能生态化，城市建设生态化。“生态城市的建设必须满足人类生态学的满意原则、经济生态学的高效原则、自然生态学的和谐原则等。”[1]这需要政府下足工夫引领生态城市建设方向，改变现有政策，规范生态城市建设行为，动脑筋创新现有城市发展机制，互利共赢构筑新型生态城市。

（二）政府在宣传导向上的转向

政府宣传占据舆论制高点，但针对生态文明理念的宣传未能取得预想的效果，需要政府打破常规，尤其在宣传方式和宣传对象方面要创新思路，禁止思想僵化、固步自封。对于生态文明理念，公众普遍认可，但政

[1] 曾刚．基于生态文明的区域发展新模式与新路径 [J]. 云南师范大学学报（哲学社会科学版），2009，（9）：35.

府必须率先垂范，让公众感受到政府行为转向的诚意。

第一，宣传方式的转变。政府宣传生态文明理念可以开展很多活动，但要拒绝高消耗、高成本的大型主题晚会。以往活动主题很好，但一台大型晚会需要启动大量资金，聘请众多明星，搭建豪华舞台，运用多种灯光舞美设备，劳民伤财，与生态文明理念明显格格不入。政府完全可以转变宣传方式，采取进社区举办由居民参加的主题活动来代替这种资源浪费的活动宣传方式，既环保又接地气，普通老百姓更能直接参与，宣传效果会立竿见影。各级政府应将大量财政资金投入运用于建立生态环境、恢复治理与绿色技术开发应用当中；另外地方政府在宣传生态文明理念时应抛弃文山会海，不要总在书面做文章，说些空而不实的大话，要丰富传播方式与内容。长篇大论生态文明理念的重要性无法让老百姓做到领会于心。政府应当充分利用网络传播媒介，建立相应网站，图文并茂更生动，建立QQ群，通过微博、微信加强与公众联系与沟通，接受群众监督，倾听群众呼声，既环保又高效。

第二，宣传对象的转变。以往政府对相关政策进行宣传总是一纸通文、一份通告，波及范围是较广，但宣传效果并不尽如人意。政府应转变宣传策略，不能将宣传对象仅针对普通群众，而是要充分发挥集体的力量，发动一个个团体的影响作用来感染每一个人。采取面向各社会团体、单位工会组织、社区、家庭等进行专项宣传活动，达到多项联动的效果。因为作为拥有社会属性的人在一定的社会组织范围内从事有针对性的、有群体导向性的社会实践活动更具实效性与长效性，实践成果更为明显。这样可以营造浓厚的社会氛围，让全社会特别是各组织单位都深刻认识到生态文明理念对于我们现代化建设的重要意义。

四、科学文化实践活动方式的转向

科学文化实践活动在哲学意义上来理解就是一种改造自然和社会的准备性和探索性的实践活动。它是一个综合体，涵盖范围较广，无法面面俱到，下面仅围绕公民主体范畴分析与其相关的自身素质、生活条件及业余活动的转向问题。

（一）提升公民自身素质——由传统道德观念向生态文明理念转向

作为礼仪之邦，我国大众教育向来深入影响传统道德观念。孝顺、诚实、团结、礼让、爱国是我们日常生活中公民对自身素质特别重视的方面。而对于生态文明理念仅仅停留在节约资源、爱护树木等基本的、零散的认知方面，仅仅有少数人自觉自愿维护生态环境。在加强生态文明建设时要充分发挥人的主观能动性，将其贯穿于社会公德、职业道德、家庭美德建设中，要求公民将此观念内化于心，做绿色文明使者，关注政府行政行为，关注企业生产排污问题，关注消费异化现象，关注对青少年生态文明理念的培育。这需要教育部门与社会的通力合作，尤其要通过完善生态教育机制来提高全体公民生态素质，也是现代以及未来人类文明发展的主流。“如果没有普及性的环境保护观念和生态意识，没有全民生活、消费等行为模式的生态化转型，生态文明建设的步伐就会受到严重制约。所以，我们必须加强生态教育，促进环境保护观念的普及和全民生态意识的提高。”[1]教育自古就是培育思想、提高素质的摇篮，特别是区域高等教育对区域生态经济发展、社会进步作用显著。在学校里开设相关生态课程，将生态文明理念进教材进课堂进生活，开展丰富多样且主题鲜明的校内外活动，让学生积极主动参与环保活动，提升学生自身的综合素质，进行人才输出，为区域生态经济发展提供合格的建设者；高校加强与当地企事业合作，将生态文明理念深入地方，服务地方，充分发挥广大青年学生的特殊影响力，对我国未来经济发展、社会文明进步和生态完善都将具有重大作用。

（二）完善公民生活条件——由美化生活环境向绿化生态环境转向

人类生产力水平进一步提升，要求自身生活环境更加美化更符合人类需求。但受工业文明影响，受经济增长粗放型影响，人们生活条件的改善更偏向物质改善，更注重公共福利设施、社会政治环境的改善，更注重自身舒适感受，而没有过多考虑自身精神需要，没有考虑自然生态环境外部的改善，从而造成美化人类生活环境的方向出现一定偏差。室内公共场所装饰更加豪华，所用资源浪费严重，而没有对室外绿地进行有效利用和维护；居住环境硬件设施得到进一步改善，但所在小区生态文明建设明显滞后；物质生活条件提高迅猛，私家车保有量持续增加，环保出行理念没有普及，没有得到应有重视，众多家庭仍对大排量、高消耗的汽车特别青睐，远超过实际家用水平的要求；电子产品更新换代加快，家用、工业用电量持续猛增，空调使用频繁化，对室温要求超过社会提倡范围程度；手机电脑综合征增多，宅男宅女现象蔓延，人际交往存在一定障碍，身体亚健康者增加，与大自然接触时间和空间具有局限。人们生活环境水平看似得到较大改观，实则弊端不少，应该更加突出绿化生态环境的重要作用，这比美化生活环境更高一层、更前进一步。

---

[1] 陈剑锋．建设生态文明：社会经济可持续发展的新途径 [J]. 改革与发展，2008，（8）：64.

（三）强化公民业余活动——由丰富文化娱乐活动种类向提升文化娱乐活动内涵转向

人类生存条件改善的重要标志之一就是人们业余文化娱乐时间的延长，活动方式的增多，进一步满足人们不同层次的多方面需求。有面向青少年的公园、游乐园、少年宫、文化馆、博物馆、科技馆等活动场所，有面向成年人的棋牌室、KTV、迪厅、洗浴中心、健身房、美容美体院等活动场所，有面向老年人的社区老年活动中心、老年大学等活动场所和民间组织的广场舞、太极拳等活动。丰富的文化娱乐活动极大满足不同年龄层次公民的需求，这是社会进步的表现，是体现社会文明提高的内容之一。但这是远远不够的，活动内涵的提升已经提上日程。面向青少年的活动娱乐消遣大过于活动教育，各地科技馆、文化馆数量少且活动不频繁，只有在特殊节日才有相关主题活动，没有形成常态化的活动机制；面向成年人的活动更是只能满足个人需求，没有考虑活动所耗成本，对资源利用状况，对环境影响情况，对身心健康影响情况；面向老年人的活动情况则相对好些，但完全可以进一步利用老年人时间充足的优势，发掘其对生态文明理念的认识与影响力，通过丰富多样的活动进一步推广。应当充分发挥老年人的作用，发挥社会余热，为生态文明建设献计献策，从而促进人们业余文化娱乐内涵进一步提升，为生态文明建设进行多方面服务。

生态文明理念不仅是人类文明进步的表现，更体现了人类实践活动方式的转向要求，是对人类生产方式、消费方式、生活方式及其交往方式的根本性转变。应当充分调动每一个微观主体的创新潜力，激发每一个社会主体的积极参与热情，强化对每一个行为主体的监督与倡导，才能真正实现人类实践活动方式的“绿色”转向，促进经济发展、政治文明、文化进步、环境协调相融合，实现良性循环，建设中国特色的生态文明。

第三章

生态文明建设的理论建构与分析

第一节　生态文明建设的理论诠释

文明是生态文明的上位概念。通过分析“文明”一词的内涵，推导和界定生态文明，是符合逻辑的常规思路。国内学者对于文明的理解可以概括为“历史阶段”、“积极成果”、“族群价值体系”和“进步标准”四个方面。“生态文明”中的“文明”与族群无涉，而是首先指向以“生态理性”为价值核心的“进步标准”，然后才能达至“积极成果”和“历史阶段”层面的“生态文明”。

一、“文明”的概念溯源

究竟什么是文明呢?

《现代汉语词典》给出了三个释义：

（1）文化；

（2）社会发展到较高阶段和具有较高文化的；

（3）旧时指有西方现代色彩的（风俗、习惯、事物）。

网上词典“汉典”以及“维基词典”引证的“文明”释义多达九种：

（1）文采光明，如《易·乾》：“见龙在田，天下文明”；

（2）文采，与“质朴”相对，如《苏氏演义》卷下：“谓奏劾尚质直，故用布，非奏劾日尚文明，故用缯”；

（3）文德辉耀，如《宋书·律历志上》：“情深而文明，气盛而化神”；

（4）文治教化，如《呈范景仁》诗：“朝家文明所及远，於今台阁尤蝉联”；

（5）文教昌明，如《琵琶记·高堂称寿》：“抱经济之奇才，当文明之盛世”；

（6）犹明察，如《易·明夷》：“内文明而外柔顺”；

（7）社会发展水平较高、有文化的状态，如《闲情偶寄·词曲下·格局》：“求辟草昧而致文明，不可得矣”；

（8）新的，现代的，如《老残游记》第一回：“这等人……只是用几句文明的词头骗几个钱用用罢了”；

（9）合于人道，如《福建光复记》：“所有俘虏，我军仍以文明对待”。

显然，近现代汉语中的“文明”与我国古代典籍中的“文明”有很大的不同。据学者考证，现代汉语中的文明含义实则是西学东渐的结果，受西方文明思想影响，国内对于文明的理解开始由古代的文治、教化逐渐指向社会的发展和进步。

国内学者对文明的界定主要有如下三种观点：

一是积极成果说，如虞崇胜的《政治文明论》中指出，文明是“人类社会生活的进步状态”，“从静态的角度看，文明是人类社会创造的一切进步成果；从动态的角度看，文明是人类社会不断进化发展的过程”。

二是进步程度说，如万斌的《论社会主义文明》中提出，文明是“人类自身进化的内容和尺度”，“它表明人类认识和理解自然规律、社会规律的成就以及通过政治、经济、文化、艺术等社会生活形式对这种成就的认识和应用的程度”。

三是价值体系说，如阮伟的《文明的表现：对5000年人类文明的评估》认为，“文明一词不仅可以指一种特定的生活方式及相应的价值体系，也可以指认同于该生活方式和价值体系的人类共同体”。[1]

对于西方的文明观，杨海蛟等总结认为也有三种代表性的观点：“进步状态说”、“要素构成说”和“文明文化一体说”。但从举例看，各类观点所述文明之属性和特征并不显要，例如所分之“进步状态说”中既有进步说，又有成果说；所谓的“要素构成说”和国内的“价值体系说”，也颇有雷同之处。他们认为马克思主义文明观主要强调文明的实践性、历史性和发展性。

贺培育的《制度学：走向文明与理性的必然审视》也分三个方面概括了文明的基本内涵：

第一是作为时间界限的“文明”，即按照摩尔根在《古代社会》中的分法，人类从低到高的阶段发展依次为蒙昧、野蛮和文明三个时期，总共约10万年，其中蒙昧时期约6万年，野蛮时期约合3万5000年，而文明时代只有5000年时间。

第二是作为总体状况的“文明”，是指人类注重创造物质财富、精神财富的过程及结果，这意味着人类社会一定区域范围内影响总体的进程。

第三是作为进步状态的“文明”，标示着人类社会物质、精神生活不断发展进步的状态，在此意义上，与“合理”“进步”“合乎人性”“合乎历史发展趋势”等语义基本相通。这三者中需要重点区别的是“作为总体状况的文明”与“作为进步状况的文明”。

[1] 阮伟 . 文明的表现：对 5000 年人类文明的评估 [M]. 北京：北京大学出版社，2001，第 52 页 .

笔者认为贺培育和杨海蛟等人的观点大致相同，些微不同处恰可以互相补充，亦即在社会科学领域，文明常用的内涵应该有四个：

一是表征历史阶段、带有时间界限意义的“文明”，例如与蒙昧、野蛮相对应的“文明时代”。

二是表征人类改造自然和改造社会的积极成果的“文明”，例如“物质文明”“精神文明”“制度文明”。

三是表征特定区域内人的共同体总的发展状况的“文明”，这种文明代表人类的特定族群经由长期共同生活所形成的价值体系及其自身，可以分解为一定的构成要素，在表达上不严格区分则与“文化”更近似，例如“中华文明”“玛雅文明”等。

四是表征进步性、具有价值判断意蕴的“文明”，类似“合理”“进步”“礼貌”的含义和用法，例如“举止文明”“言语文明”等。

、“生态文明”中的“文明”解析

显然，当下国内学者所探讨的生态文明中的文明与特定区域或特定族群并不相关，可以直接排除第三种释义。从线性生态文明观角度看，“生态文明”中的“文明”更接近第一种释义，意指在社会形态的发展过程中替代工业文明的新的文明形态，具有时间轴向上的顺序性和阶段性，在此意义上的生态文明也可以指称“生态文明时代”。当然，需要进一步指出的是，在国内即使明确主张线性生态文明观的学者，也绝不仅仅是在时间意义上来演绎生态文明，在其生态文明理论构建过程中仍不可避免地着眼于更实体性的人与自然关系的协调问题，其生态文明建设的归向仍是要在协调人与自然关系的各个方面取得积极成果，进而过渡到替代工业文明的新时代。简言之，线性生态文明观下的生态“文明”表面上归入第一种释义，实质仍为第二种释义。这也是为什么大多数学者在线性生态文明观的基础上做系统生态文明的文章的原因。

相较于线性生态文明观将生态文明主要界定为一种具有时间界限意义的“文明形态”，系统生态文明观则主要是将生态文明作为一种“文明结构”或“文明的构成要素”来理解。张云飞教授在批判生态文明作为后工业文明的观点时，明确提出，“生态文明是与物质文明、政治文明、精神文明、社会文明属于同一系列的范畴（文明结构）”，[1]试图“以生态文

[1] 张云飞．试论生态文明的历史方位 [J]. 教学与研究，2009，第 8 页．

明取代工业文明”的观点在理论上“有混淆文明形态和文明结构之嫌”；“正像每一种文明时代都有自己的物质文明、政治文明、精神文明和社会文明一样，生态文明是贯穿于‘渔猎社会—农业文明—工业文明—智能文明’始终的基本的文明结构”，是“在这些特殊性的形式中体现出来的普遍性原则和要求”；“这是由人（社会）和自然的关系问题在整个人类社会存在和发展过程中的基础性地位决定的。”刘红霞教授也认为，“生态文明是贯穿人类社会始终的构成要素，它在各个文明形态中与其他社会的构成要素一起，影响着社会的发展和进程，是人类社会永恒的基调之一”；“终极的、彻底的、绝对的生态文明是不存在的，生态问题是每一种文明形态都必须面对的问题，任何文明存在的前提都是保持一个恰当的‘生态度’。”[1]

在此，两相对比可以发现，线性生态文明观和系统生态文明观最终都不得不将“生态文明”中的“文明”——不论是“文明形态”，还是“文明结构”，抑或是“文明的构成要素”——定位于“积极成果”的层面，或者说，没有协调人与自然关系的“积极成果”，就没有生态文明。不同的是，线性生态文明观认为这一积极成果的达成具有时间上的阶段性，在表象上是针对工业文明弊端的克服，在结果上是对工业文明的替代；而系统生态文明观则认为鉴于人与自然矛盾关系的恒久性，生态文明中作为“文明”的积极成果的达成没有时间界限，贯穿人类发展始终。颇有意味的是，在批判线性生态文明观、论证系统生态文明观的同时，张云飞教授和刘海霞教授分别提到了“普遍性原则和要求”以及“生态度”，贺祥林教授总结“文明”含义时提出了“作为进步状态”“具有价值判断”的“文明”释义。受其启发，笔者认为“生态文明”中的“文明”首先应当是从第四种释义上来理解，即首先指向“生态理性”这样的价值判断和进步状态，亦即一种“文明标准”，然后才逐次指向以“积极成果”为实质的“文明结构”，最后才成其为一个“文明形态”或“文明时代”；并且作为“文明结构”的生态文明并不是与物质文明、精神文明、制度文明一同贯穿文明结构；作为“文明形态”的生态文明更不是替代工业文明的文明形态。

[1] 刘海霞．不能将生态文明等同于后工业文明——兼与王孔雀教授商榷[J]. 生态经济，2011（2）.

三、生态文明的理论重述

将生态文明排除在当下主流的“文明形态”和“文明结构”的理论框架之外，而界定为“文明标准”，其面临的首要问题就是——这一文明标准的实质和价值核心究竟为何？什么才是当下中国乃至世界所追求的生态文明？

对于上述问题的回答首先应当明确，不论在何种意义上解释文明，文明一直与人类的实践紧密相连，自始至终离不开人类主观能动性的客观化，文明的内核亦始终与“进步”同义。因此，笔者并不认同因为人与自然的矛盾贯穿人类历史始终，正如对一个手无缚鸡之力的人面对一头猛兽而不得以选择顺从，不能谓之“礼让”一样，面对自然，若不能驾驭、控制或改变而暂时保存原样，并非真正的“生态文明”。又或者，可以将所有人与自然和谐相处的表象称之为广义的生态文明，而用狭义的生态文明专指本书所述的真正的“生态文明”。有别于“物质文明”“精神文明”“制度文明”等文明结构的“积极成果”之说，而本书所述的生态文明的内核是生态意识觉醒之后基于生态理性的行动自觉，包括积极作为和审慎不为。

（一）生态文明的实质是对人的自然本性的回归

任何意义上的文明的源起都出于对人的需求的满足，而人的需求又根植于人的自然本性和社会属性，生态文明也不例外。与其将生态文明的源起定位于对人类可持续发展需要的满足，毋宁定位于对人的自然本性的回归。生态文明所企求的绝不仅仅是满足生存需要的可持续发展，而是真正意义上的人与自然的和谐共处。人们无法接受以生态的全面破坏和人类的毁灭风险作为衡量是否可持续的尺度，也不应容忍以人的生命和健康的牺牲作为评判生态文明与否的标准。生态文明本身应当高于可持续生存和可持续发展的标准。

在中国，不仅以老子为代表的道家的整体主义自然观源远流长，甚至整个中国古典哲学，包括孔孟儒学、宋明理学、佛教哲学等都以“生”为核心观念，都可以谓之“生的哲学”。老子主张“道法自然”“道生万物”“道通为一”“天人合一”，也就是认为人与自然万物不仅是以类相从、共生共存的整体关系，而且有着共同的本原和法则，因此，他倡导人的创造活动应当尊重自然、顺应自然规律，而不应无视自然之理，更不能置身于自然之外或凌驾于自然之上。与西方哲学主客二分的本体论不同，中国古典哲学习惯用“天”指称自然界，并将整个自然界视为本体存在，认为生命创造和流行则是其实现；用“万物”代表生命，主张即使是非生命之物，也与生命直接有关，是生命赖以生存的家园；人与自然不是外在的对立关系，而是内在的统一关系，正如宋代二程所说，“人之在天地，如鱼在水，不知有水，直待出水，方知动不得”，“天地安有内外?言天地之外，便是不识天地也”。换言之，人在天地之中，就如同鱼在水中一样，须臾不可分离，身处其中浑然不觉其重要，失去了才知可贵。反观当下人类对所谓生态文明的渴求便是这一哲理的现实写照。

社会科学发展至今，对人的社会属性的关注远远超过对人的自然本性的关注，甚至一度被排除在有关人性的研究范围之外，但事实上，人的自然本性与人的社会属性一样，都会切实影响人的行为，因而对人的自然本性的分析之于社会科学对人的行为、社会关系和社会结构的研究是必须的。在人文科学领域，对于人的自然本性，戏剧艺术大师易卜生在其创作的《人民公敌》中进行过十分精准的阐释，他指出：“人类走向歧路的开始，首先是对其自然本性的背离，物质主义淹没了精神追求，科学的昌盛助长了人类的肆意妄为，理性的觉醒使人类陶醉在夜郎自大的征服欲中，而没有把人提升为自然秩序的代言人。人类越来越远离其自然本性和对自身的终极关怀，远离对善与美的追求，最终也导致人与他人、人与社会、人与自然关系的全面扭曲。”我们看到由于物质文明高度发达，现代科学和工业化的高度发展而带来的核威胁、环境污染、温室效应、资源枯竭、物种消亡、臭氧空洞、瘟疫流行等种种令全球危机四伏的问题，殊不知，这些只是外部问题，其实，人的内部问题出现得更早、更为严重，也是所有问题的真正根源。“信仰的缺失、精神的空虚、行为的无能……种种表现已令我们触目惊心。在外部生态环境毁灭人类之前，人类可能已经在精神上毁灭自己了。”因此，人类要实现生态文明的前提条件是必须回归人类的自然本性，认清人与自然之母的依存关系，重拾对自然之力的敬畏之心，崇尚对自然之美、对蓝天白云和青山绿水的执着追求。从回归人的自然本性的角度，生态文明在更宽广的视域中重新审视人的自然本性及由此产生的生态需求，包括生态安全的需求和生态审美的需求，即便是贫困也不应成为牺牲生态环境谋求经济发展的理由。在很多地方，恰恰是不合理的开发建设加剧了长期的贫困，从而使得贫困与生态破坏陷入恶性循环。自古游牧民族就有“逐水草而居”的生态智慧和传统。建设生态文明、实现对人的自然本性的回归，需要唤醒和推广生态智慧，以生态理性作为生态文明评价的价值核心。

（二）生态文明的价值核心是生态理性

学界对于生态理性的具体认知不尽相同，但大多数学者是将其置于经济理性、技术理性、工具理性的对立面进行论证和阐释。

法国左翼思想家安德烈·高兹将生态环境危机的产生归咎于不断追求利润最大化的资本逻辑和经济理性。他认为，在前资本主义的传统社会，经济理性并不适用，人们自发限制其需求，工作到生产的东西“足够多”为止；从生产不是为了自己消费而是为了市场开始，经济理性开始发挥作用。经济理性突破“够了就行”的原则，崇尚“越多越好”，把利润最大化建立在需求、生产、消费都最大化的基础之上。资本对利润贪欲的无限性与自然资源承受力的有限性之间的矛盾不可避免地将人类带入生态危机的漩涡。生态理性则相反，其主旨在于“更少但更好”，即以尽可能好的方式，尽可能少的、更耐用的物品满足人们的物质需要，并通过最少化的劳动、资本和自然资源来实现这一点。在资本主义条件下，生态理性和经济理性是对立的。从生态理性角度看对资源的破坏和浪费的行为，从经济理性角度看则是增长之源；从生态理性角度看是节俭的措施，用经济理性的眼光看则属未充分利用资源，降低国民生产总值。另外，高兹认为，从消费领域还是从生产领域获得满足，也是经济理性与生态理性的区别之一，从经济理性向生态理性的转换过程也是人们不断从生产而不是从消费领域获得满足的过程。

夏从亚教授等人则认为是工具技术理性的无度扩张引发了全球性的生态危机。工具技术理性的概念源自马克思·韦伯对两种合理性的划分和描述，主要指称“以功能、实效为目标，以计算、可量化、可标准化为基本路径的思维范式”；它使人类冲破神性的禁锢，并“推动了与现代西方文明相联系的一整套的资本主义的劳动组织、行政管理、法律体系以及科学技术的形成和不断成熟”。[1]工具技术理性本身并不必然导致生态危机，资本与工具技术理性的合谋才是其走向非理性的根本原因。资本与工具理性的合谋使得人类对作为工具对象的物质的关注远远超过了对人作为主体存在和精神世界的关注，进而丧失了合理把握人类中心主义边界的愿望和能力，使得人类发展极度漠视自然的价值和客观规律，走向了人类中心主义的极端。与资本合谋的工具技术理性在实质上与高兹所说的经济理性完全一致，都是资本实现利润最大化的工具，它所真正体现的并不是人的主体价值，而是资本的主体价值；其所追求的并不是真正的人的幸福，而是纯粹的财富增值。“大量生产—大量消费—大量废弃”正是财富增值的必经之路，生态危机是其必然后果。

[1] 夏从亚，原丽红 . 生态理性的发育与生态文明的实现 [J]. 自然辩证法研究 ,2014（1）.

然而，学者们对资本主义经济理性和工具技术理性的批判是在西方经济理性和工具理性充分发展、现代化基本完成的背景下进行的，而中国尚在现代化的进程之中，市场化与经济理性在很多领域仍是经济体制改革的目标，工具理性的智性分析对于整个社会体系构建仍然不可或缺。[1]日益严峻的生态危机呼唤生态文明建设，但在当下中国，发展仍是第一要务，为此，中国需要的是能够匡正经济理性并与之相容的生态理性，而不是与经济理性对立的生态理性；生态文明建设需要的是扬弃工具技术理性的生态理性，而不是试图取代工具理性的生态理性。

在社会主义市场经济背景下构建生态文明，以生态理性匡正经济理性、扬弃工具技术理性，首先应当明确经济理性和工具技术理性扩张的弊端所在及其与生态理性的差别。

在理论溯源上，无论经济理性和工具技术理性发端于哪个时代或哪种经济条件，不可否认的是，在其产生之初，人类的生产生活尚未对自然资源和生态系统造成实质性的影响或损害，现在所谓的经济发展的环境成本或代价并不在理性的考虑范围。然而，随着科学技术的发展、经济规模和人口规模的扩大，自然的承载力界限日益彰显，如果原有的经济理性和技术工具理性不能与时俱进地予以修正，继续将环境成本和生态损害置于经济成本考量范围之外，那么所谓的经济理性和工具技术理性必然走向非理性的深渊。

传统经济理性和工具技术理性忽略环境成本和生态损害的根由在于其价值观的偏差，即以积累财富和物质消费作为最大价值目标，忽视了大自然的自身价值，任意地攫取自然资源，任意地向自然界排放污染物，因而将经济发展所需的环境成本和导致的生态损害完全排除在理性的核算范围之外。而生态理性则把生态系统与经济系统视为母子关系，把大自然视为万物之母，在承认人是万物之灵，在生态系统中居于特殊地位的同时，强调必须保育大自然的生态价值，强调把人类的物质消费欲望和对自然的干预及改造限控在生态系统的承受能力范围内，亦即将理性的内在价值目标与外在的生态阈限加以综合考量，用其“最优化”原则修正传统经济理性与工具技术理性的“最大化”原则，不是什么带来（利润的）最大化就做什么，而是什么带来最好就做什么。所谓的“最优”和“最好”都是建立在作为主体的人与其“无机身体”的自然、真实、多元的需要和合理、适度的物质变换基础之上，其所构建的新的文化价值理念是要使人摒弃多余

[1] 吴宁．批判经济理性、重建生态理性——高兹的现代性方案述评 [J]. 哲学动态 ,2007（7）.

的欲望，追求与自然相和谐的有限度的生活方式，“诗意地栖居”，欣然于人与自然从物质到精神的多重交流。据此，修正后的经济理性和工具技术理性应当考虑经济活动的生态适宜性，引导经济结构和功能的生态化转型，进而维护生态系统的结构和功能；在资源利用和配置方面，把握开发的节奏和分寸，强调资源的保育和培植，以实现自然资源的生生不息和永续利用。[1]

在以培育和实践生态理性为核心建设生态文明的过程中，人们也应清醒地意识到，经济理性的理论形态即传统的经济学至今已有200多年的历史，不仅理论体系完备，而且积聚财富的实践效果显著，工具技术理性更是近现代理性发展史上不容抹杀的辉煌篇章；相形之下，生态理性的理论形态生态经济学和生态伦理学仅有不到50年的历史，其理论应用尚在摸索阶段，且因触及很多既得利益而难于推行。因此，生态理性要包容和整合经济理性，要扬弃和修正工具技术理性，不仅需要理论上的重大突破，更需要实践的勇敢探索。

（三）生态文明：由文明标准迭至文明向度和文明形态

如前所述，关于生态文明的现有理论主要分为线性生态文明观和系统生态文明观两大类，主要涉及文明形态和文明结构两大范畴。而笔者认为对于生态文明的理解，从实践视角看，首先应当将之作为一种文明标准加以阐释，这一标准的价值核心就是生态理性，合乎生态理性标准的是为生态文明，不合生态理性标准的就是生态不文明。

“人类的全部文明都是动力于其对存在苦难意识和对生存匮乏的困惑激情，并是努力于消解存在困难、消解生存困惑和生存匮乏的行动展布和行动结果。”[2]在此意义上，生态危机是生态文明产生的原动力，“这种令我们忧郁而沉痛的处境，恰恰是新文明诞生的开始”。“世界正在从崩溃中迅速地出现新的价值观念和社会准则，出现新的技术，新的地理政治关系，新的生活方式和新的传播交往方式的冲突，需要崭新的思想和推理，新的分类方法和新的观念。”[3]这种新思想、新观念和新方法就是符合人类和自然整体发展需要的新的理性，即生态理性。唯有生态理性可以担当消解生态危机、催生新的生态文明的行动指南。正是在“价值观念”“社会规则”“行动指南”“文明标准”的层面，生态文明才真正具有了实践

[1] 姜亦华 .. 用生态理性匡正经济理性 [J]. 红旗文稿，2012(3).

[2] 唐代兴 . 生态理性哲学导论 [M]. 北京：北京大学出版社，2005，第 226 页 .

[3] 唐代兴 . 生态理性哲学导论 [M]. 北京：北京大学出版社，2005，第 218 页 .

性，并且与作为“社会控制”的基本手段的“法”产生了紧密的联结点。离开了生态理性这一文明标准，无论在“文明结构”还是“文明形态”层面，所谓的生态文明只能是无源之水、无本之木。

作为生态文明价值核心的生态理性是一个宏大的命题，不仅其思考的对象是人与自然乃至整个宇宙的整体关系，其思维范式是整体的亦是综合的，并且其应用领域也覆盖至人类社会生产和生活的方方面面；生态理性不仅是一种纯粹的思维方式或方法，更有与之匹配的世界观、价值观、伦理观、发展模式与生活方式，由此而构建的生态文明也绝不仅仅是一种基于技术社会形态划分的后工业文明的文明形态或与精神文明、物质文明、制度文明相并列的一种文明结构。

以技术社会形态理论为基础，信息技术已成为工业社会之后新的技术社会形态的标志性技术，信息文明（或称“知识文明”或“智能文明”）是技术社会形态划分基础上的后工业文明形态。当然，生态文明也不是后信息文明。如果仅仅局限于技术社会形态理论，仅仅将生态文明理解为后信息文明，那么将大大降低生态文明的实践价值和现实意义，那无异于将生态文明的建成仅仅寄望于标志性的生物技术的发明或创造，寄望于不以人的意志为转移的社会生产力的提高。而当下世界各国生态文明建设的实践范围远远超出了鼓励和推广应用生物技术或生产技术生态化的范畴，在生产领域外，生态文明建设的领域至少还包括生态教育、生态伦理、生态法治、生态消费等等。

生态文明也不是一般意义上与精神文明、物质文明、制度文明相提并论的文明结构或文明要素。生态文明的理念和理性标准贯穿于精神、物质、制度各个文明结构，成为其不可或缺的文明向度或文明主线，其所解决的不仅仅是如何改造客观世界的问题，也包括如何改造人的主观世界的问题；其所涉及的不仅是人与自然的关系，更实质的是人与人的关系。生态文明并非外在于精神文明、物质文明、制度文明的，而是可以与之并列的独立的文明结构或文明要素，实际上就是其综合构成的文明系统或文明形态的灵魂的某个侧面。如果说生态理性是一种止于至善的高级理性，那么生态文明就是一种只能无限接近而无法超越的文明形态，因此，生态文明的建设完全可以从当下工业文明内部的生态自觉开始，无限延展至任永堂教授所说的信息社会之后的大的生态社会历史阶段。

第二节　生态文明与生态文化

一、生态文化概说

本章所论的“文化”是狭义的“文化”，指“由信仰、价值观、象征、符号和论述构成的复杂领域”。哲学、宗教、艺术、科学和各种学术典型也属于狭义文化范畴。

生态文化就是渗透了生态学知识和生态主义（ecologism）价值观的文化。关于何谓生态学，无须在此赘言，读生态学教科书即可明白。但有必要解释一下何谓生态主义价值观。英国邓迪大学政治学系教授布赖恩·巴克斯特（Brain Baxter）把生态主义界定为一种意识形态。他说：“在意识形态的天空，生态主义是一个新星。”它包含了诸多理念和规范，这些理念和规范是由关心环境的各思想家在过去的三四十年中依据人文科学、社会科学和自然科学的成果而提炼出来的。生态主义是20世纪六七十年代以来，关心环境的思想家们从当代人文科学、社会科学和自然科学中提炼出来的一种崭新的意识形态。

巴克斯特概括了生态主义的“三个主题”：①我们必须生活在这些极限的范围内；②人类应该给予其他生物以道德关怀；③人类与地球生物圈是相互联系的。[1] 巴克斯特本人认为，第二点才是生态主义的最重要的观点，坚持这一点，不依赖于坚持第一和第三点，即使第一点和第三点不能成立，也不影响一个人坚持第二点，即给地球上的非人生物以道德关怀。他说：生态主义“重点强调‘道德诉求’，强烈支持‘相互联系性’主题，妥善处理‘极限性’主题。它既是以科学为导向的，又是自然主义的。”[2]

我们认为，巴克斯特抓住了生态主义的要点，但我们不赞成他的道德主义的倾向。我们认为，一种道德观点（或立场）必须能获得某种经得起实践检验的利学理论的支持，生态主义所蕴含的道德观点也不例外。我们认为，生态主义的四个主题如下。

---

[1] 布赖恩·巴克断特著；曾建平译．生态主义导论[M]. 重庆：重庆出版社，2007，第9页．

[2] 菲利普·史密斯著；张鲲译．文化理论[M]. 北京：商务印书馆，2008，第11页．

（1）普遍联系论。万物皆处于普遍联系之中，用康芒纳的话说，即“每一事物都与别的事物相关”。

（2）人类的依赖性。人类的生存离不开生态系统，人类在生态系统之中如鱼在水中，人类离不开非人生物，人类必须谋求与非人生物的和谐共生和协同进化。

（3）地球的有限性。至今人类尚未发现有生态系统的星球，故人类的生存与繁荣依赖于地球生物圈的健康。地球生物圈的承载力是有限的，人类对地球各种生态系统的干预力度超过一定量级时，会导致地球的生态崩溃，从而导致人类自身的毁灭。

（4）人类道德自律论。并非能够做的都是应该做的，人类必须强化道德的“应该”对科技的“能够”的约束。

所谓生态文化就是以上生态主义思想和生态学知识渗透其中的文化，如生态哲学、生态化宗教、生态艺术和实现了生态学转向的科学，等等。

、生态哲学

生态哲学就是生态主义哲学，或支持生态主义的哲学，涵盖生成论或有机论的自然观，整体主义或系统论的认识论和方法论，以及反物质主义的价值观。我们在沿用自然观、认识论、方法论、价值观（论）这样的哲学术语时，决不暗含它们彼此之间界限分明的意思，在我们的哲学思想中，自然观、认识论、方法论、价值观总是互相渗透、互相关联的。

生成论或有机论的自然观反对物理主义和机械论的世界观，即认为世界或自然并非物理实在的总和，自然是生生不息、运化不已的，用普利高津的话说即“自然是具有创造性的。”自然中的万事万物都处于生生灭灭的运化过程之中，包括物理学所描述的种种事物，如基本粒子、场、能，等等。

整体主义不仅是一种认识论和方法论，而且是一种自然观（或存在论）。它的功能则该由熟悉它的石匠、建筑师或园林装潢工去描述。可真实描述它的不同线索在原则上是无穷尽的。可见，我们不可能穷尽对它的认识。所以，生成论的自然观拒斥逻辑主义认识论，认为具有创造性的、生生不息的、蕴涵无限奥秘的自然绝不可能被任何一种数学体系所“一网打尽”，科学之所知相对于自然所隐匿的奥秘永远只是沧海一粟。逻辑和数学是我们认知世界的方法，是人际交流的规则；逻辑和数学至多构成自然秩序的一个维度，任何一个逻辑体系和数学体系都不能代表自然秩序之总和，人类在任何时候发现或建构的逻辑体系和数学体系之总和也不能代表自然秩序之总和。生态主义哲学认为，统一科学是不可能的，科学永远是多种多样的。这便是关于科学知识的科学多元论（scientific pluralism）。美国科学哲学家吉尔认为，科学多元论本身可在科学框架内得以论证。既然如此，科学就没有什么整体性的“内在逻辑”。这便意味着，科学不应该有其自主的、独立的进步方向，科学永远都应该以人为本，即服务于人类对意义和幸福的追求。

整体主义和生成论也反对存在论的还原论和排他性的方法论还原论。存在论的还原论认为，世界万物都是由基本粒子、场一类的“宇宙之砖”（“本原”或“基质”）构成的，科学只要把握了这些“宇宙之砖”，即可发现囊括一切自然奥秘的终极理论（final theory）。排他性的方法论还原论认为，分析的方法、把复杂事物变成简单构成单元的方法、把纷繁复杂的现象归结为数学模型的方法是唯一的发现真理的方法，物理学是可望发现终极理论的科学，一切真知都必须奠定于物理学的基础之上。整体主义和生成论既然认为自然永远处于生生不息、创化不已的过程中，就不认为存在什么构成万物的“本原”、“基质”或“宇宙之砖”，它们更看重系统论的方法，注重研究各种系统内不同部分（子系统）之间的互动关系，如生态学就十分注重研究生态系统内生物与物理环境之间的互动、不同物种之间的互动等。

生态主义哲学反对物质主义价值观和人生观。现代哲学家中似乎很少有人直接为物质主义价值观和人生观辩护，但物理主义世界观和科学主义知识论支持物质主义。物理主义和科学主义认为，科学进步将渐次逼近终极的理论。终极理论就是掌握“自然的终极定律”的理论，“知道了这些定律，我们手里就拥有了统治星球、石头和天下万物的法则。”[1] 人类既然“拥有了统治星球、石头和天下万物的法则”，就可以在宇宙中为所欲为。资本家和经济学家特别希望人们都按物质主义的指引生活，多数人似乎也喜欢这样的生活，即希望有越来越大的住房、越来越多的汽车、飞机、火车……生态主义基于地球生态系统承载力的有限性而指出，自然不容许人类集体过这样的生活。物理主义者和科学主义者往往对生态主义者嗤之以鼻：你们真是杞人忧天，随着科技的进步，一切都会变得更好，资源问题、人口问题、环境问题、生态问题都会随着科技的进步而烟消云散；生态学根本就不够科学的资格！科技进步能保证人类越来越能够在宇宙中为所欲为，当然也能保证让人类追求越来越多的物质财富。然而，生态主义者不

[1] 史蒂文·温伯格著；李泳译．终极理论之梦 [M]. 长沙：湖南科学技术出版社，2003，第 194 页．

会退让，他们更相信生态学，而不相信什么逐渐逼近“终极理论”的科学。根据生态学原理和地球有限性的事实，我们很容易证明，几十亿人按物质主义指引的方向追求人生意义和幸福，只会走向毁灭的深渊。

现代伦理学有一个教条：你不能用事实判断去支持一个价值判断，你也不能用实证科学命题去论证伦理学命题，如果你这么做，就犯了“自然主义谬误”！生态主义是一种自然主义，故全然不顾这一教条。物质主义是一种价值观，我们就是用生态学原理和地球是有限的这一事实来证明物质主义价值观的荒谬的。这一论证是清楚明白的：物质主义价值观在当代就表现为消费主义和经济主义；消费主义和经济主义已渗透在社会制度之中，已积淀在大众的生活习性之中；这便决定了现代人“大量生产——大量消费——大量废弃”的生产生活方式；恰是这种生活方式导致了全球性的生态危机，如果人类不改变这样的生产生活方式，地球生态系统将会趋于崩溃；当地球生态系统走向崩溃时，人类便必将走向灭亡。这表明，物质主义价值观不仅是粗俗的、浅陋的，而且是错误的、荒谬的、危险的。

生态主义哲学将会丰富历史唯物论。历史唯物论的特色在于它不用人类的思想变化（精神因素）去解释历史的演变，而用物质因素的变化——物质资料生产方式（即技术和生产关系）去解释历史的演变。但当我们深究生产方式为什么会进步，即技术为什么会进步，生产关系为什么会改变时，难免又回到历史唯心主义的老路：因为人类需要在改变（增长），而“人类需要”不是一个纯粹物质性的东西。当你追问人类需要为什么会增长时，很自然的回答是：人们的观念在改变。生态主义哲学要求我们在解释人类历史的演变和谋求社会发展时，不要忘了生态系统的健康状况这一人类生存的基本物质条件。像现代工业文明这样肆无忌惮地追求物质生产力的发展，非但不能保证人类文明的进步，还会破坏人类生存所必需的基本物质条件，导致人类文明的毁灭。

三、生态文化宗教

人是追求意义的，是悬挂在自己编织的意义之网上的文化动物。对意义的追求典型地体现为文化精英们的思想批判和创新。芸芸众生似乎谈不上什么意义创造，因为他们通常接受主流意识形态所教导的一套关于人生意义的说教，或有意无意地接受了传统所内蕴的意义。宗教或类似宗教的意识形态对芸芸众生来讲是不可或缺的。他们通过自己所信仰的宗教而理解人生的意义，并获得精神慰藉和归属感。

科学主义者认为，随着科学的进步和普及，宗教会趋于消亡。但科学多元论将会更加凸显，宗教会长期存在。因为人们需要信仰，没有信仰人们就无法获得对人生意义的明确理解，从而就没有明确的人生方向。科学连实证知识都统一不了，就更无法统一各种不同的宗教。

通常讲我国有五大宗教（合法的宗教）：佛教、道教、伊斯兰教、天主教和基督教。

传统的佛教和道教就具有生态主义倾向。佛教认为众生平等，故反对杀生，即认为杀死任何动物（包括昆虫）都是不对的。从生态主义的角度看，这是过分仁慈的。自然界的不同物种处于食物链或食物网的不同地位，捕食与被捕食关系是一种自然关系。人只要不违背生态规律，食用非人动物就是正当的。佛教要求人们破除各种执着，便自然强烈地反对物质主义。

道教本于老子的《道德经》，是最符合生态主义的宗教。《道德经》所阐发的价值观是彻底的反物质主义的。

《道德经》是坚决反对唯理智主义的，同时坚决反对滥用智能和技术的。其典型的表达有："绝圣弃智，民利百倍"；"绝巧弃利，盗贼无有"；"民多利器，国家滋昏；人多技巧，奇物滋起"；"民之难治，以其智多。故以智治国，国之贼；不以智治国，国之福"。

2010年墨西哥湾持续四个多月的漏油事件能佐证舒马赫的观点。老子仿佛早就知道甘于居小的好处，他说："小国寡民。使有什伯之器而不用；使民重死而不远徙。虽有舟舆，无所乘之，虽有甲兵，无所陈之。使民复结绳而用之。甘其食，美其服，安其居，乐其俗。邻国相望，鸡犬之声相闻，民至老死不相往来。"[1]

我们不难从《道德经》和其他道教经典中发现更多的符合生态主义的观念。

天主教和基督教可合称为基督宗教。基督宗教的自然观与东方的自然观根本不同。1967年林·怀特（Lynn White，Jr.）在《科学》杂志上发表了影响深远的《我们生态危机的历史根源》一文。他说："我们现在的科学和现在的技术都充满了正统基督教对自然的傲慢，仅凭科学和技术无法解决生态危机问题。既然在如此深远的意义上我们的麻烦的根源是宗教的，则解决的办法根本上必须也是宗教的，无论我们是否把它称作宗教的。"[2]林·怀特认为，在所能见到的世界宗教中，"基督教以其特有的西

[1] 老子《道德经》第八十章。

[2] WHITE L, Jr. The Historical Roots of Our Ecological Crisis[M]//SCHMID TZ D, WILLOTT E. Environmental Ethics: What Really Malters,What Really Works. London: Oxford University Press, 2002, 11.

方形式是最为人类中心主义的宗教。”基督教认为，人在很大程度上有了上帝对自然的超越性，基督教绝对不同于古代异教（ancient paganism）和亚洲宗教，它不仅确立了人与自然的二元论，还坚持认为上帝希望人类按自己的目的剥削自然。林・怀特说：“在我们的文化史上，基督教战胜异教是最伟大的精神胜利。无论好歹，我们生活在‘后基督教时代’已成为一种时髦的说法。我们的思考和语言形式诚然在很大程度上已不再是基督教的了，但在我看来，实质常常与过去的思考和语言形式保持着令人惊异的联系。例如，我们的日常行动习惯就受永远进步的隐含信念的主导，而古希腊、古罗马和东方就没有这样的信念。这一信念植根于犹太–基督教神学，脱离了犹太–基督教神学它便无法获得辩护。”[1]依林・怀特之见，如果不摈弃基督教关于自然除了服务于人便没有存在的理由的公理，则生态危机只会日益加剧。即为走出生态危机，基督宗教必须生态化。

事实上，自20世纪六七十年代生态危机日益凸显以来，基督教的许多教派都在修改其神学教条，以便使之生态化。有些神学家的思想表达还产生了很大的影响。美国神学家托马斯・伯利（Thomas Berry）便是其中之一。传统基督教的一个基本信条就是，在上帝的造物中，只有人是有灵魂的，自然中的一切（非人事物）都是没有灵魂的，正因为如此，自然中的一切都只是供人使用的资源。伯利主张改变这种观念，基督徒必须认识到，“我们内在世界的遗传密码是由创造我们周围世界的同样力量所形塑的。我们的内在世界与外在世界是一体的。我们的灵性生命（soul life）仅当与外在经验相连时才能发展。我们的内在世界与外在世界是如此的一体化，以至一旦外在世界被破坏，我们灵魂的内在生命就会相应地枯萎。”[2]

伯利指责过去基督教世界观和现代世界观，把宇宙看作客体的集合，而不是主体的联合体。连最崇高的实在都成了经济剥削的对象。地球成了买卖的商品，而不是支撑人类身体和精神繁荣的家园。正是这种观念的流行才导致了生态危机。传统基督教只讲人的拯救。而现在的问题是，“如果不能拯救我们居于其中的世界，就无法拯救我们自己。并非存在两个世界，一个是人的世界，一个是其他类型存在者的世界。只有一个世界。我们和这个世界共存亡。既可以在物理意义上这么说，也可以在精神意义上

[1] WHITE L, Jr. The Historical Roots of Our Ecological Crisis[M]//SCHMID TZ D, WILLOTT E. Environmental Ethics: What Really Malters,What Really Works. London: Oxford University Press, 2002: 14.

[2] BERRY T. Christianity’s Role in the Earth Project[M]//HESSEL DT,, RUEHTHER RR. Christianity and Ecology. NewYork: Harvard University Press,2000:23.

这么说。”在伯利看来，人类与生长着的宇宙的一体性足以证明宇宙从一开始就有其精神之维。对任何将宇宙向下归结为其构成部分的还原都必须为向上归结为宇宙整体的还原所补充，这样才能明白那些粒子所产生的是完整的生命世界，包括人类。伯利的这一思想既包含着对传统基督教的省思，也包含着对现代物理主义世界观的批判。

伯利说：“为使生养我们的神圣世界免于毁灭，我们亟须根本改变整个西方宗教—精神传统与地球生态系统一体化功能的关系。我们需要从与自然界疏离的精神转向与自然界亲密的精神，要从字面启示的神的精神转向我们周围可见世界揭示的神的精神，要从仅关心人间正义的精神转向关心大地球共同体中所有其他成员之正义的精神。基督教的命运在很大程度上将决定于它兑现这三个承诺的能力。”[1]

伯利认为，随着工业世界所赖以存在的资源的耗竭，工业世界已濒临瓦解。随着石油资源的枯竭，整个工业世界将会感受震惊。在这一过程中，确立人与地球新关系的紧迫性将会自然展现。基督教业已开始对这种境况做出反应，意在开始一种全新的与地球共生的生活方式。

伯利绝不是西方仅有的倡导基督教生态化的神学家，在非常有影响的神学家中还有莫尔特曼等。

四、生态艺术

艺术与文明分不开。原始人也有其艺术。艺术代表着人类的审美追求，是人类追求意义的基本方式之一。艺术总是随着生活潮流的演变而律动，它也及时折射着时代精神和人们的生活感受。

今天有学者写道：“当我们走进21世纪的时候，发现人类的生态危机成为世界最突出的问题之一。当前的文艺与诗学不得不在生态危机的冲击下发生变化。……关注生态，繁荣生态文艺，创建生态诗学，开展生态批评，是一种必然的发展趋势。”[2]

狭义的生态文艺，指直接描写生态灾难与自然保护的作品，亦被称为环境文学、环保文学或公害文学。西方有代表性的作品包括美国生态学家蕾切尔·卡逊的《寂静的春天》，法国作家罗伯·梅尔的生态小说《有理

---

[1] BERRY T. Christianity’s Role in the Earth Project[M]//HESSEL DT, RUEHTHER RR. Christianity and Ecology. NewYork: Harvard University Press,2000:128.

[2] 张皓．中国文艺生态思想研究 [M]. 武汉：武汉出版社，2002，第 2 页．

性的动物》，加拿大作家莫厄特的生态纪实文学《鹿之民》《与狼共度》《被捕杀的困鲸》等。我国有代表性的作品有作家徐刚的《守望家园》，韩红的《红树林生在这里》，哲夫的《猎天》《猎地》《猎人》等。广义的生态文艺则指描写人与自然和谐相处且表现了生态主义情怀的作品。[1]

我国古代不乏生态文艺作品，如《庄子》《楚辞》，魏晋六朝的山水诗和山水画，王维、孟浩然的田园诗等。我国20世纪50年代至70年代曾出现许多盲目歌颂工业化的文学艺术作品，在这样的作品中，“烟囱林立”、“厂房鳞次栉比”，甚至原子弹爆炸形成的“蘑菇云”都被当作具有诗情画意的美景。进入21世纪之后，人们发现工业化、城市化带来的并非完美的天堂，它也带来了环境污染和生态破坏，于是逐渐产生了生态文艺。

生态艺术是生态文明不可分割的一部分。随着生态主义的深入人心和生态文明建设的推进，我们相信，生态艺术会日益繁荣。

文化产业通常指批量生产或营销文化产品的产业，是在工业文明晚期兴起的一种产业。有西方学者把文化产业界定为“与社会意义的生产（the Production of Social meaning）最直接相关的机构（主要指营利性公司，但是也包括国家组织和非营利性组织）”。“几乎所有关于文化产业的定义都应该包括电视（包括有线电视和卫星电视）、无线电广播、电影、书报刊出版、音乐的录音与出版产业、广告以及表演艺术。”从广义上讲，所有的文化制品皆是文本，因为它们可任人解读。“文本”（歌曲、叙述、表演）产生于人们心灵上的沟通的意愿，因而充满了丰富的表征意涵。核心文化产业包括广告与营销、广播、电视、电影、网络、音乐、印刷与出版（包括电子出版）、视频与电子游戏等产业。这些产业都从事“文本的产业化生产与流通”。可见，文化产业就是生产和营销文本的产业。

在西方世界，文化产业的兴起代表着资本主义演变的一个新阶段。第二次世界大战以后，20世纪50年代到70年代是“资本主义的黄金时期”。在这一时期，“经济稳定增长，人民生活水平提高，自由民主政府体系也相对稳定。”但从1970年到1990年，“七大工业国所有产业，尤其是制造业的利润急剧下滑……经济进入了一个重大的倒退时期。”文化产业就是在西方资本主义陷入新一轮经济危机的过程中兴起的。这一过程大致与西方服务业的快速发展同步，在1970~1990年期间，与文化相关的生产服务在几乎所有的发达工业国家增长率都是最高的。文化产业的增长是发达工业国家投资转向服务行业这一趋势的一个重要方面。

[1] 张皓．中国文艺生态思想研究 [M]. 武汉：武汉出版社，2002，第 20 页．

文化产业兴起的原因是复杂的。物质丰富以后，人们的消费偏好会向文化消费方面倾斜，这或许是文化产业兴起的一个原因。文化产业日益成为经济生活的核心，并不完全是由危机后的重构引起的。贯穿于20世纪，文化不断成为现代社会生活的中心，是因为人们休闲时间增加了，消费文化遍布所有发达产业经济之中。科学技术的发展当然也是文化产业兴起的原因之一，信息技术的发展对文化产业兴起与发展的影响尤其大。西方文化产业恰恰兴起于20世纪70年代之后还与这一时期里根执政美国、撒切尔执政英国的政策变化密切相关。这一时期，以美英为典型的西方世界的政策变化深受反凯恩斯主义的新古典经济学影响，其基本特征是“市场化”，那时的“新政策隐含一个假设，即在文化生产和消费中，以牟利为目的的文化商品及服务的生产与交换，是获得效益与公平的最好方式。”于是，在那个时期，商业集团便于进入文化领域。

到了20世纪90年代，西方的文化产业发展很快。以美国为例，1998年，美国文化产业经营总额已高达2000亿美元，其第一大出口行业既不是航空航天，也不是农业，而是影视和音像出版业，当年出口总收入达600亿美元。

在资本主义世界，文化产业无疑在很大程度上受制于“资本的逻辑”，即在很大程度上从属于对利润的追求。詹明信（FredricJameson）说得更为极端，他说：“……当前西方社会的实况是——美感的生产已经完全被吸纳在商品生产的总体过程中。也就是说，商品社会的规律驱使我们不断出产日新月异的货品（从服装到喷射机产品，一概永无止境地翻新），务求以更快的速度把生产成本赚回，并且把利润不断地翻新下去。”美感的生产当然主要指文化的生产。在经济全球化的大背景下，当代文化产业的发展也呈现全球化趋势，全球化的文化产业也在很大程度上受制于全球流动的资本。如英国学者拉什（ScottLash）和卢瑞（EeliaLury）所说的，“虽然全球文化工业为生产者和使用者的社会想象开辟了美好的创造的世界，但是我们必须同时面对资本积累的问题。我们面对的不仅是创造，同时还有全球资本和殖民资本的权力。我们面对的资本积累已经开始从抽象、同质的真实劳动的积累转变为以创造为基础的虚拟对象生成潜势的积累，我们面对的是正在兴起的虚拟资本主义的权力。如果说国家制造工业是真实资本主义，那么全球文化工业就是虚拟资本主义。”即信息产业和文化产业的迅速发展和全球化代表资本主义发展的一个新阶段。

我们曾说，经济活动的物质减量化对于保护环境和建设生态文明是至关重要的。我们也曾说，如果我们坚持追求经济的可持续增长，就必须在物质经济增长达到极限时不断追求非物质经济的增长。文化产业就是非物质经济的核心部分。为了使文化产业成为生态文明的一部分，就必须实现文化产业生产过程的生态化。文化产业固然是生产社会意义的，你可以说它是精神生产。但正如人的精神不可能脱离肉体，精神生产也不能没有物质条件，携带社会意义的文本也不能脱离物质材料，如纸张、磁带、光盘、芯片等。当然，许多文化消费不同于汽车消费，例如，买一本《红楼梦》可以读好多年，而且在读书时不会造成任何污染。但如果你读的是纸版书，则依赖于造纸业，而造纸业是会产生污染的；如果你读的是电子版书，则依赖于电脑制造业，而电脑制造业也是会产生污染的。所以，文化产业并非天然物质减量或节能减排的产业。为了使文化产业能比传统制造业更大幅度地节能减排和物质减量，必须使其每一个生产环节和消费环节都遵循生态规律。

文化产业既然是商业的一部分，就不能摆脱市场规律的支配，就不能摆脱“资本的逻辑”的制约。那么这是否意味着文化产业不可能物质减量化和生态化呢?当然不是!既然物质经济可以生态化，则文化产业更可以生态化。如何使文化产业生态化?老办法：让市场规律和“资本的逻辑”服从生态规律。这不是废除市场规律和“资本的逻辑”，而只是要求文化产业的经营者在生产过程中优先服从生态规律，而不是优先服从市场规律和“资本的逻辑”。

有人认为，当人们的物质欲望得到充分满足时，非物质消费（以文化消费为主）会自然增加。其实不然。如果没有大自然的警告，没有多数人价值观的改变和制度的变革，人们的消费可以向物质奢华方向无止境地扩张。例如，三口之家有了一辆汽车，还想要两辆、三辆，有了“丰田”车以后还想换“奔驰”、“劳斯莱斯”；汽车玩腻了还想玩游艇、飞机；一家有了140平方米的住房以后，还希望换成300平方米的别墅，有了北京的别墅以后，还希望有夏威夷的别墅，事实上，许多富豪就是这样消费、生活的。一个社会若以他们的生活方式为榜样，则既不能指望物质经济能够生态化，也不能指望发展健康清新的文化产业。

为建设生态文明，发展生态文化，需要文化产品（文本）的内容具有生态主义的价值导向，例如电影《阿凡达》《2012》等。文化直接塑造人们的价值观、人生观或善观念。生态化的文化产业既不能只顾赚钱，也不能满足于赢利和生产过程生态化的兼顾，而必须坚持健康、清新、正当的价值导向。文化产业创造、传播社会意义，从而阐发、诠释、传播各种价值观、人生观或善观念，阐发、诠释、传播各种艺术观念，展示各种审美情趣。它塑造人的精神和灵魂。批判物质主义和科技万能论，传播生态学知识和生态主义是生态化的文化产业的固有使命。

文化产业如果缺了生态主义的价值导向，并坚持物质主义和科技万能论的价值导向，则它非但无助于生态文明建设，反而会成为生态文明建设的障碍。例如，眼下仍有大量影视作品，竭力美化富豪们的奢华物质生活，意在激励人们拼命赚钱，及时享受。这样的作品越多，其艺术感染力越强，则越不利于生态文明建设。因为它们美化物质主义，激励“大量生产—大量消费—大量废弃”的生产生活方式。

中国的文化产业伴随着改革开放而诞生，发展壮大于建立社会主义市场经济体制和推进第三产业发展的20世纪90年代。我们的文化产业起步晚，与西方发达国家比在产值方面差距很大。但中国作为一个社会主义国家在发展文化产业时，决不应该像资本主义国家那样，过分受制于“资本的逻辑”，而应该在坚持健康、正确的价值导向的同时，坚持朝生态文化的方向发展。只有这样，文化产业的发展才有利于中国生态文明建设。

第三节　生态文明与科学发展观

发展问题是影响人类社会发展的重大问题，发展观表明了人们对未来经济社会发展的根本看法和态度，有什么样的发展观，就会有什么样的发展道路与之相适应，特别是以国家意志形式出现并作为指导思想和基本原则的发展观更是影响着这个国家或社会的发展方向和性质。面对日益严重的生态危机以及复杂多变的国际形势，中国要实现从一个发展中国家到全面建成小康社会的宏伟目标，缩小与发达国家之间的差距，就必须从改革开放之前所走的老路的束缚中解放出来，也必须超越西方工业文明社会发展模式的影响，走一条既反映时代问题、时代特点，又体现中国特色的新路。新路的提出和逐渐完善需要一种科学的发展理论的指导，科学发展观是适应这一形势和要求而产生的，它对于一个处于既有机遇又有挑战的发展中国家来说意义重大。生态文明以国家意志的形式被写进党的十七大报告中，这是落实科学发展观与构建和谐社会的重要体现。党的十八大强调，要着力推进绿色发展、循环发展、低碳发展，形成节约资源能源和保护环境的空间格局、产业结构、生产方式、生活方式。十八届三中全会从资源管理、环境管理、生态管理的视角创新人与自然之间的辩证关系。建设社会主义和谐社会，离不开科学发展观的指导。虽然我国在生态环境建设方面取得了一些成绩，但是总体形势依然严峻。要想真正解决生态问题，必须学会用发展的眼光、联系的观点看问题，以国家的生存为根本来对待人与自然之间的矛盾。生态文明是科学发展的必然结果，也是中国特色社会主义理论的时代内涵。

一、以人为本与生态文明建设

人是最可宝贵的资源。无论是全面建成小康社会，还是构建社会主义和谐社会，以人为本都是根本的出发点和落脚点，生态文明建设同样如此。生态文明建设必须坚持以人为本，离开以人为本谈生态文明建设是没有意义的。以人民的根本利益和人民群众的力量为本，是我们建设生态文明应该遵循的核心理念或根本原则。[1]随着现代工业化的不断发展，物质产品极大丰富，人民群众生活水平得到了很大提高，但同时负面效应也随之而来，环境污染、资源减少、分配不公、群体性事件等问题大量出现。特别值得一提的是，受“以物为本”、“以钱为本”理念的影响，社会上出现了人被“物化”成金钱或财富的附属物的现象，成为金钱或财富的表现形式和实现手段，人们在技术、理性和物质财富中迷失了自我。面对日益严重的生态危机以及大量出现的社会问题，人们对片面追求经济增长的传统发展观开始重新审视，这是当今时代人们改造客观世界与改造主观世界有机结合的最好表现。

、全面协调、可持续发展与生态文明建设

马克思主义认为，未来理想社会是物质资料丰富、精神生活充实、人际关系和谐、人与自然和谐相处的社会。全面协调可持续发展的基本要求强调了人、自然、社会之间相互协调、共同发展关系，符合马克思主义关于人类社会发展的基本观点。全面发展是指发展的整体性，不仅包括经济发展，还要包括政治、文化、社会、生态等各方面的发展；协调发展是指各个方面发展的均衡性，生态文明建设不仅要与物质文明、政治文明、精神文明、社会文明相互协调、共同发展，生态系统内部也要实现协调发展；可持续发展是指发展的持续性，既要关注当前的发展，也要考虑未来的发展。全面协调可持续发展要求我们在处理地区之间、城乡之间、人与自然之间的关系时，在处理市场机制和宏观调控、消费和投资、国内发展

[1] 田心铭．以人为本与生态文明建设 [J]. 高校理论战线，2009（6）．

和对外开放等关系时，努力实现经济、社会、自然之间的整体、均衡、持续发展。

（一）全面协调可持续发展对生态文明建设的指导作用

科学发展观的精神实质在于它的与时俱进，适应时代与社会需求而做出的深刻转变。传统发展模式中的经济、社会、生态相脱节的现象带来了经济增长、社会公平、环境保护之间的对立，科学发展观要求对生产模式进行变革，消除这些分离和对立现象。新发展模式强调经济、社会、生态的整体性，强调公平正义和未来发展，要求人们澄清把物质财富的增加等同于发展的错误观念。在我国半个多世纪的发展中，我们采用的是西方工业化国家曾经和现在仍然实施的发展模式，以大量的自然资源与环境代价换取短暂的经济增长。我国之所以现在面临严重的生态危机，与以前对这种发展模式的选择是脱不了干系的。现在，我们选择科学的生态化发展模式，表明我们的发展不是黑色的发展而应该是绿色发展，我们的崛起不是黑色的崛起而应该是绿色的崛起。如果不改变发展道路，那么我们反对西方一些学者鼓噪的所谓“中国威胁论”和“黄祸论”的任何言辞都将是苍白无力的。没有哪一个地球可以容纳下像中国这样一个黑色国家，所以，我们必须要实现工业与城市的生态化转向，使它们与自然环境相耦合，使发展与环保“双赢”。

1. 把握好可持续消费与两型社会的关系

两型社会指的是“资源节约型社会、环境友好型社会”。资源节约型社会是指整个社会经济建立在节约资源的基础上，建设节约型社会的核心是节约资源，即在生产、流通、消费等各领域各环节，通过采取技术和管理等综合措施，厉行节约，不断提高资源利用效率，尽可能的减少资源消耗和环境代价满足人们日益增长的物质文化需求的发展模式。环境友好型社会是一种人与自然和谐共生的社会形态，其核心内涵是人类的生产和消费活动与自然生态系统协调可持续发展。

相对于生产活动来说，消费似乎处于一个比较次要的地位，这种认识有失偏颇。消费对于人类社会的发展，特别是对我国节约型社会建设有着重要影响。在某种意义上，西方发达国家的发展其实是消费主义大行其道，不断扩张的结果。在传统发展模式中，经济增长占据着主导地位，而为了保持经济的持续增长，必然要对消费提出更高要求，必然要想方设法刺激消费者的消费欲望。这样，人们考虑经济的发展不是从生产的可能性方面，而是从如何刺激消费需求方面，因此，对人们的消费需求和行为的刺激就成了促进经济发展的重要手段。从现代化的经济体系来讲，生产者要想实现利润的最大化，就要实现消费者效用的最大化，而这些都离不开消费需求这个经济发展的动力基础的保障。新产品在进入人们的消费视野之后，人们的消费内容就会相应地发生改变，新产品就成为人们生活中不可或缺的一部分。随着经济的不断发展，传统意义上的“基本需求”范围在不断扩大，不断深化。

人类的生存离不开消费，而人们的消费行为对生态环境产生着直接或间接的影响。可以说，人们的消费活动每时每刻都存在，每个人、每个地方都在发生，是一种最普遍和最经常的行为。根据能量守恒定律，人们在进行消费活动时，也消耗着自然资源，污染着自然环境；虽然人们的消费体现出分散性特征，但这种分散行为的汇总后果却是大自然资源和环境的消耗，而正是这些看似零散的消费行为带来了严重的生态危机。受经济发展和不合理消费观念的引导，消费呈现出异化趋势。当人们不再为了生存而苦恼时，过度消费现象就会尾随而来，以至于社会上出现了以消费数量和方式来定位人的社会地位的情形。这时，人们追求的已经不是维持自身肉体需要的满足，而是变成了一种扭曲的精神满足，人们在“黄金宴”上吃的不是黄金，而是在吃虚荣心。生产力的快速发展使人们获得更加高级的产品和服务成为可能，但是也加速了自然资源的消耗速度与环境的污染程度。并且，高科技的发展加深了一些人的科学主义至上的信条，误以为只有人想不到的东西，没有科学技术办不到的事情，技术可以为生态危机找到最后和最好的出路，人们大可不必担心生态问题。当然，我们肯定这种科技乐观主义态度，它可以使人勇于面对困难和挑战，但是，它也使人们变得自私和盲目，反而在一定程度上不利于生态危机的解决。对传统消费模式的超越是科学发展的必然要求，也是生态文明建设的重要内容。我们正在致力于建设“两型社会”，而节约的源头首先体现在消费领域中人们消费行为的选择上，变传统的非持续性消费为可持续消费是实现“两型社会”的根本手段。所谓的可持续性消费，是指在人们的基本生存需求得到满足的前提下，在人们的生活水平和消费层次不断得到提高的前提下，适度控制人们对非必需品消费的需求；同时，适当提高非物质产品在人们消费中的比重，丰富人们的消费内容和消费方式。无论是资源节约型的消费，还是环境友好型的消费，都应该成为我们未来消费行为的首选。

2. 把握好全面协调可持续发展与生态文明实践建设的关系

只有在深刻把握可持续发展本质的基础上，我们才能有的放矢，制定出切实有效的可持续发展措施。可持续发展的目的是为了使人类赖以生存和发展的自然界能够健康发展，更好地为人类服务，而生物多样性、生态功能区的大小是生态系统稳定的表现，人类生存条件完备的象征，也是人类社会得以生存和发展的物质基础。生物多样性是自然界生态系统复杂的表现，是系统中物质流、能量流、信息流转换强度和效率的表现。也就是说，当自然界中的物种越来越多，食物链组成越来越复杂的时候，任何外来的干扰都会被弱化。所以，人们就把生态系统的稳定性形容为物种多样性的函数。这个函数是生态系统的规律性表现，也是人类活动必须要遵循的。而自然界生态功能区的大小也反映着人类活动对自然生态系统干扰的大小，它们之间是一种负相关的关系。但是，无论是生物多样性，还是生态功能区，它们在人口和经济活动的双重压力下，正在日益萎缩，成为威胁人类社会持续发展的重大问题。要想把这种威胁降低，有必要在环境保护方面采取全球性的合作与行动。可持续发展举措的制定和实施反映着对其本质的深刻理解和把握。当然，我们一方面要加强对濒危动植物、原始森林、自然湿地的保护；另一方面要加强对人工森林覆盖率、人工湿地覆盖率的重视，两手抓，两手都要硬，避免一手软、一手硬的情况发生。我们要保护濒危物种，但最根本的是要保护濒危物种的生存环境不被破坏。也就是说，要保护人类自身的生存环境的健康发展。大熊猫是珍稀动物，保护大熊猫不应把它放在温室里面，而应保护它们的栖息地。我们可以人工培育一些环境，但更根本的是人类在生产活动中对天然生态环境的珍惜。这一点大家都清楚，人工化的生态系统是不能够与天然生态系统相比的，也无法达到天然生态系统的功能。

在分析可持续发展时，我们特别要注意两个概念：需要和限制。“需要”指涉的是“现在”维度，是指对解决现实生活问题的紧迫性，特别是落后国家贫困人民的基本需要。可持续发展要求优先考虑发展中国家人们的基本生存需求，如衣食住行等。人们的基本需求不但要满足，而且还要有一定程度的提高。“一个充满贫困的不平等的世界将易发生生态和企图的危机。可持续的发展要求满足全体人民的基本需求和给全体人民机会以满足他们要求较好生活的愿望。”“限制”指涉的是“未来”的维度，是指对技术和利益集团在利用自然环境来满足当前和未来需要时进行限制的做法。但是，限制的效果与影响力取决于人们是否以一种新的伦理思想作为行动指南。我们在增强物质基础、科学基础、技术基础的同时，也要指引人类心理的新价值观和人道主义愿望的形成。因为无论是知识还是仁慈，它们都是人类“永恒的真理”，是人性的基础。生态文明建设、可持续社会的发展离不开新的社会道德观念，科学观念和生态观念的影响，而这些思想观念的产生却是由未来人的新生活条件所决定的。也就是说，忽视了同代之间的公正性，不是社会可持续发展的本义；丢掉了未来社会的代际公平，也不是社会可持续发展的正确选择。

3. 把握好全面协调可持续发展与生态文明制度建设的关系

生态文明建设、社会可持续发展，既依靠人们对自然界所秉持的理念和行为原则的革新，以可持续发展理念为指导，以人、社会、自然之间的法律关系为内容，着力于人与人、人与自然之间关系的规范和调整，使制度也迈向“生态化”。

全面协调可持续发展的制度建设应该坚持以下几个原则。

第一，要坚持“自然生态系统”权益不容践踏的原则。传统法律及制度建设的目的是维护自然人、法人与国家的权益，而可持续发展的制度化建设则把“自然生态系统”人格化，赋予它以权益，尊重并且承认这种权益，把权益的主体扩大到了人之外的自然万物。

第二，要坚持代际平等的原则。在满足当代人的生存和发展需求时，社会的生产与生活方式不应该危及后代人的生存和发展。国家应建立起维护代际平等的相应法律及其制度，包括对自然资源环境的拥有与使用的权利。我们不能够因为后代人所具有的虚无性特征，就置人类社会的可持续发展于不顾。选择那些可以为后代人谋利的个人及团体为代表，参与国家和地方相关政策的决策和实施是可行的解决方法。

第三，要坚持预先性原则。“事后诸葛亮”的做法尽管有利于经验与教训的总结，但是相对于环境问题来讲，却失去了它的积极意义。特别是对于影响比较大的工程项目规划及新产品推广更要注意，因为很多事情一旦发生，其损失是无法估计也无法挽回的，比如对生态系统的破坏就是如此。所以，我们应该学会“事前”调整，采取保全措施，中止可能的侵害行为，尽可能把不好的苗头消灭在萌芽状态。

第四，要坚持环境权的原则。环境权思想是指作为生态环境法律关系的主体，既享有健康和良好生活环境的权利，也享有合理利用自然资源的权利。“生态环境权所保护的范围包括各主体的健康权、优美环境享受权、日照权、安宁权、清洁空气权、清洁水权、观赏权等，还包括环境管理权、环境监督权、环境改善权等；权利主体包括个人、法人、团体、国家、全人类（包括尚未出生的后代人）；权利客体则包括自然环境要素（空气、水、阳光等）、人文环境要素（生活居住区环境等）、地球生态系统要素（臭氧层、湿地、水源地、森林、其他生命物种种群栖息地等）。”

可持续发展应该包括对全球性可持续发展的维护。在发展经济时，人们应该尽量避免由于科技和经济实力的差异带来的不公平的“生态殖民”现象，避免一些国家把其生产与贸易的外部性环境影响转嫁到他国的做法，避免大气、地下水等资源在使用上的“公有地悲剧”的发生，也避免对非再生资源的掠夺与毁灭性使用的代际不公平现象的发生。作为地球上的每一个国家，都应该享有全球性生态利益。作为最大的发展中国家，中国在面对影响全球生态环境问题时，丝毫没有退缩或避让，而是勇于担起责任，在维护地球生态和人类整体利益方面发挥着重要作用。

（二）生态文明建设促进经济社会的全面协调可持续发展

生态文明重视人与自然关系和谐发展的重要性，特别指出了人的主观能动性的充分发挥在其中所起的作用。生态文明理念中的和谐是一种主动和谐而不是被动和谐，是一种进取式的和谐而不是顺从式的和谐。在人的主观能动性的正确发挥中，实现着人类社会与自然之间的统一。人类与自然之间是一种相互依存的关系，人类的发展离不开自然，自然的发展也离不开人类。只有正确发挥人的主观能动性，才能够推进社会的发展，也才能推动自然的发展，人类的发展和自然的发展相互包含。对社会而言，以生态文明理念为指导的可持续发展，不但是经济的发展，更是作为整体的社会的综合发展；对自然而言，以生态文明理念为指导的可持续发展，不但要求自然资源的增加，更要求作为整体的自然生态系统的良性循环。

可持续发展应该以生态文明的伦理观为指导。把推动社会发展的关键局限于科学技术方面是狭隘的科技至上主义表现，工业文明虽然带来了社会的巨大进步，但也严重破坏了自然生态环境。科技革命的发展，信息技术的进步，非但不能拯救天空、大地、海洋于化学毒素污染的泥潭之中，反而有变本加厉的趋势；非但不能保护生物的多样性，反而在毁灭着地球上的一切生命，甚至是人类和人类文明自身。科学技术只是人们认识和改造自然的手段，人们在运用科学技术改善生态环境、加强物质建设的同时，更需要新的指导思想来指导人们的行动。生态文明的伦理精神在树立人们的生态意识与生态道德，舍弃非生态化的生活方式，推进绿色消费方面发挥着重要作用。美国前副总统戈尔认为，生态危机实际上是工业文明与生态系统之间的冲突，是人类道德危机严重性的表现。人类是自然界发展的产物，包括人的生产、生活在内，都离不开自然。可持续发展体现着自然资本、物质资本、人力资本的有机统一，其中，自然资本能否持续发展是可持续发展的物质基础和前提条件，离开了自然资本的持续发展，其他两个资本的发展都无从谈起。

生态文明是人类社会发展到一定历史阶段的产物，是社会进步的结果，人类文明发展的新表现，也是可持续发展的精神支柱。生态文明建设要求人们更加重视自然，同时形成生态化的伦理思想，对人类的行为进行一定约束。解决生态问题需要新的生态文明观的指导，这是可持续发展的关键之所在。特别是对发展中国家来说，更要关注生态环境，避免走西方国家的传统工业化模式的老路，绝对不可先污染，再治理。

第四节　生态文明与中国梦的实现

伟大的事业源于伟大的梦想，实现全面建成小康社会就是要实现国家富强，民族振兴，人民幸福。这个梦想，凝聚着近百年来无数仁人志士的探索和奋斗，从新中国站起来，到改革开放富起来，再到新世纪强起来，进而到未来中国美起来，这是每个中华儿女的共同向往和期盼。

一、生态文明与中国梦的实现

党的十八大报告论述推进生态文明，明确提出建设美丽中国，为中国未来描绘了让人民期待的画面。这个新的提法是党中央提出的新的奋斗目标，并写进了新修改的党章，这既指出了生态文明建设的方向，又描绘了人民群众直接感受到和殷切期盼的图景。努力建设美丽中国，实现中华民族的复兴，才能实现中华民族的发展梦、强国梦和富民梦。

党的十八大报告中特别强调："把生态文明建设放在突出地位，融入经济建设、政治建设、文化建设、社会建设各方面和全过程。"改善生态环境是建设美丽中国，同心共筑中国梦的重要任务。而提升生态文明意识，推进生态文明进程的重中之重，只要我们共同努力，美丽中国梦就一定会实现。

十八大提出的生态文明建设与经济建设、政治建设、文化建设、社会建设并列，由过去提法"四位一体"提升到"五位一体"，过去为GDP增长，以牺牲环保为代价的做法，不能再继续下去了，推进生态文明建设，是关系人民福祉，关乎民族未来的长远大计和永续发展。生态文明建设纳入国家战略，是整个文明形态的递进和丰富，生态文明建设与其他建设一样，是着眼于全面建成小康社会，实现社会主义现代化和中华民族伟大复兴的有力保证。

（一）推进生态文明建设，是建设美丽国家的必然

建国60多年来，特别是改革开放以来，我国社会主义建设事业，取得了巨大成就，但是在成就背后也看到未来发展面临的新挑战和新问题。我们的快速发展，遇到困难，遇到障碍，遇到了瓶颈，在国民生产总值快速增长的同时，出现了资源原料过度使用，环境污染日趋严重，生态系统退化的严峻形势。

（二）推进生态文明建设，才能美梦成真

追寻现代美丽中国，是中国梦，也是人民的梦，中国梦不只是富裕梦，更应是一个幸福梦。推进生态文明，建设美丽中国，要想美梦成真，需要在以下几个方面多加努力。

一是要有山清水秀的自然之美，神州大地，山川相连，蓝天白云，在希望的田野上，麦浪铺金，稻花飘香，梯田层层绿，歌声阵阵传，呈现一片美好农家乐土，要使大好河山青翠壮美，必须加大生态保护力度，提高生态治理水平。

二要有宜居环境之美，随着社会主义事业发展，小康社会的逐步建成，中国必走加大城镇化建设之路，人们都希望自己的生活空间宜居、舒适度高，街道小区整洁，出行交通便捷，工厂不冒黑烟，污水不再横流，空气减少雾霾，商贸经营有序，食品清洁卫生，社会管理到位。因此，未来要做到优化国土空间格局，合理规划，科学发展，创新制度，增强环境意识，生态意识，摒弃环境污染，破坏生态的种种行为，给子孙后代留下天蓝、地绿、水净的美好家园。

三是要有人文素质的心灵之美，大力建设和谐社会，培养崇尚美德，学习雷锋精神，倡导帮困济贫，见义勇为，救死扶伤，大爱无疆，形成我为人人，人人为我，尊老爱幼，乐于奉献的社会风气，大力表彰宣扬那些舍己为人做好事先进典型，如最美工人农民，最美军人警察，最美教师学生，最美医生护士等英雄模范人物，把全社会的道德风气提高到新的水平。使中国成为富强民主、文明和谐、公平正义、平等自由、爱岗敬业、尊严生活、诚信友善，山清水秀，天蓝地绿的美丽国家，这样中国特色社会主义将会更加丰满立体，中国人民就会更加幸福，更加舒畅，更加美满。

（三）推进生态文明，建设美丽中国，是一个长期的系统工程

党中央提出推进生态文明，建设美丽中国，是个宏伟的理想目标，是一个长期的系统工程，也是一个充满希望与艰辛的发展过程，其内涵丰富多彩，并将随着社会实践的发展而发展。“美丽中国”将成为新时期中国的一个分水岭。实干兴邦，不能“坐享其成”，必须不懈努力，长期奋斗，我们必须从自己做起，从现在做起，把我们所居社区建设成美丽社区，把我们所在城市建设成美丽城市，在全国人民的共同奋斗下，最终建成美丽大中国。

有梦想就有希望，有梦想就是动力，我们满怀信心，走好中国道路，尽管梦之旅，不是一帆风顺、一路坦途，相信在党中央领导下，弘扬中国精神，凝聚中国力量，全国人民心往一处想，劲往一处使，美丽中国之梦，一定能够实现。

、推进生态文明建设，实现中国梦面临的形势

走向生态文明新时代，建设美丽中国，是实现中华民族伟大复兴的中国梦的重要内容，也是新时期我国实现可持续发展的必然选择，其根本目的就是要解决经济发展与环境保护之间的冲突问题，使经济发展与环境保护相互协调、良性互动。自1978年改革开放以来，我国经过三十多年的持续快速发展，资源约束趋紧、环境污染严重、生态系统退化等问题，已经对我国提出了新的挑战。目前我国所面临的形势不容乐观。一方面，生态文明理念初步摄入人心，但民众大都仅从爱护环境、不乱扔垃圾、节约水电等基本行为习惯入手，并没有形成全国性的、全民性的、高层次的具有体系的普及效果的生态文明行为习惯。例如，爱护环境，不仅是不乱践踏草坪，更要人人为减排减污多做实事，购买经济型轿车、绿色出行、多使用可循环环保袋、拒绝一次性餐具等等。因为当理念与便捷、舒适冲突时，人们的选择才尤为珍贵。另一方面，生态产业链的做强做大，不仅仅是典型产业的标杆作用，而要真正实施，需要政府、社会、公民齐心协力。政府的政策导向与监督制裁，社会的用心倡导与具体落实，公民的自觉遵守与宣传普及都是一个系统工程。包括发展生态经济，促进循环经济产业项目的实施，节能技术的推广。目前我国经济建设转型还存在一定困难，企业转型正在逐步推进，日趋严重的雾霾天气急需改善，生态产业链的打造需要全方位的转型与全社会的配合。而打破这一瓶颈的制约，就要大力推进生态文明建设。

第四章

生态文明建设的国际视野与科技路径

20世纪以来，随着全球生态危机的日益蔓延，人类的环境保护意识不断觉醒，西方国家的环境保护运动蓬勃兴起。西方社会的有识之士对资本主义的生产生活方式及自然观和价值观进行了深刻的环境反思和生态批判，最终在20世纪中叶相继提出了生存主义理论、可持续发展理论和生态现代化理论等西方生态学理论，并取得了一系列研究成果。这些理论及其成果对我国生态文明建设具有重要的参考价值。

第一节 我国生态文明建设的国际视野

一、国外生态学理论梳理

生态环境建设，是一个复杂而系统的社会工程。它不是局限于一个国家或地区的事务，而是涉及全球共同利益的工程，是每个国家现代化进程中面临的重大现实问题。从我国具体实际出发，研究、借鉴国外生态学理论和生态环境建设的成功实践，对于推动具有中国特色的生态文明建设具有重要作用。

（一）西方生态学理论发展历程

西方生态学理论实质上是关于人类科学治理人与自然之间生态关系的理论。总体而言，西方生态学理论自20世纪中叶渐成时代潮流以来，已经经历了三个重要的历史发展阶段，即生存主义理论阶段、可持续发展理论阶段、生态现代化理论阶段。

1. 生存主义理论阶段（20世纪60年代末到80年代初）

生存主义理论阶段是西方发达国家生态文明的觉醒时期，环境保护的意识及理论开始逐步成为全社会关注的目标。

这一阶段的理论成果以蕾切尔·卡森的《寂静的春天》和罗马俱乐部的《增长的极限》为主要标志。它们第一次把环境问题理解为总体性的生态危机，推动以生态环境问题为研究对象的大量著述涌现出来。与之相应，西方社会的生态环境运动也风起云涌，开始形成了较大的声势。这些研究成果，主要阐发现代工业社会面临的严重生存危机，全面批判资本主义工业文明的生产生活方式，深刻提出现代经济生活假定增长和扩张可以没有限制地继续，但实际上，地球是由受到威胁的有限资源和因我们过度使用而处在危险之中的承载能力系统组成的。自此，环境问题由一个经济发展领域的边缘问题逐渐走向了全球经济发展的中心课题。伴随着公害问题的加剧和能源危机的出现，人们逐渐认识到把经济、社会和环境割裂开来谋求发展，只能给地球和人类社会带来毁灭性的灾难。激进环境主义支持者认为，除非发生根本性变革，否则现代类型的发展与增长将不可避免地导致生态崩溃。

生存主义理论批判了既有经济增长模式的前提假定——自然资源是可以无限利用和扩张的，同时提出经济发展存在“生态门槛”，地球资源和环境容量是有限的等。在生存主义理论渲染生态危机论的影响下，西方社会开始探寻在人类、自然和技术大系统内一种全新的经济发展模式。这种模式关注资源投入、企业生产、产品消费及其废弃的全过程，这就是美国经济学家鲍尔丁的“宇宙飞船理论”。他认为，地球就像在太空中飞行的宇宙飞船，靠不断消耗自身有限的资源而生存。如果人们继续不合理地开发资源和破坏环境，超过了地球承载力，就会像宇宙飞船那样走向毁灭。人们必须在经济过程中思考环境问题产生的根源，从效法以线性为特征的机械论规律转向服从以反馈为特征的生态学规律。[1]这就是循环经济思想的源头，即把传统的依赖资源消耗的单向线性增长经济方式转变为依靠生态资源的闭合循环发展经济方式。这一时期，人类在剖析自身生存方式和发展方式的道路上迈出了可喜的一步，为可持续发展理念的形成奠定了坚实的理论基础。

2. 可持续发展理论阶段（20世纪80年代中后期至90年代初）

20世纪80年代中后期以来，全面系统的可持续发展理论逐步形成并发展。这一阶段，以1987年联合国世界环境与发展委员会报告《我们共同的未来》和1992年在里约热内卢举办的联合国环境与发展大会为主要标志。1987年，《我们共同的未来》第一次正式提出了“可持续发展”的概念和模式，称“可持续发展是既满足当代人的需要，又不损害后代人满足其需要的能力的发展”[2]。20世纪90年代以来，国际社会对可持续发展的概念又进行了丰富和发展。例如，1993年对上述定义做出重要补充，即一部分人的发展不应损害另一部分人的发展。实际上，可持续发展的科学内涵不局限于生态学的范畴，它将自然、经济、社会纳入了一个大系统中，追求人类与自然之间、人与人之间的公平、持续发展。在“自然—社会经济”复合系统内部，可持续发展要求在生态环境的承载能力下，维持资源的可用性，促进经济的不断提高，以提高人们的生活水平，保持社会的稳定发展，以保持生态、经济、社会三方面的可持续发展。“可持续发展”理念逐渐成为一种普遍共识，成为指导全人类迈向21世纪的共同发展战略，并逐步完善为系统的理论。

可持续发展的原则主要包括：公平性原则、可持续原则、共同性原则、整体协调性原则。可持续发展是“自然—社会经济”大系统动态发展的过程，其发展的水平要用资源的承载能力、区域的生产能力、环境的缓

[1] 吴未，黄贤金，林炳耀．什么是循环经济 [J]. 生产力研究，2005（4）.

[2] 世界环境与发展委员会．我们共同的未来 [M]. 北京：世界知识出版社，1989，第 19 页．

冲能力、进程的稳定能力、管理的调节能力五个要素来衡量。[1]具体而言，第一，生态环境的可持续发展。它主要包括自然资源的可持续利用与生态系统的平衡发展。对于自然资源的利用，尤其是不可再生资源的利用，不仅要考虑满足当代人的需求，还要考虑子孙后代的需求；不仅要考虑发达国家的发展需求，还要考虑不发达国家的发展需求。同时，生态环境的可承载能力也是可持续发展考虑的范畴。对生态系统进行保护，将人类的发展控制在维护生态系统平衡发展的范围内，为人类经济社会的发展提供生态保障。第二，经济的可持续发展。经济发展不仅满足了人们生存发展的需要，也为环境保护提供了经济支持。经济的可持续发展不仅追求数量上的增长，也追求质量上的提高。追求从粗放型生产消费模式转向集约型经济发展模式，从“唯经济至上”的观念转向“人的可持续全面发展”的观念。第三，社会的可持续发展。它主要强调社会稳定与和谐发展，追求人类生活质量的提高和改善。

总之，可持续发展要求在“自然—社会—经济”的系统中，以自然资源的永续利用和生态环境的可承载力为基础，以经济的持续增长为条件，以社会的和谐发展为目的，强调三者协调统一发展。

3. 生态现代化理论阶段（20世纪90年代中后期以来）

20世纪末，在一些西方发达国家产生了生态现代化理论，它反映了这些国家在社会经济体制、经济发展政策和社会思想意识形态等方面的生态化转向。这一阶段以2002年在约翰内斯堡召开的联合国可持续发展世界首脑会议为标志。

作为一种现代化理论与可持续发展理论的结合体，西方生态现代化理论逐渐发展成为一个理论基础稳定、发展方向明确的学术体系和社会思潮。它起源于对资本主义现代生产工业设计的重新审视，寻求并力证资本主义生态化与现代化的兼容。生态现代化理论主要立足于资本主义的自我完善功能、环境保护的“正和博弈”性质、社会主体的科学文化意识等基本假设。[2]从整体上看，西方生态现代化理论认为，现代化进程中所产生的问题只能在现代化进程中加以解决。它认为，“本世纪（20世纪）以及下一个世纪（21世纪）已经（或将要）由现代化和工业化引起的最具挑战的

[1] 杜向民，樊小贤，曹爱琴. 当代中国马克思主义生态观 [M]. 北京：中国社会科学出版社，2012，第 116 ~ 117 页.

[2] 周鑫. 西方生态现代化理论与当代中国生态文明建设 [M]. 北京：光明日报出版社，2012，第 53 ~ 58 页.

环境问题的解决方案必然在于更加——而不是较少的——现代化以及超工业化”[1]。为此，生态现代化理论提出了以下基本主张。

第一，推动技术创新。技术创新在生态现代化理论中的地位十分关键。以约瑟夫·休伯为代表的学者十分强调技术创新在社会新陈代谢中的作用，认为这是产生生态转型的根本所在。有学者进一步指出，社会和制度的转型才是生态现代化理论的核心，而科学和技术的变革性作用只是这种转型的重要内容之一。

第二，重视市场主体。“市场以及经济行为主体被看作是生态重建与环境变革的承载者，在生态现代化的理论和实践中具有重要的地位。”[2]生态现代化理论认为，在环境变革阶段，经济行为主体和市场动力发挥着建设性作用。但是，出于经济利益最大化原则，市场主体主动参与生态现代化进程时需要满足一定的前提条件。值得一提的是，“生态现代化理论所强调的成熟的市场，并非是一种纯粹的自由主义的市场，而是一个以环境关怀为基础、以环境政策为导向的规范性市场。但这并不意味着要抹杀市场的个性与活力，只是指向经济生态化目标的一种发展方向”[3]。

第三，强调政府作用。随着可持续发展理论的兴起及其与现代化进程结合的日益紧密，主张生态现代化理论的学者们逐渐认识到应该重新审视政府在环境保护中的作用。有学者认为，政府干预的协商形式可以在环境保护中发挥重要作用。生态现代化理论认为，积极的政府在生态现代化进程中具有非常重要的作用：政府的干预可以引导有效的环境政策的制定，政府能严格地治理环境并能激励创新。这是生态现代化的一个重要原则。

第四，突出市民社会。生态现代化理论重视市民社会在生态现代化进程中的作用，认为它是实现整个社会的生态转型所必不可少的要素。就市民社会在生态现代化进程中的具体作用而言，它是联结政府和市场行为主体的纽带，它对经济创新、技术创新的认可与压力是推动生态现代化发展的重要动力。因此，“市民社会的发达与否，既是考察和衡量生态现代化发展水平的一个重要参考值，也是促进其发展的要素之一”[4]。

第五，关注生态理性。西方生态现代化理论充分地利用和发展了生态理性。生态理性在生态现代化理论中的主要作用是：①在生态理性的支配

---

[1] F. Buttel, Ecological Modernization as Social Theory, Geoforum, 2000(31).P. 61.

[2] 周鑫.西方生态现代化理论与当代中国生态文明建设[M].北京：光明日报出版社，2012，第61页.

[3] 周鑫.西方生态现代化理论与当代中国生态文明建设[M].北京：光明日报出版社，2012，第62～63页.

[4] 周鑫.西方生态现代化理论与当代中国生态文明建设[M].北京：光明日报出版社，2012，第66页.

下，环境活动与经济活动可以被平等地评估；②在自反性现代化中，生态理性逐渐以一系列独立的生态标准和生态原则的形式出现，开始引导并支配复杂的人与自然关系；③生态理性可以被用来评价经济行为主体、新技术以及生活方式的环保成效；④生态理性的运用并不局限于西北欧的一些国家，也可以运用于全球范围。在实践上，生态理性在生态现代化理论的推行中也被广泛运用。

综上所述，生态现代化理论的最终目的是实现整个社会的生态转型，或者说是追求一种经济和社会的彻底的环境变革。这是一项复杂的系统工程。其中，生态理性是主线，技术创新是手段，市场主体是载体，政府作用是支撑，市民社会是动力。这些具体的主张共同促进了环境变革这一系统工程的发展。

综观整个西方生态学理论的发展阶段，它的历史演进主要呈现以下特点：其一，从实践层面上看，由以个别学者为主体发展到以国际组织、机构为主体。具体而言，西方生态学理论对人与自然生态关系的关注，在早期，大多由学者著书立说或演讲宣传来推进，而后期的生态文明探讨，则大多以国际组织、机构来进行组织并推动。其二，就思想层面来讲，由“深绿”发展到“浅绿”。具体而言，早期西方的绿色生态运动的主导思想是“深绿”的，即“深生态学”，它大多批判工业革命对自然界的掠夺、对生态环境的破坏，进而反对人类中心主义，批判技术中心主义。而后期的绿色生态运动的主导思想则是“浅绿”的，它以生态中心主义为指导，既拒绝狂妄的、以技术中心主义为特征的早期粗糙的人类中心主义，也远离极端的生物中心主义、生态中心主义。[1]

4. 生态社会主义——西方生态学理论的社会实践形态

20世纪60年代末之后，世界相继发生了经济危机、能源危机和环境污染，生态革命的主张开始引起人们的关注。正是在这一世界历史背景下，产生了颇具影响的绿色运动。绿色运动（其本质就是生态运动）与反战运动、反核运动、和平运动、民权运动、女权运动一起构成了强大的新社会运动潮流。生态社会主义便是绿色运动深入发展的历史产物。20世纪70年代以来，它逐步发展成为一种世界性的思潮和运动，成为科学社会主义的友邻流派。“它是‘社会主义’和生态运动相结合，建立‘红绿联盟’的产物，反映了马克思主义对当代生态运动的影响，反映了当代西方左派从生态角度对‘社会主义’的理解，也反映了解决生态危机与社会主义前途

[1] 诸大建．生态文明与绿色发展 [M]. 上海：上海人民出版社，2008，第 29 页．

的必然联系。”[1]奥康纳用“生态学社会主义”这个术语来界定这样一些理论和实践：“它们希求使交换价值从属于使用价值，使抽象劳动从属于具体劳动，这也就是说，按照需要（包括工人的自我发展的需要）而不是利润来组织生产。”[2]科威尔继承和发展了奥康纳关于生态学社会主义必须坚持生产性正义的理想追求这一核心理念，鲜明地提出生态社会主义必须实行生态化生产，实现“自由联合生产者组成的社会”。他对生态社会主义的经典定义是：“我们把通过自由联合劳动来进行生产，并伴随着自觉的生态中心主义的手段与目的的社会称为生态社会主义。当这种生产总体上在整个社会中固定下来之后，我们可以称之为生产方式；因此，生态社会主义将是一个生态中心主义生产方式的社会。”[3]

5. 有机马克思主义——一种最新的生态学思潮

近年来，美国兴起了一种新的生态学思潮——有机马克思主义。它以探讨生态危机根源和寻求解决当代生态危机的途径为目的，将马克思主义、中国传统智慧、过程哲学有机融合，进而形成了一种新形态的马克思主义。有机马克思主义最早是由美国学者菲利普·克莱顿、贾斯廷·海因泽克在《有机马克思主义：生态灾难与资本主义的替代选择》一书中提出的。这本书的作者通过深入分析了当代资本主义的内在缺陷，指出资本主义的生产方式和政治模式是导致生态灾难的根本原因（但不是唯一原因）。资本主义面临着它自身根本无法解决的危机，“有机马克思主义”作为资本主义的替代选择被提了出来。这是一种开放的新马克思主义，是使整个人类社会免遭资本主义破坏的主要希望所在。这一学说的核心原则主要是：为了共同福祉、有机的生态思维、关注阶级不平等问题及长远的整体视野。在此基础上，它提出了走向社会主义生态文明的发展道路，以及一系列原则纲领和政策思路，并对包括生态文明建设在内的中国特色社会主义道路给予了高度评价，认为在地球上所有的国家当中，中国最有可能引领其他国家走向可持续发展的生态文明。而后，柯布在《论有机马克思主义》一文中对有机马克思主义进行了更为全面的阐释。

有机马克思主义在理论主张上不同于生态马克思主义，它没有将生态危机的根源完全归结在资本主义制度上，主张多种因素导致了现代生态危

---

[1] 时青昊 .20 世纪 90 年代以后的生态社会主义 [M]. 上海：上海人民出版社，2009，第 13 页 .

[2] [美] 詹姆斯·奥康纳著 . 自然的理由——生态学马克思主义研究 [M]. 南京：南京大学出版社，2003，第 525 ~ 526 页 .

[3] Joel Kovel：Enemy of Nature：The End of Capitalism or the End of the World?，London，New York：Zed Books，2007，p.243.

机的出现，将理论重点放在分析现代性即西方现代世界观和现代思维方式上。[1]有机马克思主义提出，若简单地判定社会制度是生态危机的根源，那么一些包括中国在内的社会主义国家存在的生态危机则无从解释。此外，有机马克思主义还特别强调自身与中国优秀传统文化的内在契合性，认为中国优秀传统文化强调流变、系统和整体性，是一种社会整体取向的思维方式，这与有机马克思主义可以说是异曲同工。[2]

有机马克思主义者对于我国生态文明建设给予了较高评价。克莱顿等人认为，环境问题的解决不是轻而易举的，而在于文明的转变，因此必须走向生态文明[3]；而中国的生态文明建设既不同于资本主义，也区别于传统社会主义的“第三条道路”，是强调社会和谐与生态文明的中国式社会主义道路[4]。柯布明确提出“中国是当今世界最有可能实现生态文明的地方”[5]。他认为，中国共产党十七大报告高度重视生态文明建设，率先把建设生态文明作为中国的战略任务，这是“历史性的一步”。[6]

作为一种新的思潮，有机马克思主义还在不断生成和发展中，需要逐渐完善，但它提出的一些思想和主张对推进马克思主义研究和我国生态文明建设是有益的参考。

、西方国家生态建设的具体实践

当前，我国在社会主义现代化建设进程中同样面临着严重的生态问题。他山之石，可以攻玉。梳理和剖析一些国家开展生态环境保护的实践经验，可以为我国生态文明建设提供丰富的启示和借鉴。

（一）美国的生态建设实践

20世纪70年代是美国全面治理环境污染极其重要的时期。在这一时期，美国联邦政府制定了严格的环境保护法律和条例，基本形成了目前美

[1] 王治河，杨韬．有机马克思主义及其当代意义 [J]. 马克思主义与现实，2015(1).

[2] 王凤珍．有机马克思主义：问题、进路及意义 [J]. 哲学研究，2015(8).

[3] Clayton and Heinzekehr. Organic Marxism: An Alternative to Capitalism Ecologicalcatastrophe, California, Process Century Press, 2014, P.242.

[4] Clayton and Heinzekehr. Organic Marxism: An Alternative to Capitalism Ecologicalcatastrophe, California, Process Century Press, 2014, P. 235 ~ 236.

[5] 柯布，刘昀献．中国是当今世界最有可能实现生态文明的地方——著名建设性后现代思想家柯布教授访谈录 [J]. 中国浦东干部学院学报，2010(3).

[6] 王凤珍．有机马克思主义：问题、讲路及意义 [J]. 哲学研究，2015(8).

国主要的环境政策，成立了专门的环境保护机构，进一步增加了对环境科学研究的经费投入。同时，社会公众越来越多地关注环境保护，人们的环保意识逐渐增强。

在美国的早期发展阶段，联邦政府很少明确关注生态环境问题。但是，随着大规模工业化生产导致一系列环境污染和生态破坏问题的产生，生态保护问题日渐受到政府和社会的共同关注。19世纪末期，美国国会将黄石地区设置为美国第一个国家公园，并通过了《1872年黄石公园法》，将其视为永久保护的自然区域。这一做法已经在全世界得到认可并被广泛效仿。1891年，国会通过立法建立了国家森林系统的法律——美国《1891年森林保护法》。随后，国会颁布了美国《1906年古文物法》，授权总统规划“具有历史意义的、史前的和科学价值特征”的联邦土地作为国家名胜古迹的保护区。

第二次世界大战以后，联邦政府积极鼓励各州采取环境保护措施。从20世纪40年代到60年代，美国先后出台了《1948年联邦水污染控制法》《1963年清洁空气法》《1965年固体废弃物处置法》，鼓励和敦促各州积极制定计划与措施来控制水污染、空气污染和应付废弃物处置问题。

20世纪70年代是美国环境保护法律的“黄金十年”。这10年形成了美国保护环境的联邦监管的基本架构，绝大多数沿用至今，如《1969年国家环境政策法》、《1972年联邦水污染控制法》、《1972年海洋保护、研究和自然保护区法》（也称《海洋倾倒法》）、《1974年安全饮用水法》、《有毒物质控制法》、《1976年联邦土地政策与管理法》和《1976年国家森林管理法》等。

20世纪80年代以后，美国联邦政府的主要工作是重新审查、扩展和改进环境保护开始时的策略。国会通过强化法律，设置约束行政机关颁布条例的新期限，并增加违法处罚的力度。同时，国会还弥补了已经发现的环境规制法基础架构中的漏洞。美国1986年颁布的《综合环境响应、补偿和责任法》，在弥补整治修复化学品泄漏的土地成本时，对相关的当事人实施严格的连带责任。1990年国会两党多数通过了美国《1970年清洁空气法》（也称《清洁空气法》）修正案。这项立法规定了大幅削减造成酸雨的二氧化硫的排放，以及对新的有害空气污染物加以控制的措施。它还创建了全国空气污染源许可证计划和排放交易计划，使公司能够通过在公开市场购买或出售排污许可证，来更有效地履行法律的要求。

之后的若干年，美国的环境保护在较为全面和成熟的体制保障下，进入了一个相对平稳的时期。这个时期，美国环境问题大大缓解，很少出台新的法律，只是对已有法律进行适度修正。可见，全面、系统且有针对性的政策法律对一个国家的生态文明建设有着不可替代的重要作用。

（二）日本的生态建设实践

日本环境保护的发展过程是一个典型的先污染后治理的过程。20世纪50年代中期开始，由于日本经济高速增长，各种产业废弃物对大气、水质、土壤等造成了非常严重的污染，且呈日渐蔓延之势。面对这种严峻的生态环境形势，日本政府以四大公害问题的不断深化为契机，于1970年召开了“防治公害国会”。这成为推进环境治理的一个重要拐点，而废弃物管理则是污染防治的重中之重。经过多年的治理和保护，日本的天空和河流慢慢变得干净，绿色植被也开始繁殖变多，环境污染引发的疾病逐渐消退，日本逐渐成为一个天蓝水清的国家。

1. 日本循环型社会建设中废弃物管理的发展

日本的《废弃物处理法》正式名称为《废弃物处理以及清扫相关法律》。该法旨在控制废弃物的产生，规范废弃物的分类、保管、收集、搬运、再生、销毁等过程，维持生活环境清洁，促进公共卫生状况的提升。这部法律的前身可以追溯到1900年制定的《污物扫除法》。

《废弃物处理法》对产业废弃物的排放限制以及恰当处理都做出了相应的规定。同时，按照废弃物排放的实际情况以及不断产生的问题，通过对《废弃物处理法》的修正，明确废弃物排放相关企业的责任，以应对日益严峻的废弃物非法投弃问题。此外，日本还积极推进废弃物处理的优化升级工作，稳步推进日本循环型社会的形成。

日本政府以环境基本法理念为基础，又以促进资源、废弃物的循环利用为目的，于2001年开始实施《促进循环型社会形成基本法》。《废弃物处理法》明确规定了废弃物排放限制以及恰当处理的相关细则。

此外，日本政府还出台了《容器包装回收利用法》《家电回收利用法》《食品回收利用法》《建筑材料回收利用法》《汽车回收利用法》五部具体法律。各种不同类型的产业废弃物根据相应的法律法规来进行处理。

2. 日本废弃物管理的主要措施

通过对日本废弃物法律、规章以及地方经验的总结，可以归纳出日本废弃物管理的主要措施。

（1）《废弃物处理法》与各方的责任。《废弃物处理法》首先明确规定了国民、企业、市町村、都道府县以及国家各组成部分的责任。其中，国民的职责在于废弃物排放控制以及再生利用，国民应当减少废弃物的排放并对废弃物进行恰当的处理，协助国家和市町村做好相关工作。企业承担由企业活动产生的废弃物的善后工作，对废弃物进行再生利用以及减量化处理，努力研发技术，降低废弃物的处理难度。

地方政府应对管辖区域内的废弃物处理设备以及废弃物处理业进行管理，对排放废弃物企业进行指导。此外，废弃物处理业应当由地方政府以及政令许可城市开展。国家应当统计收集废弃物的相关信息，促进相关技术的发展。同时，为了使地方政府更好地发挥作用，国家还给予技术以及财政方面的支持。

（2）评价惩罚机制的建立。为推进废弃物的恰当处理，日本政府以建立评价惩罚机制为核心，对《废弃物处理法》进行了多次修订。

首先，基于1997年和2000年《废弃物处理法》的结构改革对其进行了大幅度修订。内容包括：①彻底追究排放者的责任，强化管理票制度；②针对废弃物的不恰当处理问题制定相应对策，严格加强废弃物处理业者以及处理设备的许可证发放制度，加重处罚力度（处5年以下有期徒刑，个人1 000万日元、法人1亿日元以下罚金）；③确保规范处理设备，使废弃物处理设备的设置手续透明化，增强公共监督力度。

其次，积极推进2003年、2004年、2005年修正案的结构改革。内容包括：①加强防止非法投弃的措施。包括：扩大都道府县的调查权限；设定国家对都道府县的指示权限；创立非法投弃未遂罪和非法投弃目的罪；取消恶劣企业的资质和经营许可证；直接处罚硫酸沥青废弃物的不恰当处理；强化管理票虚伪履历记载的惩罚力度；等等。②在2005年10月，日本政府决定设立地方环境事务所。

（3）管理票制度的建立。针对产业废弃物的日本式管理票制度是指对废弃物排放者实施的从废弃物排放到最终处理的一条龙管理制度。管理票制度分为纸制文书型管理票制度和电子版管理票制度。

纸制文书型管理票制度的基本运用指的是废弃物排放者在进行产业废弃物处理（包括收集搬运）委托时，必须提交写有产业废弃物种类、排放者信息、处理委托者信息的管理票。管理票将与产业废弃物一起流动，每完成一个环节的恰当处理，相关人员就会在管理票上签字盖章以确认该环节的处理，当产业废弃物处理最终完成后，这张管理票将被交回废弃物排放企业。

电子版管理票制度是指通过电子信息记录产业废弃物处理情况的管理票制度。这项制度由环境大臣指定的信息处理中心（日本产业废弃物处理振兴中心）实施管理，其特征为建立电子版管理票体系。电子版管理票具有很大的优势，它通过信息技术化成功实现信息共享与信息传输的效率化，将废弃物排放企业、收集搬运者、废弃物处理者以及信息管理系统联系在一起。此外，电子版管理票难以伪造，便于都道府县等对废弃物处理进行监督管理，使其迅速发现问题并进行及时处理，是一项能够防止非法投弃废弃物的非常有效的措施。相比传统的纸制文书型管理票，电子版管理票能够及时把握废弃物处理的实时情况，并省去了必须保存纸制文书型管理票的环节，同时也能有效防止漏登漏寄，且能够及时提醒废弃物排放企业对废弃物进行处理。

使用电子版管理票，有利于同时实现事务处理效率化，遵守法律和数据透明化。此外，电子版管理票信息由信息处理中心向政府报告，相关企业等不需要再进行报告。根据日本政府2008年底的统计，电子版管理票的使用率已经达到所有废弃物管理票的14%。这种电子版管理票有快速增加趋势。2010年，根据日本国家信息技术战略部的统计，电子版管理票已实现50%的普及率。

（三）新加坡的生态建设实践

新加坡很早就意识到了水资源保护的重要性。从19世纪初开始，受香港1：1活动蓬勃发展的影响，新加坡河的污染不断加剧。20世纪50年代，水资源和不断增长的人1：1之间的矛盾日益凸显，仅有的几个水库无法储存足够的水来满足这些人的需求，新加坡政府不得不实行水配给制度。因此，制定切实可行的计划，不惜一切代价建设更多的本地水库并维持清洁的供水，成为关乎新加坡存亡的问题。

1. 水资源保护的政策与国家工程

在水资源短缺的情况下，新加坡政府制定了清理相关集水区的总体规划。为了不受国家自然劣势的制约，新加坡政府认为，只要有全心投入、开放的创新心态和充足的研发投资，就能找到解决方案。在四五十年时间里，新加坡水资源利用已经有了很大的发展。

（1）水资源保护的基本政策。2008年，《环境污染控制法》经修改增添了环境保护与管理、资源保护等条款后，被更名为《环境保护和管理法》。这一重要法律由国家环境局来实施，为控制环境污染、促进资源节约搭建了全面的法律框架。国家环境局还负责实施《环境公共卫生法》和《病媒生物防治及杀虫剂法案》。所有这些构成了确保新加坡公众健康和公共卫生的法律屏障。此外，《环境保护和管理法》涵盖了多个领域，包括公共场所的清洁、废物处理、工业废水排放、食品设施和小商贩中心以及卫生条件等。

（2）水资源保护的国家工程。新生水、淡化海水、当地的集水区水源和进口水，形成了现在新加坡“四大国家水龙头”战略。“四大国家水龙头”中，有三个（当地的集水区水源、进口水和淡化海水）是主要来源。另外，新生水是次级水源，是把主要来源的水回收使用而创造出来的。因此，无论是淡化海水还是新生水在满足长期需求方面都发挥了重要作用。

2. 水资源的可持续保护

"四大国家水龙头"战略所开发的新水源，是新加坡政府为了确保可持续供水所实施策略的一半。另一半是管理水资源的需求和鼓励节约用水。可以说，这一半更为重要，因为无限期地建设新水源会受到空间和成本的限制。1981年，政府制定了第一个水资源保护计划，通过三种关键方法，设定新加坡的水资源保护策略：定价、强制性要求及公众教育。这项计划呼吁节约用水的措施，包括使用节水型器具、检查浪费用水的现象、减少过多的水压和水的再生利用。

同年，公用事业局成立了水资源保护小组，由其负责管理用水需求，并向公众推广节约用水。水资源保护小组推出了各种举措，如到学校演讲、组织民众参观水厂，并在学校课程中加入节约用水的资讯。20世纪70年代的节约用水活动一直持续到20世纪80年代的"让我们不要浪费宝贵的水资源"和"让我们节省宝贵的水资源"等运动。高层住宅建筑的水表上安装了限流装置，并在这些场所成功地减少了约4%的用水量。

节约用水工作的开展，离不开不断增强的节水意识和积极的公民活动。21世纪，新加坡实行了社区主导的举措，如高效用水住宅、高效用水建筑，"挑战10公升""挑战10%"等。自1995年以来，在发出了一系列的家庭用户和非家庭用户倡议之后，新加坡的年均用水需求增长率一直保持在约1.1%的低点，而同时国内生产总值增长率为5.1%，人口增长率为2.2%；国内人均用水量从1994年高峰时的每人每天176升减少到2007年的每人每天157升。新加坡人不仅学会了自觉环保的生活方式，而且已经开始积极拥护这种生活方式。

第二节　生态文明建设的自然条件

一、生态系统的内涵

地球上的各种生态系统，无论空间大小、位置存在多大的差异，作为一个生态系统所具备的基本要素都是相同的。它包括了生产者、消费者、分解者和非生物环境。非生物环境是生物赖以生存与发展的物质基础和能量源泉，它包括了生物生存的场所，如土壤、水体、大气、岩石等，也包括生物所需的物理化学条件，如光照、温度、湿度等。

人们把对生物产生影响的各种环境因素称为生态因子。生态因子种类繁多，主要可分为生物因子和非生物因子。生物因子包括不同物种间的相互影响和同一个物种中不同个体之间的影响，而非生物因子包括气候、土壤、地形。气候因子也称地理因子，包括光、温度、水分、空气等。根据各因子的特点和性质，还可再细分为若干因子。如光因子可分为光强、光质和光周期等，温度因子可分为平均温度、积温、节律性变温和非节律性变温等。土壤是气候因子和生物因子共同作用的产物，土壤因子包括土壤结构、土壤的理化性质和土壤肥力等。地形因子如地面的起伏、坡度、坡向、阴坡和阳坡等，通过影响气候和土壤，间接地影响植物的生长和分布。

在自然环境之中，多种生态因子是同时存在的，其作用一般可以分为五种。①综合作用：生态因子不是孤立存在的，它们之间相互影响、相互制约，一个因子的变化往往会引起其他因子的一些相应的变化；②主导因子作用：生态因子的作用并不是完全等价的，其中一些对生物起决定性作用的生态因子，被称为主导因子。主导因子的变化常常引起生物生长发育的明显变化；③直接作用和间接作用：一些生态因子是直接对生物起作用，如光、温、水，但另外一些生态因子，如地形是通过影响光、温、水来间接对生物起作用，被称为间接作用；④限定性作用：生物在生长发育的不同阶段对生态因子有不同的需求，生态因子对生物的作用具有阶段性；⑤不可替代性和补偿作用：生态因子虽不等价，但都不可缺少，一个因子的作用不可由另一个因子代替，但是某些生态因子的不足可以通过另一些生态因子的加强而在一定程度上得以弥补。

生态因子对生物的作用和它们之间的相互作用都是异常复杂的。生态因子对生物有着强烈的影响，但同时生物对生态因子也有着独特的适应机制。这主要表现在形态、生理和行为三个方面。生态因子会影响生物的形态，如北极狐由于生活在高寒地带，其身体突出的部分都比较小，比如耳朵和尾巴都比较小，这样就有利于保存热量。生活在寒冷地区的动物普遍具有这样的形态适应。生态因子也能影响生物的生理状态，如一个人从黑暗的地方乍一走到明亮的地方，会觉得眼睛不适应。因为在黑暗的地方，眼睛为了吸收更多的光线而瞳孔变大，一旦到明亮的地方，会由于进入眼睛的光线太强而快速使瞳孔再度变小以控制光线的进入，以免刺伤眼睛。另外，一些动物会通过改变行为来适应自然，如一些蜥蜴会在较热的时候抬高自己的身体使更多的空气流动，从而起到散热的作用。行为的适应是最为常见的一种适应类型。生态系统就是在变化与适应之中保持着自身系统的平衡和稳定的。

生态系统生物部分的生产者是指能够利用太阳能或其他形式的能量，将简单的无机物合成为有机物的绿色植物、光合细菌和硝化细菌等。在这个过程中，太阳能被转化为化学能以供生物利用。生产者是生态系统中最基本的组成要素，生产者固定的能量除了供自己所必需的新陈代谢所用之外，剩余的部分将通过食物链逐级在生态系统中流动，以供其他的生物生存生长。生产者之所以是生态系统中最重要的组成部分产因为它是能量进入生物链的唯一入口，失去了生产者，生态系统将不复存在。

消费者指的是不能靠自己合成有机物的植食类、肉食类和寄生动物等。植食动物为一级消费者，以植食动物为食的肉食动物为二级消费者，以肉食动物为食的肉食动物为三级消费者。如鼠吃大米，蛇吃鼠，鹰吃蛇，在这条捕食食物链中，鼠是一级消费者，蛇是二级消费者，鹰是三级消费者。这里的一、二、三级也被称为营养级。需要注意的是，根据每条食物链的具体情况，每个物种所处的营养级也将不同。同一个物种也可能同时属于多个营养级。

分解者指生态系统中的细菌、真菌和放线菌等具有分解能力的生物，也包括某些原生动物和腐食性动物。它们把动、植物残体中复杂的有机物，分解成简单的无机物，释放在环境中。分解者的作用可谓至关重要，如果没有分解者，那么动植物的尸体将堆积成山。物质、能量无法流通，最终生态系统将趋于崩溃。

在生态系统中因为捕食关系而形成食物链，同时有多种捕食关系共存，便形成了多条食物链，因为一个物种通常并非只处于一条食物链中，比如鼠不只吃大米，也吃玉米，鼠不只被蛇捕食，也被猫头鹰捕食，因此不同的食物链纵横交错，便形成了食物网。能量流动的一个重要的方式就是通过食物网来完成的。

在生态系统中，生物的物质生产分为初级生产和次级生产。绿色植物通过光合作用，使无机物转变为有机物的过程称为初级生产。除此之外的生物物质生产都被称为次级生产。绿色植物固定的能量，除去自身新陈代谢所消耗的部分之外，剩下部分称为净初级生产，它可以提供给生态系统中其他生物所利用的能量。地球生态系统的年生产总量是巨大的，但地球上有大小、性质不同的许许多多生态系统，其生产力有大有小，差异很大，不能一概而论。

、地球上生态系统的分布与类型

地球生态系统作为最大的生态系统是由不同类型的生态系统组成的。

（一）森林生态系统

森林生态系统一般分布于湿润和半湿润地区，可进一步划分为热带雨林、亚热带常绿阔叶林、温带落叶阔叶林和亚寒带针叶林等森林生态系统。热带雨林主要分布于赤道南北纬20° 以内的热带地区，其气候特征是全年高温多雨，无明显季节变化。世界上三大热带雨林分别位于南美亚马孙流域、亚洲的热带地区和非洲的刚果盆地。热带雨林中动植物个体偏大，而且物种类型丰富，食物网错综复杂，是最稳定的自然生态系统。

常绿阔叶林是亚热带海洋性气候条件下的森林，具有热带和温带之间过渡性的类型。大致分布在南北纬22° 至34° 之间。

温带落叶阔叶林是温带、暖温带地区地带性的森林类型。分布于北纬30° 至50° 之间，是在北半球受海洋性气候影响的温暖地区。在大陆性气候影响较大的地方，落叶阔叶林过渡成针叶林。在欧亚大陆的温带，西欧典型的落叶林可分布到苏联的欧洲部分。由于冬季落叶，夏季绿叶，所以又称“夏绿林”。

亚寒带针叶林生长于亚寒带针叶林气候带，主要分布在北纬50° 至65° 之间。林木主要是耐寒的落叶松、云杉等。

（二）草原生态系统

草原生态系统一般分布于半湿润、半干旱的内陆地区，如欧亚大陆温带地区、北美中部、南美阿根廷等地，那里降水量较少且集中于夏季。生产者以禾本科草本植物为主，生态系统的营养级和食物网比森林生态系统简单。

（三）荒漠生态系统

荒漠生态系统一般分布于亚热带和温带干旱地区，如欧亚大陆的内陆、美国中西部和北非及阿拉伯半岛等地。那里降水量稀少，且气温变化剧烈，温差较大。自然环境的严酷限制了植物的生存，生产者仅为数量很少的旱生小乔木、灌木或肉质的仙人掌类植物。种类贫乏，结构简单。在陆地生态系统之中，荒漠生态系统是最不稳定的生态系统，很容易遭到破坏而导致其结构损害和功能退化且很难恢复。

（四）水域生态系统

水域生态系统包括了江河湖海，其中海洋的面积最大，占到了全球面积的2/3。水域生态系统对生物的主要限制因子是光照。在黑暗的水底，因为缺少光照，植物无法进行光合作用，除了少数细菌和极特异的生物之外，几乎没有生物能生存。水域生态系统按照其水化学性质的不同，可划分为淡水生态系统和海洋生态系统。

1.淡水生态系统

淡水生态系统包括了河流、湖泊、沼泽、池塘、水库等，其植物类型主要有：挺水植物，它们的根和茎的下部在水中，上部挺出水面，常见的挺水植物有芦苇、茭白、香蒲等；浮叶植物，这些植物的根着生在水底淤泥中，叶子和花漂浮在水面上，常见的浮叶植物有睡莲、眼子菜等；沉水植物，它们的根系扎于湖底，茎、叶等整个植株都在水中，常见的沉水植物有苦草、水花生等；漂浮植物因整个植株漂浮于水面而得名，它们主要是一些藻类等，曾一度成为关注焦点的水葫芦也是漂浮植物。

2.海洋生态系统

海洋生态系统因海水深度的差异分为浅海带和外海带。浅海带包括自海岸线起到深度200米以内的大陆架部分，这个部分光照充足，温度适宜，是海洋生命最为活跃的地带。外海带指深度在200米以下的海区，最深可达万米以上，在海洋深度100米以内的海域，光照充足，水温较高，集中了大多数的海洋生物，而随着海洋深度的增加，水压增大，且光照渐至全无，几乎没有任何植物生存，只有以动物或动物尸体为食的少数动物生存。

（五）人工生态系统

除了主要的自然生态系统之外，部分生态系统由于受到人类的强烈干预，以至于人类的力量成了这部分生态系统的决定力量，人类力量一旦撤离，这部分生态系统随时有崩溃的危险，这样的生态系统被称为人工生态系统。农业生态系统和城市生态系统是典型的人工生态系统。

三、生态危机

人类对于生态环境的严重破坏引发了生态危机，使人类生存和发展受到了威胁。生态健康一旦遭到严重破坏，在较长时期内都很难恢复。现代环境污染事件有著名的八大公害事件，它们都集中发生在20世纪的五六十年代。

这个时期的环境问题主要集中在生产、生活废水乱排放的地区，很多有毒物质通过食物链进入人体，最终导致人体病变。发生在日本的水俣病事件，就是因为河水被重金属汞污染，通过鱼进入人体，从而爆发了疾病。虽然后来禁止了污染水体排入河流，但是水俣病的蔓延仍未停止，因为环境对汞的降解速度很慢。前后有 798 人因此患病，111 人严重残废，实际受害人数至少2万人。除患病者之外，该地区1955年至1959年出生的400个婴儿中，有22名患有先天缺损症，医生称之为“先天性水俣病”。而这些婴儿的母亲汞中毒的症状极轻，甚至没有症状。婴儿由于含甲基汞的母乳在体内富集，3个月时发生第一次抽搐，以后越来越严重。同时，婴儿智力发育迟缓，严重的还会夭折。而日本富山神通川骨痛病事件也是水污染造成的。

其次就是光化学污染，主要是由于含有有毒物质的工业废气的排放所导致的，著名的伦敦烟雾事件即属于此种类型。当时一些伦敦居民感到呼吸困难，他们流泪、眼睛红肿、咳嗽、哮喘、胸痛胸闷，甚至窒息，有的人发烧、恶心、呕吐。在1952年12月13日的前一周内，已经有2851人死亡，以后的几周内，又有1224人死亡，之后两个月内，又有近8000人死亡。事件发生后，英国国内产生了强烈反响。但直到1963年才查明，灾害的原因是由于二氧化硫和烟尘中的三氧化二铁化合生成三氧化硫，被水吸收从而变成硫酸凝聚在雾滴上，进入人的呼吸系统，造成支气管炎、肺炎、心脏病等，从而加速了慢性患者的死亡。此外，还有类似的马斯河谷事件、多诺拉烟雾事件和美国洛杉矶烟雾事件等。

当时人们对八大公害事件的认识还是比较肤浅的，但八大公害毕竟警醒了世人。正是从那个时候起，环境保护受到越来越多人的重视，并成为人们的共识。后来随着人们认识的深化，人们意识到人类不仅面临着废水、废气排放等问题，还面临着世界性的生态危机，生态危机已经不是某个国家、某个地区可以解决的问题，而是摆在全人类面前的一场深重危机。臭氧层空洞、森林面积锐减、荒漠化日趋严重、粮食危机、淡水危机、能源危机、资源枯竭、物种快速灭绝等都关乎人类生存和发展。

仅能源枯竭问题就十分令人担忧。现代世界经济的发展，包括人类日常生活，都离不开化石能源，但由于化石能源的形成需要很长时间，因此对于人类来说就是不可再生资源，化石能源被过度消耗，能源枯竭的严峻趋势已经可以预见。由于化石能源储量有限，据国际权威机构估计，世界已探明的可采石油大约可供人类使用41年，天然气60 ~ 70年，煤炭约200年[1]。能源枯竭的严峻形势必然对世界各国经济发展造成严重的制约，各国对能源的争夺将日趋激烈，争夺方式也将更加复杂，甚至会威胁世界和平。

另外，物种的快速灭绝也到了人类不得不重视的程度。从35亿年前生

[1] 郑兴，李林蔚．全球能源危机与安全透析 [N]. 人民日报，2006-02-07（6）.

命的出现直到现在，地球上已经有5 亿种生物生存过，现绝大多数已消失。物种灭绝作为地球生命进化过程的自然现象本是正常的，在漫长的地球历史中物种灭绝的速度极为缓慢。但在过去的500 年中，世界上11%的鸟类已经消失，非洲一些地方的类人猿减少了50%以上，亚洲40%的动物和植物将很快消失。目前1/2的有袋动物、1/3的两栖动物和1/4的果实树种正濒于灭绝，此外，还有1/8的鸟类和1/4的哺乳动物依然没有摆脱濒危状况。至2025年，全球2/3的海龟也将与我们永别。这一切的主要原因就是人类不合理的生产活动，如过度捕杀、乱砍滥伐、环境污染等。生物多样性是生态系统稳定性的基础，物种的加速灭绝也将威胁到人类的生存。

此外，淡水的缺乏已被一句公益广告词形象地描述出来——“人类如果不珍惜水资源，人类看到的最后一滴水，将是人类的眼泪”。仅就中国而言，湖泊和湿地的消失就触目惊心。如我国最大的淡水湖——鄱阳湖，原来面积为56.5万平方千米，20世纪70年代开始围湖造田，至今湖面已经减小了一半。云南的滇池从明朝至今不到400年时间，就从513平方干米减至300平方千米。滇池从20世纪70年代开始受到污染，进入90年代，污染速度明显加快，排入滇池的工业废水和生活污水已达1.85亿立方米，其中含总磷1021吨，总氮8981吨，水质由70年代的三类水体变为90年代的劣五类水体。大量鱼虾死亡，滇池的生态系统已遭到严重破坏，已失去了自净能力，从而变成了一个“臭湖”加“死湖”。

然而这些还只是局部的生态破坏。最近有科学家通过分析，总结出地球生态系统正面临着各个方面的威胁，这些威胁就空间上来说都是全球性的。科学家的预测表明，这各种威胁都已经逼近了地球生态系统所能承受的极限，可以说地球生态环境形势异常严峻。值得庆幸的是人类已经意识到了生态破坏的危险，因此正逐步改变自己的生活方式，希望找到一种与自然和谐相处的生活模式。

第三节 科技的生态学转向与环境治理的技术方法

一、科技的生态学转向

根据对科学技术态度的不同，绿色理论可以分为浅绿色（shallow green）和深绿色（deep green）两种。浅绿色认为，只要太阳能存在，人类就能通过科学技术的力量解决资本主义的生态危机。深绿色认为，科学技术不是万能的，它可以解决某一个或几个生态问题，却不能从根本上解决现代社会的能源危机和生态危机。生态危机的出现并不是表明技术出现了问题，而是表明现代工业社会的运行机制出现了问题，只有彻底地改造现代社会及人们传统的价值观念，才能从总体上解决人类面临的生态危机。浅绿色表现出的是技术乐观主义，深绿色表现出的是技术悲观主义。

浅绿色和深绿色是工业革命以来人类统治自然思想的延续。在面对生态危机时，浅绿色就变成了改良主义，它主张在资本主义工业体系中，通过科学技术来改善生态环境，更新以往的工业体系，使自然能够更好地满足人类的欲望。而深绿色则把解决危机的希望寄托在对传统观念和社会结构的改革上。这样，在绿色运动中，绿色理论所展现出的技术悲观主义与技术乐观主义，以及他们提出的“回到自然中”与“宇宙殖民”的口号，从正反两方面对科学技术与生态危机的关系进行了论述，从而完成了对资本主义社会生态危机的纯科学技术的批判。

现代化是伴随着科学技术的发展而出现的，科学技术带来了大量的物质财富和丰富的精神生活，给人的解放也带来了希望。但是科学技术是一把“双刃剑”，它对现代化起到推动作用，促进了人类发展，同时也带来了消极影响，一方面，它把幸福和快乐给予了人类；另一方面，它也把烦恼和痛苦带给了人类。在当今中国，有很大一部分人还看不到科学技术的负面效应，在他们的眼里科学技术是天使，而不是魔鬼。赫伯特·豪普特曼指出了科学技术破坏生态环境的严重性：全球的科学家“每年差不多把200万个小时用于破坏这个星球的工作上，这个世界上有30%的科学家、工程师和技术人员从事以军事为目的的研究开发”、“在缺乏伦理控制的情况下，必须意识到科学及它的产物可能会损害社会及其未来”、“一方面是闪电般前进的科学和技术，另一方面则是冰川式进化的人类的精神态度和行为方式——如果以世纪为单位来测量的话。科学和良心之间，技术和道德行为之间这种不平衡的冲突已经达到了如此的地步：他们如果不以有力的手段尽快地加以解决的话，即使毁灭不了这个星球，也会危及整个人类的生存”[1]我们必须清楚，科学技术本身是中性的，是无所谓善恶美丑的。

[1] [美]赫伯特·豪普特曼著；肖锋译．科学家在21世纪的责任[M].北京：东方出版社，1998，第3～4页．

、现代环境治理的技术方法

（一）推行清洁生产

绿色产品是清洁生产的产物，从狭义的角度分析，所谓的清洁生产是指对不包含任何化学添加剂的纯天然食品的生产，或者是对天然植物制成品的生产。此种意义上的产品是人们意念中最理想的产品，也是清洁生产的生产目标。从广义的角度分析，清洁生产是指在生产、消费及处理过程中，要符合环境保护标准，不对环境产生危害或危害较小，有利于资源回收再利用的产品生产。绿色产品的生产离不开清洁生产方式的支持，而要实现发展方式的转变，就要突破传统观念，投入更多的资金和改造落后的技术。在清洁生产中，还要实施全面的绿色质量管理体系。绿色管理体系的基本内容即5R原则：①研究（Research），重视对企业环境政策的研究；②减消（Reduce），减少有害废废物的排放；③循环（Recycle），对废弃物的回收再利用；④再开发（Rediscover），变普通的商品为绿色的商品；⑤保护（Reserve），加强环境保护教育，树立绿色企业的良好形象。这样，通过对工业生产全过程的控制，通过工艺设备、原材料、生产组织、产品质量的科学管理实施企业的绿色生产、清洁生产。清洁生产的推广，资源能源的节约以及工艺水平的不断提高，可以从源头上治理污染，使对生产过程的控制与清洁生产本身有机结合起来，尽可能把影响环境的污染物消灭在生产过程之中。在生产的工艺技术和管理中，综合考虑经济效益和环境保护，力争用最少的资源产出最大的经济效益。

（二）废物再生技术

发展环保科技，就要着重关注资源的再生利用，这是当前最迫切的任务。美国西北太平洋国家实验室的科学家发明了一种新方法，利用植物或废物制造出一种有用的化学品，包括燃料、溶剂、塑胶等，科学家的发明得到了美国总统绿色化学挑战奖。科学家是利用造纸的废物而制造出了一种名叫“乙醯丙酸”的化学品，这种新方法的成本是目前通行的生产方法的1/10。然后，通过对乙醯丙酸的加工，制造出更加环保的汽车燃料等各种化学用品。科学家利用乙醯丙酸与氢的混合，经过化学反应制造燃料，这种方法可以帮助处理生产纸张产生的废物。另外，美国的爱达荷工程及环境国家实验室的科学家通过对生产薯条后植物油的研究，制造出了“生物柴油”，这是一种燃烧更加充分，废气产生更少的柴油燃料，比普通的含有毒化学品的柴油更容易分解，减少了致癌物质的产生。美国堪萨斯州大学的苏比博士成功地从天然气中制造出了燃料，使燃料更加环保，产生的氧化氮减少10%，微粒状的废气则减少69%。[1]对废物进行回收和再利用，既有利于环境保护，又可以从中获取巨大的经济效益。对于我们建设资源节约型、环境友好型社会大有裨益，是实现小康社会的有效手段。

（三）燃煤大气汞排放控制技术

我国绝大部分的能源是通过燃煤获得的，而在煤炭燃烧过程中往往会释放出大量的汞，所以，大气汞污染中很大一部分是由于燃煤引起的，这就要求我国应该尽快开展这方面的研究，并制定出相应的政策和标准，尽可能地减少大气汞的排放。提高能源效率，减少能源使用，以降低燃煤大气汞排放。技术控制措施主要分为三种：即燃烧前脱汞、燃烧中脱汞和燃烧后烟气脱汞。目前，虽然我国已经拥有了多种控制燃煤汞排放的方法，但这些技术仍然亟待完善和进一步推广应用。洗煤是燃烧前脱汞的主要方法，通过洗煤可以除去原煤中的一部分汞，可以有效地阻止汞进入燃烧过程。但是由于原煤中的汞常常与一些矿物质结合在一起，这样在洗去煤炭中的汞的同时，也可以洗去矿物中大部分的硫化物和其他矿物质。洗煤技术简单，操作容易，并且成本较低，是减少汞排放的好方法，应该予以重视。常规物理洗选技术对原煤中汞的去除率可变性较大，对美国 4 个州煤层中选取的 26 份烟煤煤样进行煤洗分析，结果表明，汞的去除率变化范围为 12% ~ 78%。当原煤中的汞与无机矿物质结合在一起时，传统的物理洗煤方式能有效去除原煤中的汞，但是与有机物结合的汞则很难在洗选过程去除，且处理费用较高。除常规洗煤方法外，利用选择性烧结法或柱式泡沫浮选法可进一步去除汞。总而言之，由于洗煤不是完全解决燃煤过程中汞污染问题的唯一方法，所以我们仍然要重视燃烧中和燃烧后脱汞技术的研究。

第四节　生态化的科技与生态产业研究

一、发展绿色技术

当前，加强生态技术创新，发展绿色技术成为科技创新的重点，特别是要加快先进适用的绿色技术的推广和应用。发展绿色技术，特别要鼓励生态科技型中小企业的发展，并在信贷政策、税收政策、财政政策等方面

[1] 董险峰．持续生态与环境 [M]. 北京：中国环境科学出版社，2006，第 184 页．

给予一定的倾斜，实行与国有企业相同，甚至是更优惠的政策。在生态化高新技术成果的转化方面，为生态型中小企业建立风险基金和创新基金，使社会资金流向促进生态科技进步的事业。发展绿色技术，就要使生态科技中介服务体系的功能社会化、网络化，推进生态科普工作的开展。要努力建设生态科技园区，以便于充分发挥绿色技术在经济发展中的辐射带动作用。发展绿色技术，就要加强绿色科技的培训工作，鼓励科技人员流向绿色技术推广应用的第一线。

科学技术的创新在很大程度上保证着节能减排目标的实现。近年来，欧盟国家在相关政策的引导和扶持下，大力发展节能减排技术，对工业制造业中的高耗能设备进行积极改造，他们把供热、供气和发电等方式结合起来运用，大大提高了热量的回收利率。现在，欧盟成员国制造的具有节能减排功能的新型涡轮发电机已经批量投入使用，这种发电机利用工厂锅炉产生的多余动能发电，可以产生更多的电能，提高能效30%以上。欧盟成员国认为，一个社会是不是生态循环型社会，要看这个国家是不是真正形成了垃圾转换能源（WTE）的理念。这些思想和措施极大地促进了垃圾焚烧新技术和设备的开发，提高了垃圾中的有机物的燃烧和利用效率，减少了污染环境和温室气体等有害物质的形成。日本各大公司都在进行科技创新，特别是涉及国民经济的钢铁、电力、冶炼等部门，他们挖空心思地寻找节能减排的办法。丰田和本田是世界上生产混合燃料车技术的佼佼者，他们生产的新型混合燃料公交车节能效果极佳，并且没有废气排出的难闻气味，在行驶时也没有噪声，可以说是节能减排中的极品。

、优化产业结构，发展生态产业

要促进生态文明建设的健康发展，就必须优化产业结构，促进产业结构的不断升级。产业结构升级包括两个方面：一是由于各产业技术进步速度不同而导致的各产业增长速度的较大差异，从而引起一国产业结构发生变化；二是在一国不同的发展阶段需要由不同的主导产业来推动国家的发展，伴随着经济发展的主导产业更替直接影响到一国的生产和消费的方方面面，在根本上对一国产业结构造成了巨大冲击。依据政府的宏观调控政策，优化生产要素在各个产业构成中的比例关系，合理地配置资源，不断提高产业的生产效率。优化产业结构，完善政府的相关政策和市场机制的正常运行，保证生产过程的生态化转向，也只有这样，才能实现经济和生态效益的“双赢”。

（一）发展生态工业

1. 生态工业的内涵界定

所谓生态工业，是以生态理论为指导，从生态系统的承载能力出发，模拟自然生态系统各个组成部分（生产者、消费者、还原者）的功能，充分利用不同企业、产业、项目或者工艺流程之间，资源、主副产品或者废弃物的横向耦合、纵向闭合、上下衔接、协同共生的相互关系，依据加环增值、增效或减耗和生产链延长增值原理，运用现代化的工业技术、信息技术、经济措施优化组合，建立一个物质和能量多层利用、良性循环且转化率高、经济效益与生态效益“双赢”的工业链网结构，从而实现科学发展的产业。在生态文明建设的过程中，能否转变发展方式的关键就在于能否发展生态工业。

2. 改善工业结构，调整工业布局

改善工业结构，调整工业布局，要求我们在新型工业化进程中大力推进生态农业、生态工业和循环经济的发展，推动发展模式由环境污染型向环境保护和友好的方向转变，逐步改变生态产业在国民经济中较弱的态势，大力发展生态经济，使其逐步占据主导性地位。在农村，要加强农村经济结构的调整力度，放眼发展农林牧副渔等效益农业，从国内外市场的需求出发，开发适销对路的农副产品，提高农产品的附加值，充分利用森林、土地、水源等自然资源，使绿色食品和有机食品体系朝着结构优化、布局合理、标准完善、管理规范的方向发展。要积极推行清洁生产，增加清洁能源的比重，在工业生产中实现上、中、下游物质与能量的循环利用，减少污染物的排放。传统工业模式的发展不同程度地依赖于自然资源的投入，同时对人类的生存环境也造成了不同程度的影响，中国如果只发展资源密集型产业，生产初级产品，必然会大量消耗国内的资源，引起生态环境的退化和环境污染，不仅使我国丧失在国际市场上的竞争力，也影响我国的可持续发展能力。我国的高新技术产业增加值的比重只占12.6%，远低于世界发达国家的30%的水平。要大力发展技术含量高，资源消耗少，污染程度低的基础产业和新兴产业，开发自己的优势产品，形成自身的品牌效应，力争建成一批既符合自然生态规律，又能有效提高经济效益的新兴产业群。我们本着“有所为，有所不为”的原则，把重点放在潜力较大的高新技术领域，如新能源、新材料、基因工程、现代生物技术、通信、激光等。加快培养一批高技术人才队伍。我们应该大力发展环保产业。根据OECD（经合组织）的界定，我们要因地制宜、因时制宜、因事制宜，推广风力发电、太阳能利用、节电节水工艺，降低资源消耗，并逐步提高第三产业在国民经济中的比重，实现产业结构由“第二产业—第三产业—第一产业”即“二三一”的顺序向“第三产业—第二产业—第一产业”即“三二一”的顺序的转变。

（二）发展生态农业

1. 生态农业的科学内涵

生态农业（ecological agriculture）这个概念最早是由美国土壤学家威廉姆于1970年提出的，是指在农业生态原理和系统工程的指导下进行农业生产的模式。生态农业是一种新型的农业发展模式，可以有效地缓解资源短缺的问题。在1981年，美国农学家M.Worthington把生态农业定义为“生态上能够自我维持，低投入，经济上有生命力，在环境、伦理和审美方面可接受的小型农业”。欧盟认为生态农业是通过使用有机肥料和适当的耕作和养殖措施，以达到提高土壤长效肥力的系数，可以使用有限的矿物质，但不允许使用化学肥料、农药、除草剂、基因工程技术的农业生产体系。

在1981年，我国提出了生态农业这一概念，它与西方国家生态农业概念有明显不同。国外注重通过建立符合生态原则的农业生态系统，通过资源能源的优化配置，清洁生产，健康消费，注重土地的休整和土壤的改良，以提高农业经济的恢复力。而我国则强调人与自然的和谐发展，形成良性循环的互动机制，实现产、加、销一体化，牧、渔、林等各行业的整体协调发展。中国国家环保总局有机食品发展中心（OFDC）对生态农业的理解是：遵照有机农业的生产标准，在生产中不采用基因工程获得的生物及其产物，不使用化学合成的农药、化肥、生长调节剂、饲料添加剂等物质，遵循自然规律和生态学原理，协调种植业和养殖业的平衡，采用一系列可持续发展的农业技术，维持持续稳定的农业生产过程。生态农业的宗旨和发展理念是：在洁净的土地上，用洁净的生产方式生产洁净的食品，以提高人们的健康水平，协调经济发展和环境之间、资源利用和保护之间的生产关系，形成生态和经济的良性循环，实现农业的可持续发展。这种生态农业兼有了传统农业中资源的保护和可持续利用及“机械农业”中的高产高效的双重特点，又摒弃了传统农业中单一的低下的生产方式和“石油农业”中的资源消耗大的特点，是一种既能有效地避免环境退化，又能够促进经济发展的现代农业发展之路，是未来农业经济的发展方向。

2. 我国生态农业发展的基本模式

生态农业的发展对于解决我国“三农”问题提供了有益启示，它不仅可以改善生态环境，而且可以促进农村经济的发展，增加农民收入，有利于农村的稳定和发展。截至目前，我国农村生态农业发展的基本模式包括以下四种。

第一，立体生态种植模式。这是一种有利于提高资源利用率的种植模式，立体种植是指依据自然生态系统的基本原理，在半人工的情况下进行的生产种植。立体种植模式巧妙地利用了农业生态系统中的时空结构，进行合理的搭配，形成了种植和养殖业相互协调的生产格局，使各种生物之间能够互通有无、共生互利。这样，既合理地利用了空间资源，又对物质和能量实施了多层次的转化，促使物质不断循环再生，能量被充分合理地利用。立体种植模式的特点之一，就是“多层配置”，即通过资源的利用率，土地的产出率，产品商品率来实现经济效益的最优化。

第二，发展节水旱作农业。我国属于缺水国，人均淡水资源仅为世界人均量的1/4，位居世界第109位。中国是全世界人均水资源最缺的13个国家之一。因此，要使我国的农业再上一个台阶，就要加强农田水利基本设施建设，发展节水旱作农业。为此，就要大力推广“十大技术”，即抗旱新品种及配套栽培技术；秸秆和薄膜覆盖技术；培肥地力，以肥调水技术；秸秆还田和过腹还田技术；少耕免耕保墒综合耕作技术；抗旱“做水种”等点浇保苗技术；水稻间歇灌和补充灌溉等模式化灌溉技术；机械化节水旱作农业技术；喷灌、滴灌、微灌技术；抗旱保水化学制剂使用技术。实施工程措施、生物措施、农艺措施、机械措施、高技术措施“五措并举”，蓄水、保水、节水、管水、科学用水“五水齐抓”，山、水、林、田、路“五字统筹”。

第三，生产无公害农产品。无公害农业是20世纪90年代出现在我国的一个新提法。无公害农业的内涵主要体现在两个方面，一是在农业生产过程中，不过量施用农药、化肥以及其他固体污染物，对土壤、水源和大气不产生污染；二是在没有受到污染的良好生态环境下，生产出农药、重金属、硝酸盐等有害物质残留量符合国家、行业有关强制性标准的农产品。同时，生产加工过程不能对环境构成危害。无公害农业的核心是无公害农产品，这些产品是在洁净的环境中生产的，并且在生产过程和加工过程中禁止使用化学制品。

第四，发展白色农业。白色农业是生态农业的希望，积极发展白色农业，就是一个依靠生物工程解决农业发展问题的新思路、新办法。白色农业依靠人工能源，不受气候和季节的限制，可常年在工厂内大规模生产。它节地节水，不污染环境，资源也可以综合利用。白色农业的科学基础是“微生物学”，其技术基础是生物工程中的发酵工程和酶工程。白色农业的生态性特征明显，即白色农业有利于保护自然生态环境。由于白色农业多在洁净的工厂大规模进行，受自然界气候条件影响较小，所以可以节约大量的耕地，真正实现退耕还林、退田还湖。发展工业型白色农业既可以保障未来人们的食物安全，又可以保护生态环境，是农业持续发展的重要途径。

（三）发展生态服务业

生态文明建设的正常进行，离不开生态服务业的健康发展。我们应该把发展生态服务业放在经济社会发展的重要位置上，以增加就业、扩大消费，并通过市场化、产业化、社会化、城镇化来带动生态服务业的发展，提高生态服务业在国民经济中的比重。

第一，旅游业。发展生态旅游业，就要从生态景观、生态文化和民族风情三大主题入手，在旅游线路、景区的规划上做足文章，以优化配置旅游资源。鼓励“生态旅游城市”的创建活动，加大对生态旅游产品的开发，使生态旅游产业形成一定规模，成为生态服务业中的“重头戏”。对生态旅游业要加大投入力度，并用优惠的政策做保障，把众多的投资主体吸引到生态旅游业的开发上来，形成以政府为主导，以企业为主体的投融资机制。要切实加强生态旅游队伍的建设，对生态旅游专业人才加强培训，在生态经营方面实施严格管理，以提高服务质量，赢取社会的信誉。要不断加强与周边省区的联系与交流，实行跨地区、跨景点的生态旅游联销经营，积极拓展生态旅游市场，争取创立一批极具影响力的生态旅游精品。生态旅游业有三个方面的作用：“经济方面是刺激经济活力、减少贫困；社会方面是为最弱势人群创造就业岗位；环境方面是为保护自然和文化资源提供必要的财力。”[1]生态旅游业以旅游促进生态保护，以生态保护促进旅游，它是一项科技含量很高的绿色产业。故首先要科学论证，否则，将造成不可逆转的干扰和破坏；其次，要规划内容，使生态旅游成为人们学习大自然、热爱大自然、保护大自然的大学校。

第二，商贸流通业。发展商贸流通业就是要在主要产品集散地，形成大宗生态商品的批发贸易，加强生态产品市场的建设，扩大其经营规模；可以采用连锁直销、物流联运、网上销售等方式，提高生态商贸流通的质量和效益。

第三，现代服务业。要不断完善涉及生态产品市场的运作与经营，培育和发展生态资本市场，扩大金融保险业的业务领域，促进现代服务业的完善。积极发展地方性金融业，推进证券、信托等非银行金融机构的建设；加快发展会计、审计、法律等中介服务，提高生态服务业的整体水平。在社区，生态服务业要重点放在以居民住宅为主的生态化的物业管理上，引导文化、娱乐、培训、体育、保健等产业发展，使社区的服务业自成体系，形成各种生态经营方式并存、服务门类齐全、方便人民生活的高质量、高效益的社区服务体系。

---

[1] 黄顺基．“生态文明与和谐社会建设”笔谈 [J]. 河南大学学报，2008（6）.

第五章

社会制度的完善与生态文明建设的法治路径

生态文明制度是指一切有利于支持、推动和保障生态文明建设的各种引导性、规范性和约束性规定和准则的总和。改革开放以来的30多年间，我们党带领全国各族人民奋力进行经济建设，将社会财富这块“大蛋糕”做得越来越大，国家综合实力也跃居世界前列，人民生活水平普遍得到了较大提升。但是，粗放型的经济发展模式已经使得资源、环境难以为继，蓝天白云、青山绿水日益远离我们，生态系统岌岌可危，由环境引发的群体性事件逐年增多。面对发展中出现的诸多问题，生态文明制度建设成为当务之急。

第一节　社会制度的完善与我国生态文明建设

资本主义的工业化大生产虽然给人们带来了极其丰富的物质产品，但它却存在着既毁坏自然，又扩大贫富差距这两个巨大的副作用。资本主义的工业化生产持续不断地重复着这两个副作用，并且不具备本质上的自我纠正能力。与这些资本主义国家相比，中国有两个优势：一是中国加入自由市场游戏的时间比较短，尽可吸取他们的经验教训；二是中国政府尚未被强大的私营企业所垄断。这就意味着，中国可能有机会另辟蹊径，从而在享有市场经济的要义精髓的同时，避免资本主义的弊病。当今社会的生态危机体现着人与自然关系的危机，也体现着人与人关系的危机。无论哪种形式的危机，其实都是维持社会正常运转的制度发生了危机。而解决问题的出路，在于人们对已有的消费方式和社会制度的改善，对社会生产、分配和消费关系的转变，以及新发展理念的树立上。

一、坚持社会主义基本制度是生态文明建设的首要前提

（一）坚持以公有制为主体、多种所有制共同发展的经济制度

我国的基本经济制度是以社会主义公有制为主体、多种所有制经济共同发展的经济制度。党的十五大报告指出：根据我国国情，中国现在处于并将长时期处于社会主义初级阶段。从中华人民共和国成立开始，特别是改革开放三十多年的发展，我国生产力水平大幅度提升，经济社会发展以及群众的物质文化生活水平都取得了长足进展。但是由于长期忽略了对生态环境的保护和治理，生态危机也随之而来，经济社会发展受资源环境约束性加剧。总的说来，我国的人口多、底子薄，区域发展不平衡，生产力水平的多层次性和总体上不发达的状况没有根本改变。社会主义的根本任务是发展社会生产力。由于生产力诸要素都受到生态危机的影响，特别是生产资料和劳动者更是如此，所以在新世纪、新阶段，面对新形势、新任务，尤其要集中力量发展生态生产力摆在首要地位。建设中国特色的社会主义经济，就是在社会主义条件下发展市场经济，不断解放和发展生产力，这就要求坚持和完善社会主义公有制为主体、多种所有制经济共同发展的基本经济制度。

我国是社会主义国家，坚持以公有制为主体的所有制，包括土地、森

林、水源、滩涂、草原等在内的资源为全体社会成员共同所有，人们共同占有生产资料，共同劳动，共同占有劳动成果。生产资料公有制是社会主义经济制度的基础，它引导并推动着经济社会向前发展，确保最广大人民群众根本利益的实现。坚持以公有制为主体的经济制度，对于控制国民经济的命脉，确保国家的经济安全、生态安全，发挥社会主义制度的优越性具有重要作用。坚持以按劳分配为主体的分配制度，是与社会主义初级阶段的生产力发展水平，即与我国现阶段的国情相适应的。生产资料公有制是社会主义实行按劳分配的前提条件。在公有制内部，人们不能凭借对公有生产资料的所有权而无偿占有他人的劳动成果，从而使个人消费品的分配更加有利于保护劳动者的合法权益，维护生态环境的健康发展。生态文明的内涵丰富，既与可持续的经济发展模式相联系，也与公正合理的社会制度相联系。因此，生态文明建设既包含社会政治制度建设、社会经济制度建设，也包含自然生态建设，是人、社会、自然相互协调的有机整体。

当前我国正处于由工业文明向生态文明的过渡时期。如果说工业生产是工业文明的主要特征，那么，生态生产就是生态文明的主要特征。以公有制和按劳分配为主体的经济制度为生态生产的发展提供了可能和保障，它避免了私有制所带来的短期行为和唯利是图，体现了社会主义的优越性，使生态文明成为社会主义应有之义。

非公有制经济是我国经济发展的重要力量，是社会主义经济的重要组成部分。在生态文明建设过程中要充分发挥非公有制经济的积极作用，党的十八大明确提出，加强生态文明建设、建设美丽中国。同时毫不动摇地鼓励、支持、引导非公有制经济发展，保证各种所有制经济依法平等使用生产要素、公平参与市场竞争、同等受到法律保护。党的十八大三中全会提出，要紧紧围绕建设美丽中国深化生态文明体制改革，加快建立生态文明制度。森林有“地球之肺”的美誉，加强林业建设是经济社会发展的需要，也是实现美丽中国的需要。民营企业在绿化国土、发展林业方面可以有所作为。要认真贯彻落实党的十八大关于发展非公有制经济和推进生态文明建设的安排部署，鼓励非公经济大力参与林业发展，全面提升生态林业和民生林业的发展水平。森林的生态价值和经济价值都非常重要，大力发展林业不仅关系民生福祉，也关系国家的未来。当前，全球经济持续低迷，国内市场竞争激烈，生态危机的威胁日益加剧，发展林业产业对民营经济有着巨大的吸引力，特别是在木本粮油、林业经济、森林旅游等方面，民营企业有着巨大潜力。

（二）坚持人民当家做主的社会主义政治制度

1. 人民当家做主是生态文明建设的生命

实现人民当家做主是中国特色社会主义民主政治发展的根本目的。社会主义民主的本质就是人民当家做主。人民当家做主，既是对中国政治发展目标的揭示，也是生态文明建设的生命，人民群众在生态文明建设中起着重要的作用。

第一，人民群众是生态文明建设的根本力量。马克思主义认为，人民群众是历史的创造者，是历史的主人，是历史不断进步的根本动力。人类社会的全部财富，包括物质、精神、生态等方面，归根结底都是人民群众创造的。人类社会要建设生态文明，实现自由全面发展的共产主义社会，最终要通过无产阶级领导广大人民群众来完成。

第二，发挥统一战线在生态文明建设中的重要作用。统一战线历来是我们党的重要法宝，在中国革命、建设、改革的各个历史时期发挥了重要作用。巩固广泛的统一战线既是我们党进行革命和建设的基本经验，也是新时期生态文明建设的客观要求。在新世纪新阶段，要全面推进中国特色社会主义事业，实现中华民族的崛起，我们还面临着许多的困难和问题：城乡、区域、经济社会发展的不平衡，环境污染的不断加剧，贫富差距的日益扩大等问题普遍存在。这些问题的解决，仅靠党员干部是远远不够的，必须不断加强统一战线工作，巩固并发展最广泛的爱国统一战线，调动社会各方面的积极性和创造性，凝聚全体中华儿女的智慧和力量，只有这样，中国特色社会主义事业才能立于不败之地，生态文明建设才有实现的可能。

2. 党的领导是生态文明建设的根本保证

办好中国的事情，关键在党。中国共产党的性质决定了党的宗旨是全心全意为人民服务。党既代表工人阶级的利益，同时也代表全体中国人民和整个中华民族的利益。生态问题是涉及国计民生的重要问题，只有为人民服务，党才有存在和发展的意义。在当代中国，一切从人民的利益出发，立党为公、执政为民；情为民所系，权为民所用，利为民所谋，是党坚持根本宗旨的必然要求。在建设生态文明、克服生态危机、构建和谐社会的过程中，必须要坚持和改善党的领导。中国共产党是中国特色社会主义事业的领导核心，是领导生态文明建设的核心。在执政条件下，党对国家政治生活的领导主要是通过把党的意志上升为国家的意志来实现的。积极探索环境保护的新道路，就要学会从源头上控制，从国家战略的高度上为解决生态问题提供支持。为此，国家就要制定并实施一系列的战略，包括科技、人才等方面，也要加快转变经济发展模式，积极建设“两型社会”，走新型的工业化道路，既提高发展的质量，又降低对资源的消耗以及对环境的污染。这就需要国家在优化产业结构、优化国土空间结构和加快科技创新上下工夫。在优化产业结构方面，要着力发展生态农业，绿色产业和循环经济，调整能源结构，促进产业结构的升级。在优化国土空间结构方面，要恰当地处理经济与环境之间的关系，建立完善的开发评价体系和政策体系，进一步确认环境功能区划，提高环境保护的效率。在加快科学技术创新方面，要鼓励自主创新，加快工农业生产方面生态化技术的创新，全面提高经济发展与环境保护的科技含量。生态文明建设彰显了我们党为谁执政的价值取向，表征了怎样执政的科学向度，也蕴含了长期执政的坚实基础。

、改革社会主义具体制度是生态文明建设的体制保障

社会主义生态文明建设需要一系列完善的社会主义具体制度与之相适应，并作为其体制保障长期存在，离开这些具体制度，社会主义生态文明建设就会因为失去了保障而流于形式或者失去应有的效用。

（一）完善社会主义市场经济体制

目前，我国正处于由传统的计划经济向社会主义市场经济过渡的阶段。改革开放以来，虽然我国在经济社会发展方面取得了很大成就，但也出现了许多问题。在人与自然的关系上，主要表现为对自然资源的掠夺及污染。为了克服经济发展带来的生态问题，我们必须不断完善社会主义的市场经济体制，充分发挥社会主义市场经济的特点和优势。

1. 处理好计划和市场的关系

生态文明建设不是一项孤立的政治或社会运动，它需要各方面的配合与协作。生态文明建设要求政府在制定和执行其他方面政策的时候，一定要将生态保护的要求融入其中，即政府必须坚持综合决策的基本原则。政府应该加快建立经济、社会、生态相互协调、共同发展的综合决策机制，在涉及生态保护的经济与社会发展的短期计划和长远规划中，增强在经济发展、资源利用与环境保护方面的决策能力和协调能力，体现生态文明建设的发展要求。一方面健全环境影响评价体系，另一方面推广可持续发展的指标体系，以建立覆盖全社会的资源循环利用机制。这样，在体制和机制的不断创新和发展中，从根本上解决危害人民身心健康和社会发展的环境问题。

2. 处理好效率与公平的关系

完善社会主义市场经济体制，克服片面追求经济增长的效率观。在

由计划经济向社会主义市场经济的转型过程中，如何处理好公平与效率的关系问题成为影响经济社会的重大问题。因此，我们要真正贯彻和落实科学发展观，实现效率与公平的辩证统一。效率与公平不是相互排斥的，它们处于对立统一的状态之中。如何实现二者的辩证统一是我国当前和今后实现最大多数人根本利益的必然要求。在由计划经济向社会主义市场经济转型过程中，我们应该坚持贯彻和落实以人为本的科学发展观，从实际出发，辩证地处理好效率与公平的关系，促进经济社会的可持续性发展，从而实现最大多数人的根本利益。

3. 处理好先富与后富的关系

共同富裕是社会主义区别于以往社会、体现社会主义优越性和本质的东西。邓小平曾经把实现全国人民的共同富裕作为社会主义的目的来论述，指出公有制和按劳分配的主体地位决定了社会主义应当是共同富裕的社会，公有制和按劳分配是实现共同富裕的根本保证。完善社会主义市场经济体制，要处理好先富和后富的关系。

社会主义市场经济可以实施有效的宏观调控手段，特别是在资源能源的分配、污染治理的成本分配、国家发展计划等方面，这有助于消除两极分化，实现共同富裕。面对社会转型阶段的贫富分化现象，我们应该本着科学发展的基本要求，发挥社会主义制度的优越性，逐步加以解决。一方面，对先富起来的阶层实施保护并加以约束。对于通过诚实劳动和合法经营、通过采用先进技术、提高资源能源利用效率而致富的先富阶层，对于他们在生产力发展和经济社会进步中的贡献加以鼓励和肯定。同时，要通过相应的法律法规确保这些人的合法利益不受侵害，使他们在经济社会发展中继续发挥作用。而对于那些通过攫取自然资源、污染环境、转移企业生产成本的不正当致富者，必须施以道义上的谴责，并进行必要的法律制裁，把他们给国家的整体利益和长远发展造成的负面作用和消极影响降到最低，这些现象是当今经济社会发展中众多问题的根源所在。这一部分人虽然“富裕”了，但他们并未真正创造财富，只不过是对社会财富进行了不正当的转移或破坏。在进行必要的道德评判与社会主义市场经济体制不断完善的条件下，扶正祛邪，使社会有机体健康发展。另一方面，对于仍然处于贫困的阶层要实施必要的帮扶，并鼓励其自力更生。共同富裕是社会主义必须坚持的基本原则，邓小平指出，贫穷不是社会主义，两极分化也不是社会主义。解决贫困、实现共同富裕是当前和今后的战略任务，也是社会主义的本质表现和价值取向，不能简单地用经济成本与收益的高低来衡量，而应该尽力帮助贫困阶层，改变那些造成贫困的客观因素，给他们创造一个自我发展的好环境。当然，内因在事物的发展中起着关键作用，要鼓励贫困阶层自力更生、艰苦奋斗，充分发挥主观能动性，借助于外部的帮助尽快地发展自身，实现富裕，从而在全社会形成强大的凝聚力，促进经济社会的健康长久发展，把我国建设成为富强、民主，文明的现代化国家。

（二）完善生态环境公众参与制度

环境保护涉及每个人的利益，具有公共事务的基本特点。公众是环境保护的最大受益人，拥有保护环境的最大动机。作为人类历史发展的主体，公众应该在保护环境方面发挥其积极作用。环境保护的参与主体，不能只局限于国家和政府机关，还应包括社区、企业、民间团体等。环境保护的参与方式，不能只局限于传统的立法、监督，还应包括听证会制度、公益诉讼制度、志愿者服务等。保护环境是基本国策，而公众参与则是保护环境的重要手段。

1. 公民的环境参与权要通过宪法和法律来实现

宪法应该充分保证公众的环境参与权。作为公民基本权利的环境权如果写入宪法，对于人民群众环保意识的提高将会大有裨益，可以使环境保护能够直接从宪法中获得收益，环境权得到充分行使。同时，也要在部门法中对群众的环境参与权做出明确的规定，这是公众参与环保的实体性依据。我国应该把环境权纳入公民的基本权利之中，并通过相应的法律加以确认和体现。有学者这样概括公民的环境权：中华人民共和国的公民有权享有健康舒适的环境，有权合理利用自然资源，有权参与国家环境管理和决策。

2. 公开环境方面的信息，保障公民的知情权

政府机关应该利用多种方式或手段，向公众公布环境信息。公众只有获得了环境方面的信息，满足了其知情权，才能够采取切实有效的措施，保护自身环境利益的实现。也就是说，能否获得环境保护方面的信息是公民能否正确地参与到环境保护运动中来的前提，即环境信息的获得是公众参与环境保护和管理的基础和先决性条件。国家应该不断地完善环保方面的法律法规，使人民群众熟知其内涵，引导群众积极参与到环境保护的实践中去，才能够在相互对照中进行判断，揭露不利于生态环境的不法行为，维护社会、经济、生态的正常发展。政府应该创造更好的条件以方便群众的参与，激发群众参与环境保护的积极性，更好地为社会主义现代化建设和小康社会的实现服务。

3. 实施环境诉讼权，完善公益诉讼制度

权利的顺利实施离不开社会保障体系，只有不断地完善社会保障体系，才能够保障公众参与权的有效行使。建立公益诉讼制度是世界各国普

遍采用的、用来保障公众环境权的基本方法。我国法院应积极处理涉及环保的相关案件，不断完善环境方面的法律法规，引导公众积极地参与环境管理，建设社会主义生态文明。

（三）完善生态环境方面的法律法规体系

法律具有稳定性、强制性、公开性、权威性等特点，法律手段是国家调控政治、经济与社会发展的最高形式，它具有其他手段所无法达到的作用和力度。生态文明建设离不开法制建设的保障。法制建设的加强，不仅体现在生态文明相关法律法规的制定上，还体现在其他法律是否与生态文明的基本要求相一致上。

三、生态 治化是生态文明建设的有效途径

所谓生态政治化，就是把生态问题上升到政治问题的高度，使政治与生态相互融合，共同发展，并把促进人类社会的可持续发展作为它的最终目标。政府的决策行为在解决生态危机方面起着至关重要的作用。政治的生态化过程同时也是政治文明的发展过程。政府的政策、法令、规章、发展模式等对生态环境保护产生直接的影响。为了保持自然的健康持续发展，政府应该充分发挥其主导性作用，一方面要利用各种手段，提高公众的生态素质；另一方面要通过对生态化思想的教育或灌输，改变人们对物质享受的无节制追求，养成国民新的生态政治观。

（一）国家对生态文明建设的关注

生态文明建设需要国家、集体和个人多方面的不懈努力，其中在国家层面施加的是一种整体性影响，它起到一种导向作用，对一个国家或地区的生态环境质量的走向有着决定性影响，特别是在相关路线方针政策的制定、执政党执政理念的改变上。

1. 制定科学的生态文明发展规划

制度设计在生态文明建设中具有举足轻重的地位，它是一个系统性工程；在这个系统性工程中，对政府的制度设计是最根本的。政府应该从市场经济原则和可持续发展要求出发，为人民创设良好的生态环境，尽可能培育由多元化主体参与生态环境建设的市民社会。在生态环境治理中政府责无旁贷，但是，其对资源环境的控制能力却是有限的，而不是无限的或垄断的；在生态环境治理和建设上，政府应该遵循民主化和科学化的原则，把对环境的治理和建设纳入法治化轨道；合理地调节投入和产出比例，尽可能地以最小的支出获得最大的收益；在政策体系和法律体系建设上，政府应该建立生态文明建设的综合决策机制，用政府的权威尽量减少

生态环境的破坏。政府在制定经济社会的发展规划和做出重大经济行为时，要充分发挥综合决策的作用，把生态环境目标和经济发展目标结合起来，从源头上解决危害生态环境的各种破坏问题。政府应该利用宏观调控手段引导生态建设，包括：扶持性政策，如对生态型项目开发的引导；刚性约束政策，如对破坏性经营的遏制；资源补偿性政策，如对生态植被的恢复；科技投入政策，如对生态文明建设的智力支持。政府一方面要把生态文明的内在要求具体化、法制化，使自然资源的利用得到法律保障，避免“公有地悲剧”的发生，以确保生态文明的健康发展；另一方面，政府应该强化环境法律的实施，在对环境的破坏上做到执法必严，违法必究，以保护人民群众的环境权益不被侵犯。

2. 创新执政理念，建设生态型政府

一个政府能否向着生态化的方向转变，关键要看其执政理念创新与否。在执政理念上，生态型政府应该实现从以民为本的公民导向到和谐共生、生态优先的转变上。以人为本体现着政府管理的基本价值诉求，在政府治理的过程中，能否关注民生成为判断一个政府是不是服务型政府的基本价值理念。生态型政府体现着政府更高水平的创新，以及面对生态危机时的理性选择，所以从价值选择上看，它是更高水平人文关怀的体现。人与自然之间和合共生的实现，离不开生态优先的执政理念的支持，这既是和谐社会建设的内容，也是实现生态文明建设的重点。

我们需要从提高党的执政能力和应付风险能力，创新环境管理和监督体制，强化环保工作，实现在立法、规划和监管的统一上入手，促进生态文明建设的顺利发展，特别要增强基层政府的环境管理和调控能力，建立健全对危害人们身心健康、危及经济社会发展与环境安全的各种有效监控体系，以确保人们的身心健康与环境安全。同时，各级政府要加强对市场的引导，逐步建立涉及自然资源环境的有偿使用机制、损害赔偿制度和价格形成机制，规范环境保护基础设施建设，培育市场的运营和管理机制，研究探索由资源税费、环境税费构成的“绿色税收”体系和资源、环境使用权的交易制度，逐步形成有利于资源节约和环境保护的市场运行机制。政府要健全科学合理的评价指标体系和部门协调机制，特别是对一些有重大影响的开发和建设项目如PX项目、钼铜项目、聚乙烯项目等，要进行充分的论证和环境影响评价；要大力发展循环经济，完善各种资源的循环利用。各级政府要建立健全环境保护机构，加快研究环境保护机构发挥作用的机制和方法，提升环境保护队伍的执法水平，使我国的环境管理走向科学化、规范化、现代化，确保环境保护工作的有序进行。

（二）发挥各级地方政府生态环境管理职能

地方政府作为各级基层管理单位和权力机关，在生态文明建设的操作层面上具有更强的现实性。

1. 加强政府的生态管理职能

加强政府的生态管理职能，就是要求实现各级政府行为的生态化。政府既具有管理社会、为社会提供公共服务的职能，也有为国家经济的发展，对社会经济生活实施管理的职能。所以，政府的行为对于国家的政治民主、经济发展、社会稳定、生态保护等方面都具有重要意义。生态文明是全人类的文明，超越国家或阶级的界限，不是哪一个阶级或国家独有的文明，它具有明显的公共性。政府具有履行生态文明建设的重大责任，否则，政府行为的公共性特征就会流于形式。实际上，政府行为的生态化就是要求政府把生态保护的内容和要求融入政府的决策、管理和考核等环节中，在政府行为中实施生态文明建设。政府的决策要生态化，因为政府的决策是事关政府工作及其成效的关键。政府的生态决策可以直接影响环境保护，也可以通过经济的发展和公众的行为间接地影响环境保护。政府的执行要生态化，因为国家生态政策的执行不可避免地会遇到障碍，这就要求国家机关的工作人员要提高对生态问题的认识水平和能力，并坚决贯彻国家的生态保护政策，做到立党为公、执政为民，不断提高政府服务社会的水平、应对变化的能力，开创生态文明建设的新局面。政府的施政考核要生态化，这就要求考核干部时要把施政行为所引起的生态效应算入其中，既不忽略经济的发展，也不轻视政治、文化、社会、生态等的全方位发展。

2. 协调地区之间的经济发展和环境管理

随着我国社会主义市场经济的逐步发展，以及科学发展观的深入贯彻，政府应该制定宏观的可持续发展战略，通过完善相应的运行机制，营造公正平等的发展环境，缩小地区之间的差距。在我国，区域发展的不平衡是摆在我们面前的基本国情，由于中部、东部、西部地区的地理条件差距大，自然禀赋不同，各地经济、文化的发展极不平衡。自然界生态系统具有整体性和相互联系性，生态问题也往往是跨越行政区划的。一般来说，西部地区是我国大江大河的发源地，上游地区的生态环境如何，在很大程度上影响着中下游地区的生态环境和经济发展状况，一个好的环境可以为经济的发展提供良好的资源保障。“南水北调”、“西气东输”、“西电东送”等工程都是涉及国计民生的重要规划，处理不好，容易引发一系列的社会问题。按照邓小平“两个大局”思想的部署，东部地区率先发展，东部地区在发展的过程中得到了西部地区自然资源、人力物力等各方面的支持。根据受益者付费的基本原则来说，中央政府有必要也应当从宏观上进行调控，通过财政支持、政策倾斜等为西部地区的发展营造公平的社会环境。在生态环境领域，政府应该尽快完善生态补偿机制，由受益地区出资，补偿西部欠发达地区，来促进西部地区的经济社会发展，也修复或保护西部地区的生态环境。

3. 生态管理中各种手段的综合运用

生态文明建设是一个涉及经济、政治、社会、文化等诸多方面的总体性建设，生态管理是生态文明建设中的重要内容，它存在于社会生活的诸多领域，生态管理手段也多种多样，不一而足。一般来说，生态管理手段包括法律手段、经济手段、行政手段、技术手段、教育手段等。

第一，法律手段。这里的法律手段是指政府管理者依据相关的涉及生态环境的法律法规，约束人们的经济和社会行为，保护自然资源环境，促进生态文明建设的手段。生态文明建设离不开法律法规的规范和约束作用的发挥。政府应该加强生态管理，控制污染的上升、确保自然资源利用的合理性和合法性，维护生态平衡。法律手段是经济手段和行政手段得以贯彻执行的制度保障。

第二，经济手段。这里的经济手段是指政府管理者利用经济杠杆来进行生态管理的手段，如财政、税收、信贷等。就财政政策而言，政府应当在涉及生态环境方面的财政政策上加大扶持力度，通过相应的财政支出来鼓励生态文明建设，如在森林、土壤、水源等的开发利用上进行财政倾斜，鼓励生态技术与生态产业的发展，维护生态环境。同时，政府要增加绿色基金，用于帮助企业维护生态环境和减少企业的损失。并在实施中贯彻执行“污染者付费”和“不污染补偿”原则，激励企业朝着绿色生态方向发展，所以，政府应运用财政政策加强生态管理。

第三，行政手段。这里的行政手段是指各级行政机关运用其行政权限，依法建设生态文明的手段，如命令、指示和指令性计划等，是按行政系统、行政区划、行政层次来管理生态文明建设的一种方法。在生态文明建设中，各级行政机关应该对其所管辖的领域和部门进行监督和管理。之所以强调行政手段的运用，是因为它的强制性、影响力可以触及经济手段和法律手段所不能及的地方，所以，行政手段是建设生态文明不可或缺的手段。

第四，科技手段。这里的科技手段是指各级政府应该鼓励涉及生态环境的技术的发展，通过技术手段来解决经济社会发展中遇到的生态问题，当今先进的技术如海洋生物技术、电子信息、新材料、新能源、生物制药、环保节能等方面都是大力支持的重点。

第五，教育手段。这里的教育手段是指通过生态教育，使人民群众认识到生态环境的现状，增加生态危机意识，也通过教育使人们保护生态环境的行动变成一种自觉行动，物化在平常的工作学习生活中，这是生态环境教育的初衷。

第二节　生态文明及其对环境法治的启示

一、西方国家环境法治建设的实践

在工业革命之前，欧洲就出现了以治理公共卫生和防止污染为目标的法律。最早的环境法一般都是用来限制都市化和人口集中带来的环境卫生和空气污染问题以及农业生产方面的环境问题的。早在1821年，英国就颁布了《蒸汽机车防止环境污染法》，接着又颁布了《碱业法》（1863年）、《河流防污法》（1876年）、《公共卫生（食品）法》（1907年）等。美国于19世纪就颁布了《港口管理法》（1888 年），后来又有了《河流与港口法》（1899年）和《石油污染控制法》（1924年）等较早的环境法律法规。日本也是从法律方面强调环境保护较早的国家，比如说，有《矿业法》、《河川法》（1896年）、《农药取缔法》（1948年）等。随着西方工业化进程的加快以及工业化影响的不断加深，环境污染、自然资源的损耗和生态平衡的破坏日益严重，迫使各国政府不得不采取各种有力措施，各工业国家相继制定了以控制环境污染、防止生态破坏为目标的环境法，并逐步建立起了各具特色的生态。

20世纪中叶后，发达国家污染问题的日益严重使环境法得到了迅速发展。另外，随着人们环保意识的增强，西方国家也出现了以保护自然为旨归的法律规定。20世纪50年代末，日本制定了关于保护水质和防止水污染的《水质综合法》和《工场排水法》（1959年）。1962年又制定了《煤烟控制法》。“水俣病事件”“四日市事件”“骨痛病事件”等环境恶性事件使日本举国上下意识到了公害问题的严重性，政府开始着手制定综合性、计划性的公害对策。1967年，日本颁布了《公害对策基本法》，并开始走上综合防治公害的道路。日本在1972年制定了《自然环境保全法》。在1993年制定的《环境基本法》中，明确确立了“健全地享受与继承环境给人类带来的恩惠、构筑给环境以最小负担的可持续发展社会，以及通过国际间的协调积极推进地球环境保全”的基本理念，为日本生态安全保护法律制度体系的形成提供了基本指针。

瑞典是世界上最早开展环境保护的国家之一。早在1964年即颁布了第一部环境保护法律，1990年又成立了环境保护部，使环境保护在整个国家经济社会发展中的地位得到了提高。1999年，瑞典的环境法典草案开始实施，该法整合了15部环境法律法规，共33章，近500个条文。

美国第一个关于污染防治的法律是1899年的《河流与港口法》，随后又颁布了《联邦杀虫剂法》（1910年）、《防止河流油污染法》（1924年）、《联邦食品、药品和化妆品法》（1938年）等有关环境保护的法律法规。20世纪50年代前后，由于环境污染事件的不断增多，美国开始重视联邦的污染防治立法，先后颁布了《联邦水污染控制法》（1948年）、《联邦杀虫剂、灭菌剂及灭鼠剂法》（1947年）、《原子能法》（1954年）、《联邦大气污染控制法》（1955年）、《联邦有害物质法》（1960年）、《鱼类和野生生物协调法》（1965年）、《空气质量法》（1967年）、《自然和风景河流法》（1968年）等法律法规。

美国在1969年制定的《国家环境政策法》作为美国环境保护的基本法，标志着美国的环境政策和环境立法进入了一个新的阶段，实现了从治理为主到预防为主的转变。随后，美国又颁布了《环境质量改善法》（1970年）、《美国环境教育法》（1970年）、《海岸带管理法》（1972年）、《海洋哺乳动物保护法》（1972年）、《海洋保护研究及禁渔区法》（1972年）、《联邦环境杀虫剂控制法》（1972年）、《噪声控制法》（1972年）、《安全饮用水法》（1974年）、《濒危物种法》（1973年）、《联邦土地政策及管理法》（1976年）、《有毒物质运输法》（1975年）、《资源保护与回收法》（1976年）和《有毒物质控制法》（1976年）。进入80年代后，美国进一步加强了能源、资源和废弃物处置方面的立法。完善的立法和司法体系使得美国在保持经济高度繁荣的同时，保持了良好的环境状况。

通过环境法律、法规的制定与实施，以外在的强制性法律手段来治理环境问题，重视法治对于生态建设的制度保障作用，是目前市场经济国家普遍实施的、相对有效的环境管理措施，也是发达国家在生态建设方面的基本经验。

、环境法治经验借鉴

发达国家的生态法治建设为我国处理环境问题、建设生态文明提供了可资借鉴的经验。

中国在法治建设过程中以及在应对和处理环境问题的过程中亦走上了生态法治建设的道路。1997 年召开的中国共产党第十五次全国代表大会通过议案，将“依法治国”确立为我国治国的一项基本方略，将“建设社会主义法治国家”确定为社会主义现代化的重要奋斗目标之一，并规定了我国建设社会主义法治国家的主要任务：以提高立法质量为中心，全面加强立法；以依法行政为标准，严格执法；以维护司法公正为目标，推进司法改革；以增强法治观念为基础，加强法律教育，建设社会主义法治国家。总之，“依法治国，建设社会主义法治国家”是我国总结历史经验后确立的重要治国方略，是中国共产党在新时代背景下执政方式的根本转换。自此，中国开始重视法治社会的构建。1997 年，在实施依法治国方略后，我国的环境保护工作也逐渐走上了法治化轨道。这是我国生态法治建设的起点。可以说，20 世纪末开始的法制建设为我国的生态法制建设奠定了基础。

随着环境危害的日益凸显以及公众对该问题关注度的不断提高，国家将环境保护和能源开发等生态问题放到了更高的战略地位。我国从20世纪70年代开始致力于环境保护事业，并将环境保护列为一项基本国策。在1994年，我国制定了《中国21世纪议程》，该议程涉及了我国可持续发展的战略目标、战略重点以及可持续发展的立法和实施等问题，是中国环境保护事业发展的重要里程碑。在生态法治理念方面，我国确立了可持续发展的指导思想，并将建设生态文明作为生态法治建设的目标。2005年，国务院在《关于落实科学发展观加强环境保护的决定》这一报告中指出，为全面落实科学发展观，加快构建社会主义和谐社会，实现全面建设小康社会的奋斗目标，必须把环境保护摆在更加重要的战略位置。2007年，党的“十七大”提出了建设“生态文明”的宏伟蓝图，试图通过生态文明建设实现经济、社会、环境的协调和可持续发展。生态文明的发展道路是我国应对生态危机、反思现代发展观念后的理性选择，生态文明概念的提出，为我国的生态法治建设提供了思想基础和奋斗目标。

生态法治既意味着法治理念在环境保护领域的贯彻实施，也意味着生态学和生态主义价值观对法律体系的影响和渗透。

生态法治首先要实现法治的生态化，是法治精神在环境保护领域的体现。法治精神的核心包括：宪法和法律的尊严高于一切；在法律面前人人平等；一切组织和机构都要在宪法和法律的范围内活动；立法要发扬民主，法律要在群众中宣传普及；有法可依、有法必依、执法必严、违法必究。生态法治是生态理念与法治理念在新时代背景下的有机结合，是一种理想的应然状态，是在法治建设过程中法治不断趋于生态化的一个过程，是生态理念在法治建设领域的具体实现，也可以说是法治理念在环境保护领域的贯彻实施。法治的生态转向是应对环境危机的产物。实现生态法治的目的是协调人与自然的关系，维护和实现自然生态平衡，依法治理和预防环境污染和生态破坏。

生态法治是个系统结构，包括生态法治理念、环境立法、环境司法、环境执法、环境守法和环境法律监督等方面。生态法治要求各行政机关在立法、司法和执法过程中要充分考虑到保护环境、防治污染、合理利用和保护自然资源的生态要求，通过相应法律规范的制定和实施，对社会关系进行调整，以期实现人与自然的生态平衡。

生态保护不仅需要制定专门的自然保护法律法规，还需要其他有关法律也从各自的角度对生态保护做出相应规定，使生态学原理和生态保护要求渗透到各有关法律中，通过法律对人的行为进行控制和调节，用整个法律体系来保护自然环境。

生态法治建设的根本宗旨则是遏制生态环境恶化，谋求真正的可持续发展，使生态文明建设走上法治轨道。

总之，生态法治的运行涵盖了从环境立法、环境执法、环境司法、环境守法到环境法律监督的各个方面，最终实现环境管理各个环节的法治化和生态化。

在真正的生态法治社会里，无论是政府、企业还是个人，在社会生活中都要严格遵守生态法律，遵循生态要求，依生态法律法规办事。面对日益严重的生态破坏，法治的生态化是建设社会主义法治国家的应有之义，是中国法治进化过程的必然阶段，也是在生态问题日益凸显的社会背景下建设和谐社会的明智之举，更是建设生态文明的必然要求。

第三节　我国环境立法的成就与不足分析

一、我国生态法治建设取得的成就

我国历史上第一部有关环境保护的法律是秦朝制订的《田律》。这一法律文本对农田水利建设以及山林保护等问题都有所涉及，是我国历史上第一部涉及环境保护的成文法典。中华民国时期曾颁布过《渔业法》（1929年）、《森林法》（1932年）、《狩猎法》（1932年）等法规。但在很长时间里，环境保护并未纳入法治轨道。中华人民共和国成立后的若干时间内环境问题仍未引起重视，乱砍滥伐现象十分严重，“大跃进”期间生态环境曾遭受严重破坏。1973年，在周恩来的领导下，召开了第一次全国环境保护会议。从那之后，环境问题才开始受到重视。中国的生态法治进程是从环境法的立法工作起步的。环境保护法是改善环境状况、防治环境污染等法律规范的总称，是环境保护的法律依据。我国的环境立法起步虽然比较晚，但发展却很快。我国环境立法是从防治工业三废污染开始的，注重的是对企业行为的管制。1979年，国家颁布了《中华人民共和国环境保护法（试行）》，并在1989年12月正式实施。《中华人民共和国环境保护法》第一条规定，环境保护法的立法目的是，“保护和改善生活环境与生态环境，防治污染和其他公害，保障人体健康，促进社会主义现代化建设的发展。”

《环境保护法》是中国第一部环境法，也是我国环境保护方面的基本法，内容包括污染防治、自然环境与资源保护两个方面。环境法的保护对象包括大气、水、海洋、自然保护区和风景名胜区等，其保护范围的广泛性决定了环境执法部门的多样性。《环境保护法》依据宪法有关环境保护的规定，并借鉴了国外环境立法经验，规定了环境保护的原则、基本制度和管理措施，还把环境影响评价、污染者的责任、征收排污费、对基本建设项目“三同时”等，作为强制性的法律制度确定了下来。该法的颁布对我国环境保护事业的发展具有非常重要的意义，它为我国环境保护事业进入法治轨道奠定了基础，为实现环境和经济的协调发展提供了有力的法律保障。

在《环境保护法》的基础上，我国陆续制定和颁布了百余部有关环境保护的法律法规，包括环境保护现行法、相关法以及行政法规、地方行政法规等。目前，我国已经基本形成了一个多层次的、涵盖广泛的行政、法律体系。这个体系既包括像《水土保持法》《环境噪声污染防治法》《环境影响评价法》等专门性法律，也包括行政法规层次的《自然保护区条例》，还包括《中国生物多样性行动计划》《渤海碧海行动计划》《中国环境保护21世纪议程》和《中国应对气候变化国家方案》等政府规划和行动计划。再比如说，2006年国家环境保护总局（现为环境保护部）和监察部出台了《环境保护违法违纪行为处分暂行规定》等。这些都是对我国环境法律体系的重要发展。

随着公众环境意识和维权意识的提高，环境诉讼开始成为解决环境纠纷的重要途径之一，公众对环境法方面的需求也越来越多，这也促进了我国环境立法工作的发展。比如说，为了推进和规范环境保护行政主管部门以及企业公开环境信息，维护公民、法人和其他组织获取信息的权益，推动公正参与环境保护，2008年《环境信息公开办法（试行）》正式施行。

2009年，全国人大制定了海岛保护法，确立了科学规划、保护优先、合理开发、永续利用的海岛保护原则。2009年10月1日正式施行《规划环境影响评价条例》。该《条例》规定，国务院有关部门、设区的市级以上地方人民政府及其有关部门，对其组织编制的土地利用的有关规划和区域、流域、海域的建设、开发利用规划，以及工业、农业、畜牧业、林业、能源、水利、交通、城市建设、旅游、自然资源开发的有关专项规划，应当进行环境影响评价。2009年，第十一届全国人大常委会表决通过了《中华人民共和国侵权责任法》。这部法律规定，因污染环境造成损害的，污染者应当承担侵权责任。该法律还规定，因污染环境发生纠纷，污染者应当就法律规定的不承担责任或者减轻责任的情形及其行为与损害之间不存在因果关系承担举证责任。

总之，在30多年的环境法治建设过程中，我国已初步形成了较为系统和全面的环境法律体系。对此，环境保护部部长周生贤在2006年第12期《环境保护》上发表的《全面加强环境政策法制工作，努力推进环境保护历史性转变》一文中指出，“我国已经初步建立起了由宪法、环境保护基本法、环境保护单行法、环境保护行政法规和环境保护部门规章等组成的一个较为完善的环境保护法律体系”[1]。这些环境法律法规体系体现了我们对于环境问题认识的逐步提高，对于在经济建设过程中出现的环境污染和生态破坏的治理和预防工作起到了积极的作用。随着我国政府对环境问题的日益重视以及公众环境意识的提高，良好的生态法治运行机制正在逐步形成。这是这些年来我国生态法治建设取得的成就。

、我国生态法治建设中存在的问题

经过30多年的发展，我国的环境法治框架已初步形成，在环境法治建设方面已取得了一定的进展。但生态法治建设并不完善，还存在很多深层次的问题，致使环境法在环境保护方面并未充分发挥其应有的作用。

第一，生态法治理念尚没有受到应有的高度重视，也没有被普遍接受。部分地区的政府、企业以及个人在行动上仍坚持经济利益至上原则。地方领导干部的政绩考核指标体系没有与生态考核挂钩，致使目前很多地区仍在走“先污染，后治理”的老路，导致一些地区环境与发展的失衡，影响着环境治理工作的顺利进行。另外，目前仍然存在着地方保护主义，

[1] 周生贤.全面加强环境政策法制工作，努力推进环境保护历史性转变[J]. 环境保护，2006（12）.

这表现在很多方面：某些地方的政府为追求经济发展，放松了对部分企业的监督和管理，导致其降低了治理标准，使地方环境不断恶化；在进行重大经济发展规划和生产力布局时没有进行环境影响评价；个别地方政府和部门甚至知法犯法，做出明显违反环境法律规范的经济发展决策。

第二，现行环境法律体系仍不完善。环境法是一个新兴领域，环境法发展的时间较短，还存在很多缺陷。到目前为止，我国已制定了众多的生态环境保护方面的法律、法规，但在环境立法方面，我国环境保护的法律法规仍不适应经济与社会发展的现状，有些领域还存在着无法可依的法律空白情况，而有的领域则存在着立法相对滞后或者立法标准超前的现象。环境法的缺陷主要表现在：法的体系不完善、法的制度不健全、法的可操作性差，不能完全适应可持续发展和依法治国的需要；多数环境资源法律条文的规定过于笼统，可操作性差。因此，现有的环境法律体系、法律规范和地方立法均有待进一步完善。

第三，环境执法不力。环境执法效率低、力度不强是严重影响我国生态法治建设的重要原因。环境执法是国家环境行政机关及其工作人员根据法律授权，依照法定程序，执行或适用环境法律法规，直接强制地影响行政相对人权利和义务的具体行政行为。目前，我国的环保部门是政府的行政执法机关。但是，环境执法机关在执法过程中遇到了很多问题和障碍。比如说，四川的沱江特大污染事故，不仅造成了数亿元的直接经济损失，而且据专家估计，污染事故对当地的环境影响将持续四五年之久，但环境执法部门对污染单位的最高罚款额却不得超过100万元。环境行政处罚的力度明显不够，对企业显然没有多少威慑力。另外，从上杭紫金矿业的血铅超标事件可以看出，目前环保部门的执法力度很弱。环境行政处罚权容许的处罚裁量数额对某些污染企业简直微不足道，起不到迅速、有效地惩戒环境违法的作用，某些地区甚至出现了“违法成本低，守法成本高”现象。

现实状况表明，环境法的实施状况并不尽如人意，还存在着有法不依、执法不严、无视法令、违规建设等问题。生效的环境法律判决常常难以执行，“执行难”问题成为我国环境法治领域的一大痼疾。

第四，公民环境守法意识不强。首先表现为公众环境守法意识不强以及用环境法律来保护自己权利的意识不强，很多人并未将某些破坏生态环境的行为视为违法行为，部分公众仍为了获取自身利益而不惜牺牲生态利益。由于公众的环境法律意识仍比较淡薄，因此，依靠法律手段来解决环境纠纷的方式并未被广泛采纳，很多环境纠纷采用了行政手段的解决方式，进入司法环节的环境诉讼案件比例并不高。

另外，环境司法过程中存在的环境诉讼时间长、举证难、费用高、执行难等问题，导致许多生态环境问题和环境纠纷难以快速、有效地解决。由于公众环境法律意识薄弱，因而对自身合法环境权益仍然认识不足。环境守法工作也难以真正落实。

第五，环境法律监督机制不够完善。经过多年的发展，在环境法律监督方面，我国初步形成了包括立法监督、行政监督、司法监督、舆论监督、政党和社会团体监督、公众监督在内的较为完整的环境法律监督体系。但环境法律监督机制仍存在问题，其中最主要的问题是公众缺乏适当的机会、手段和途径参与环境立法、司法和执法监督，从而影响了公众参与制度的制定和实施。当然，我国环境法律监督机制不完善也与我国民主法治环境不健全有着密切相关。

第六，环境公益诉讼体制仍不健全。尽管2005年12月发布的《国务院关于落实科学发展观加强环境保护的决定》明确提出要研究建立环境民事和行政公诉制度，发挥社会组织的作用，鼓励检举和揭发各种环境违法行为，建立健全环境公益诉讼制度。但对于环境公益诉讼中的很多问题，比如说原告到底是应由检察机关、环境行政机关、环境公益组织还是由公民个人来担当等问题，理论界存在着很多争议。

第四节　我国生态制度文明建设的法治路径

随着我国社会主义法治建设的加快和环境保护力度的加大，生态保护的法律法规将会发挥越来越重要的作用。生态法治建设既是一个复杂的系统工程，又是一个历史的过程。针对我国生态法治建设存在的问题，我国应在完善生态立法、加强生态执法力度、优化司法程序、提高公民环境守法意识、完善公众参与制度和加强监督管理体制等方面加强有中国特色的生态法治建设。

一、坚持用可持续发展原则指导生态法治建设

按可持续发展的要求对环境法进行创新和改造，使其适应生态文明建设的需要。2005年的《国务院关于落实科学发展观加强环境保护的决定》提出了用“科学发展观统领环境保护工作”的发展要求，提出了“经济社会发展必须和环境保护相协调”的基本原则和“强化法治，综合治理”的原则。在生态法治建设方面，应将可持续发展原则贯穿于环境法律体系之

中，将生态文明观以及科学发展观树立为环境法治建设的指导思想。

、尽快完善生态环境法律体系

完善生态环境法律体系，一是要增强环保法规的可操作性和权威性，二是要修改现有环保法律法规中互相矛盾的条款，三是解决“违法成本低、守法成本高”的问题，四是要解决环境法律对环境犯罪行为约束性不强的问题。

加强生态法治建设，需要规范立法，并逐步完善细化相关环境保护法律，使之具体化且可操作。在环境立法方面，应进一步完善环境法律体系，修订现行《环境保护法》，使之真正成为污染防治、自然保护和自然资源保护的综合性基本法律；加强生态法治建设，应尽快弥补法律空白，制定亟须的专门法，如《野生植物保护法》《湿地保护法》等；同时借鉴国外先进经验，做好履行国际公约的国内立法工作。总之，通过完善生态法律制度，健全生态保护法律体系，使环境法律真正成为建设环境友好型、资源节约型社会的法律保障。

三、进一步加强环境执法力度

加强环境执法力度，首先要建立健全行政执法机构，加强行政执法队伍建设，提高行政执法人员的素质；坚持依法行政，规范执法行为，提高执法效率；促进执法程序化、规范化；加大行政执法力度，提高行政执法的权威；要加强行政管理能力建设，实行政务公开，加强廉政建设，提高行政管理水平。

加强环境执法力度，应当使机构和职能设置进一步合理化，妥善处理机构重叠和职能交叉问题，提高环境执法效率。通过明确划分有关部门和地区的职权，避免利益冲突和“权力寻租”，确保环境行政权的公正行使。

另外，加强环境执法力度，要不断提高执法、司法人员的生态保护意识和法律意识，因为执法、司法机关及其工作人员的法律意识水平直接决定着法律是否能被准确执行。执法部门应该通过培训等各种方式增强执法人员的生态法律意识，增强他们执法的责任感、使命感，使其认识到环境被污染、自然资源被破坏、生态严重失衡对国家、社会乃至整个人类的严重危害，认识到对生态的执法、司法保护是一项神圣的事业，从而增强执法、司法机关及其工作人员重视生态保护的自觉性、主动性，以提高生态法律保护的效率。

四、完善生态法治的法律监督机制

监督监管是环境行政管理中的一个重要的环节。如果执法不严，监管不力，环境政策和法律将不会得到有效的实施。在环境法律监督方面，应通过进一步的宣传教育，提高公众的环境法律意识。同时进一步加强司法监督、社会团体监督和舆论监督。另外，也可建立类似于国外“市民诉讼”的制度，使公众能够通过适当的机会、手段和途径参与环境法律监督，通过环境行政监督机制的完善来保障环境法律法规的施行。

五、提高公民的守法自觉性

要通过对公众环境权的宣传教育，提高公民的环境守法意识，营造全民环保的氛围。

提高公民的守法自觉性，需要提高公民环境意识，逐步完善环境影响评价的公众参与制度和环境污染听证制度，使公众能够通过适当的机会、手段和途径参与环境法律监督。这样既能提高公民的守法自觉性，又能提高他们监督环境执法的责任感，并使公众在环境知情权、环境监督权、环境事务参与权、环境结社权、环境改善权、环境请求权等程序上的环境权得以尊重和保护。

另外，要建立和实施生态环境违法违规责任追究制度，激发和强化各级领导干部、环保执法人员、环保产业单位及其从业人员和广大人民群众的生态文明建设责任意识。

政府的大力宣传和教育对于公民的环保意识的形成有着重要影响。实践证明，宣传和教育是促使生态法治得以实施的重要手段。生态法治的实施只有与民众的生态法律意识的培养和提高同步进行，才能取得良好的成效。因此，只有采用各种宣传教育手段和方法，对不同年龄、职业、阶层的公众进行广泛、深入、持久的生态法制宣传教育，使广大人民都学习、了解和遵守生态法律法规，才能促进生态法律法规的全面实施。

总之，借鉴国外的先进经验，并结合我国的具体情况，积极改进我国生态法治的不完善之处，通过进一步加强生态法治建设，真正做到有法可依、有法必依、执法必严、违法必究，才能使生态法治成为建设生态文明的可靠而坚实的法律后盾和支持。只有这样，我们才能逐渐实现生态文明建设的宏愿。

第六章
中国特色生态文明建设及其实践形式

第一节　中国特色生态文明建设的要点

十八大报告关于生态文明建设在中国特色社会主义事业中的地位的阐述彰显了中国共产党人对于马克思主义理论的无限忠诚和深刻领悟，也展现了我们党勇于实践开拓进取、善于理论概括创造的不懈追求与旺盛活力。21世纪初是中国生态文明建设的关键阶段。改革开放以来，我国的生态文明建设取得了巨大成就，但生态文明建设的任务依然沉重。基于我国生态文明建设面临的困境与挑战，我们必须以“建设美丽中国需从我做起”为主题，继续坚持以人为本，以人与自然和谐共存为主线，以经济发展为核心，以提高人民生活质量为根本出发点，以体制创新为突破口，推动整个社会走上生产发展、生活富裕、生态良好的文明发展道路。

一、加强生态环境教育，增强全民族的生态道德意识

生态道德意识是建设生态文明的精神依托和道德基础。只有大力培育全民族的生态道德意识，使人们对生态环境的保护转化为自觉的行动，才能解决生态保护的根本问题，为生态文明的发展奠定坚实的基础。

一是要广泛深入地在全社会认真组织开展好生态文明的教育。从儿童到老人，从文盲到知识分子，全社会每一个有行为能力的人，都要列入接受教育的对象范围。要从娃娃抓起，培根固蒂，帮助他们从小就学会判断与自然关系的是非、善恶，正确地调节自己的行为。要从小学到大学，配备专门的生态文明教材，并纳入教育内容结构体系。政府有关部门要在经费投入和工作安排上加大面向社会宣传、普及、推广等软环境建设的力度，利用大众传媒和网络广泛开展国民素质教育和科学普及。同时，加快培育一批熟悉优生优育、生态环境保护、资源节约、绿色消费等方面基本知识和技能的科研人员、公务员和志愿者。

二是要增强人们搞好生态文明建设的责任感、紧迫感。要使人们真正认识到生态问题主要是人为造成的。黄河为什么会断流？据1998年中科院的考察结果，用水量超过水资源的承载能力是首要因素。长江为什么会洪涝泛滥?据考证，是长江流域尤其是长江中上游地区的植被遭到大量破坏，水源涵养功能衰减，水土流失加剧，中下游运河、湖泊、塘堰淤积，防洪能力被大大削弱的后果。通过这种“忧患教育”，使人人都能够从维护人

类整体利益和长远利益出发，把生态意识转化为自己的道德良心，把保护自然生态环境作为自己义不容辞的责任，并自觉地规范自身对待自然生态的行为。

三是要在人们的心目中重新树起勤俭节约的传统美德。为此，要建立完善的生态教育机制，要运用广播、电视、报刊等各种新闻媒体，广泛宣传绿色产业、绿色消费、生态城市、生态人居环境等有关生态文明建设的科普知识，将生态文明的理念渗透到生产、生活各个层面和千家万户，增强全民的生态忧患意识、参与意识和责任意识，树立全民的生态文明观、道德观、价值观，形成人与自然和谐相处的生产方式和生活方式。

、探索德法机制，实施生态文明的规范约束

全民生态文明水平的提高，不仅需要用一定的生态道德、原则教育各个层次的社会成员，使受教育者真正树立生态文明观念，明确善恶标准，而且需要我们注重个体实践生态文明能力的培养。

一是要确立人们的生态文明建设主体地位，注意培养人们的自我锻炼能力、自我教育能力、自我陶冶能力，也就是不断提高人们履行生态文明准则和规范的本领，并表现出一种良好的心理状态，真正实现由“他律”向“自律”的转变，达到“慎独”“自省”“自讼”“随心所欲不逾矩”的自由自主的境界。

二是要寻求德法并举的社会约束机制。法律规范以强制性手段规范社会成员的行为，使其形成不得不遵循或服从的意识。法律的约束是一种外在的关系，属于“他律”。健全的法律体系和良好的法治氛围，对于保护和建设生态环境，具有道德不可替代的“硬约束”作用。而道德规范则是一种“软约束”，表现为一种特殊的自我控制力和自我约束力。任何一种社会形态的有序、协调发展，都离不开一定道德规范的整合和调适。解决生态问题需要人们具有高度的责任感，需要以生态道德规范来约束和评价人与自然关系的一切活动。实践证明，单纯依靠法律不行，因为它不能代替道德的社会调适功能；单纯依靠道德也不行，因为它不能代替法律的强制功能。只有实现法治和德治的相互补充，相得益彰，同频共振，才能有效避免和纠正一切对待生态的失范行为。

三、掌握内在规律，努力推动生态文明的社会实践

生态文明建设既是理论问题，又是实践问题；既是认识世界的问题，

又是改造世界的问题。因此，不仅要把教育和约束作为生态文明建设的基本方法，而且要突出和强化实践环节，把社会实践作为推动生态文明建设的根本途径。

根据生态文明建设的内在规律及要求，推动生态文明建设的社会实践，一是党的意识形态机构特别是各种媒体，要进一步拓展生态文明的传播渠道，加大宣传力度，为生态文明的建设实践创设良好的舆论环境，提供正确的导向。

二是人大和各级政府要加大生态环境保护的立法和执法力度，加大解决生态问题的决策和管理力度，集中力量推行生态治理工程，如“天然林保护工程”“退耕还林工程”“野生动植物保护和自然保护区建设工程”等，为生态文明建设实践提供良好的法制环境和物质条件。

三是有关专家学者要深入搞好对生态文明建设规律和方法的研究探讨，积极为生态文明建设出谋划策，献计献策，提供科学的理论依据和足够的智力支持。

四是充分发挥人民群众的主体作用，大力开展各种形式的生态文明建设主题实践活动，形成全社会人人参与的机制，努力使生态文明规范转化为广大人民群众的自觉实践。实践活动要坚持从群众最关心的事情做起，从具体事情做起，与社会公德、职业道德、家庭美德、个人品德的教育活动密切结合起来，与解决生态问题的各项业务工作有机结合起来，贴近基层，贴近群众，贴近生活，贴近实际，防止和克服形式主义和急功近利思想，扎扎实实地推动生态文明建设向着理想的目标迈进。

四、革新生产方式，做强做大生态产业

对现行生产方式进行生态化改造是推进生态文明建设的重要手段。现阶段发展生态产业的重点是要建立起资源节约、环境少污染型的国民经济体系，走生态农业、生态工业的发展道路。发展生态工业，一是要加大产业结构和产业布局的战略性调整，努力推进传统企业向高新企业转移，不断提升产业发展的规模和档次，为生态环境改善创造条件。二是要以治污治散为重点。搞好工业园区的规划建设和治理整顿。三是要大力推行IS014000环境管理体系认证，主动按照国际通行的“绿色”标准组织生产，提高产品在国际市场上的竞争能力。与此同时，要下决心关停并转那些能源消耗大、经济效益差、环境污染重的企业。发展生态农业，主要包括绿色农业食品和绿色食品原料，生态林业、草业、花卉业，生态渔业，观光农业，生态畜牧产品，生态农业手工业等方面。为此，要研究开发生

态技术，防止土壤肥力退化。进行植物病虫害综合防治，实现生活用能替代和多能互补、废弃地复垦利用和陡坡地退耕还林，发展山地，综合开发复合型生态经济、以庭院为主的院落生态经济，以及农村绿色产业和绿色产品，提高农业产业化水平，促进农村生态经济的发展。另外，还要重视生态旅游业和环保产业的发展。

五、实施生态工程，全面推进生态环境的保护和治理

生态工程是生态文明建设的重要组成部分。结合我国的自然、经济和社会特点，“十三五”期间，应重点解决危害人民群众身体健康、社会最为关心的环境问题：一是要加强城乡饮用水水源地保护，加强工业废水和城市污水的生态处理，抓好重点流域、区域、海域的污染防治工作；二是要抓好退耕还林还草和植树造林工程，特别是风沙源治理、天然林保护和沿海防护林等生态工程建设；三是要防治大中城市空气污染、危险废物污染，防止生态破坏；四是要加快自然保护区、环境优美城市和生态省（市、自治区）的创建工程；五是要继续推进计划生育的基本国策，提高全社会的计划生育意识，确保控制人口数量，确保提高人口质量；六是要在鼓励使用可再生资源的同时控制可再生资源的利用率不能超过其再生和自然增长的限度，提倡少用或不用不可再生资源，防止资源骤减，力争全面推进生态环境的保护和治理。

六、采取有效措施，不断完善生态文明建设的 策体系和法律体系

生态文明建设不仅需要道德力量的推动，也需要政府和权力机关出台必要的政策、制定相关法律法规来进行硬约束。

一是要建立综合决策制度，用政府的权威保证生态环境免遭破坏。特别是在制定规划、计划及重大经济行为的拟议过程中。充分发挥政府综合决策的作用，把生态环境目标和经济发展目标结合起来、统筹考虑，以从源头上解决对生态的危害问题。

二是要适时出台相关政策，用宏观调控手段引导生态建设的积极性。包括：引导生态型项目开发的扶持性政策，防止和遏制破坏性经营的刚性约束政策．旨在快速恢复生态植被的资源补偿性政策，以及旨在为生态文明建设提供智力支持的科技投入政策。

三是要充分发挥环境和资源立法在经济和社会生活中的约束作用。首

先。要把生态文明的内在要求写入宪法，在根本大法上保证生态文明建设的健康发展；其次，要制定一个统一的“自然资源保护法”，使自然资源的合理利用得到法律上具体而切实的保障：第三，要在各种经济立法中突出生态环保型经济的内涵．使经济发展与生态文明的协调发展在经济法中得到充分体现。同时，要加大执法检查的力度，努力做到有法必依，执法必严，违法必究，切实维护法律的尊严。

第二节　中国特色生态文明建设的实践形式概述

现代社会，科学技术迅猛发展，生产力水平有了很大程度的提高，物质生活资料也十分丰富，但是，与这种物质世界“繁荣昌盛”相比，人们的幸福感、安全感、成就感，人们生命的意义，是不是也如此的“繁荣昌盛”和获得了印证，还是走向了反面?在铺天盖地的沙尘暴、雾霾，Et益枯竭的资源，被污染的水源、农作物、鱼类，利用各种添加剂养殖起来的家禽家畜，汽车尾气，噪声污染等的背后，人们的生活质量已经失去了提升的空间，表面“繁荣昌盛”的物质世界背后，是被已经大量异化与恶化的自然和社会。如此严峻的形势，给社会主义生态文明建设提出了更高更严的要求。党的十八大报告明确指出，由于受生态问题的影响，我国经济社会发展的资源环境约束加剧，使得制约科学发展的体制机制障碍变多。而建设好“两型社会”，实现资源的节约与环境的友好，就需要在制度建设上下功夫，使生态文明建设的实践形式具体化，更具有可操作性。

党的十八大报告中提出了明确的目标，包括单位国内生产总值能源消耗和二氧化碳排放的大幅下降，主要污染物排放总量显著减少。森林覆盖率提高，生态系统稳定性增强，人居环境得到明显改善。加快建立生态文明制度，健全国土空间开发、资源节约、生态环境保护的体制机制，推动形成人与自然和谐发展的现代化建设新格局。坚持节约资源和保护环境的基本国策，坚持节约优先、保护优先、自然恢复为主的方针，着力推进绿色发展、循环发展、低碳发展，形成节约资源和保护环境的空间格局、产业结构、生产方式、生活方式，从源头上扭转生态环境恶化的趋势，为人民创造良好的生产生活环境，为全球生态安全做出贡献。建设生态文明，是关系人民福祉、关乎民族未来的长远大计。面对资源约束趋紧、环境污染严重、生态系统退化的严峻形势，必须树立尊重自然、顺应自然、保护自然的生态文明理念，把生态文明建设放在突出地位，融人经济建设、政治建设、文化建设、社会建设各方面和全过程，努力建设美丽中国，实现中华民族永续发展。[1]

生态文明建设的实践形式主要涉及以下三个方面：

一是解决人口问题带来的不利影响。在新世纪新阶段，我们要实现社会主义现代化建设战略目标，就要跨过资源环境这个“卡夫丁峡谷”，生态保护方面的压力和挑战很多，其中人口压力是最显而易见的。中国是一个拥有13亿人口的发展中大国，如此庞大的人口给我们的资源环境带来的压力可想而知。而要想维持人Vl红利，以及降低因为人口问题带来的环境压力，就要在人口素质、人口分布、人口政策等方面进行必要调整。人口问题的妥善解决对于我国环境保护和生态建设将是一个巨大推动，我国生态文明建设将对全球环境保护产生极为重要的影响。所以，我们必须积极行动起来，加强生态环境保护，促成人与自然的和谐共处。

二是人们生存方式的改变。物质财富的增加和人们生活质量之间并不一定必然呈现出正相关关系，这种情况的出现往往与生态环境的恶化，与人们不健康的生活方式密切相关。在人们的温饱问题得到解决之后，生活方式的优化逐渐成为人们普遍关注的问题，建设小康社会就成为我们的奋斗目标。生活方式是生态文明中不可或缺的重要内容，而且生态文明的成果最终也要在人们的生产生活方式中得到落实。生态化的生活方式是在对传统生活方式反思的基础上，对它的超越和发展。

三是发展方式的改变；由于传统发展模式的弊端凸显，所以在建设生态文明过程中转变经济增长方式，优化产业结构，就成为转变发展方式的重点内容。在转变发展方式过程中，要特别关注绿色发展、循环发展、低碳发展，大力发展生态经济。

第三节　中国特色生态文明建设的实践形式之一：人口问题的解决

人口问题一直是中国的重大问题之一，庞大的人口数量严重制约到中国经济社会的可持续发展。正确认识人口、资源、环境、经济之间的辩证关系，抓住人口这个重要因素，根据实际情况来适当控制人口的数量和

[1] 胡锦涛．坚定不移沿着中国特色社会主义道路前进为全面建成小康社会而奋斗．2012.11-08.

规模，大力发展教育，提高人口素质，确保可持续发展战略目标的实现。在可持续发展涉及的五大系统中，人口是资源、环境、社会、经济之间的连接点，其他几个方面的建设都围绕着人这一特定对象展开，如果抛开了这一对象，其他方面也就失去了建设的价值和意义。而这几方面又构成了一个循环系统，为了维持人类的可持续发展，就要限制人们对资源环境的消费，适当控制经济社会发展的规模。而这种限制将会影响到人们进一步发展的状况和速度，受到影响的人们为了获得更好的发展就要突破这种限制，而突破的最明显、最浅显的表现就是对资源环境的消费和破坏。人口问题视野中的环境问题是一种相对而言的东西。如果不控制人口规模，保护生态环境，可持续发展就将成为空中楼阁，所以包括中国在内的各个国家都非常重视人口和环境的保护问题。控制人口和保护环境问题不仅仅是人口和环境本身的问题，还要把二者摆在未来发展图景的大框架内，去探讨人口优化与环境保护的关系，使人口与环境在各自正常运行的基本规律基础上相适应，进而走上良性循环的发展道路。

一、缓解人口与资源环境的矛盾，合理发展人口数量

现在世界人口大约70多亿，维持如此庞大的人口，对地球而言已经是一个不小的负担，每天都要消耗大量的资源能源，也同时会产生无法计量的污染和垃圾，人口问题是影响资源环境问题的重要因素，马克思曾经设想用消灭资本主义私有制的方式来解决人口过剩问题，发展中国家则直接受到传统人口价值观念的影响，那么应该如何根据实际情况来寻找解决问题之道，也就是如何寻找到生态文明时代人口发展的总体思路和基本原则就显得特别重要。

（一）消灭私有制是解决资本主义人口过剩的最好方法

马克思、恩格斯批判了马尔萨斯的人口论，指出人类发展的决定性因素不在于人口的增长，而在于社会的生产方式，即生产物质资料和人类自身的生产方式决定着人类社会的发展。其中，生产物质资料是为了满足人类认识与改造自然、创造物质财富的需要；生产人类自身是为了满足人类肉体生存和延续种族的需要。无论是物质的生产，还是人自身的生产最终都会受制于社会生产方式和社会发展。物质生产作用于并决定着人的生产，而人的生产则反作用于物质生产，两种生产都在自然界承受限度之内活动。马克思认为，人口过剩的直接原因在于资本主义私有制下的不正当竞争。恩格斯在《政治经济学批判大纲》中，揭示了人口过剩和资本过剩同时存在的微观机制，指出“一部分土地进行精耕细作，而另一部分土

地——大不列颠和爱尔兰的3000万英亩好地——却荒芜着。一部分资本以难以置信的速度周转，而另一部分资本却闲置在钱柜里。一部分工人每天工作14个或16个小时，而另一部分工人却无所事事，无活可干，活活饿死”[1]。所以，消灭资本主义私有制是解决人口过剩的最好方法。“只要目前对立的利益能够融合，一方面的人口过剩和另一方面的财富过剩之间的对立就会消失”[2]，“由于他的理论，总的来说由于经济学，才注意到土地和人类的生产力，而且我们在战胜了这种经济学上的绝望以后，就保证永远不惧怕人口过剩。我们从马尔萨斯的理论中为社会变革汲取到最有力的经济论据，因为即使马尔萨斯完全正确，也必须立刻进行这种变革，原因是只有这种变革，只有通过这种变革来教育群众，才能够从道德上限制繁殖本能，而马尔萨斯本人也认为这种限制是对付人口过剩的最有效和最简易的办法。我们由于这个理论才开始明白人类的极端堕落，才了解这种堕落依存于竞争关系；这种理论向我们指出，私有制如何最终使人变成了商品，使人的生产和消灭也仅仅依存于需求；它由此也指出竞争制度如何屠杀了并且每日还在屠杀着千百万人；这一切我们都看到了，这一切都促使我们要用消灭私有制、消灭竞争和利益对立的办法来消灭这种人类堕落”[3]。恩格斯还在《论住宅问题中》指出，农村人口大量涌入城市的直接表现就是加剧了工人居住条件的恶化，新涌入的人口大军也往往成为城市工人的主要来源，这种情况在持续中变坏，而改变的途径只有用铲除产生这一切的那个资本主义制度和建立无产阶级专政的办法才能解决。马克思、恩格斯关于人口、自然、社会发展关系的理论，为广大的发展中国家寻找解决生态问题之道提供了一条新思路，也是走出马尔萨斯人口理论困境的一把钥匙。

（二）人与自然和谐发展，全面落实科学发展

根据我国人口政策的要求和人口现状来看，我国人口发展的速度和规模应该体现生态文明建设的基本要求，以中国特色社会主义理论体系作为根本指导思想，全面落实科学发展观，遵循和谐社会建设以及人与自然和谐发展的目标要求，以人为本，推进人口方面的相关制度与管理机制的创新。稳定低生育水平，提高人口素质，改善人口结构，引导人口合理分布，保障人口安全；实现人口大国向人力资本强国的转变，实现人口与经

[1] 马克思恩格斯文集（第一卷）. 北京：人民出版社，2009，第 77 页 .

[2] 马克思恩格斯全集（第三卷）. 北京：人民出版社，2002，第 467 页 .

[3] 马克思恩格斯文集（第一卷）. 北京：人民出版社，2009，第 81 页 .

[4] 张维庆 . 统筹解决中国人口问题的思考 . 学习时报，2006-04-21.

济社会资源环境的协调和可持续发展。[4]

1.可持续发展要求人口、资源、环境之间协调统一

生态危机对人类的生存发展产生了越来越大的威胁，人们开始反思传统工业发展模式及其发展理念。世界自然保护联盟在1980年提出了“可持续发展的生命资源保护”思想。美国学者莱斯特·布朗在《建设一个持续发展的社会》（1981年）中系统地阐述了可持续发展的思想，指出：人类目前面临着荒漠化、资源枯竭、粮食减少等问题，而要解决这些问题，维持社会的持续发展，只能够走控制人口数量、保护生态资源环境之路。联合国环境与发展委员会在《我们共同的未来》（1987年）中，把“可持续发展”定义为“既满足当代人需要，又不对后代满足需要的能力构成危害的发展”。从此，可持续发展的理念就为越来越多的国家所接受。1992年世界环发大会明确要求各国制定并实施可持续发展战略、计划和政策，以应对生态危机。可持续发展思想把人置于经济社会发展的中心，提倡生态、经济、社会相协调，人口、资源、环境相统一，当代人、后代人利益相承继的发展；是以人为本、生产发展、生活富裕、生态良好状态的体现。与传统的社会发展思想和发展战略相比，可持续发展更具有革命性和创新性，其革命性表现在它的综合ı生发展战略上：它是人口发展战略、经济发展战略、资源开发利用战略、生态环境保护战略的综合体；其创新性表现在可持续发展对人口、资源、环境、经济四者的合理布局上：既使人口、资源、环境、经济等方面实现质的提高，又体现它们时空无限延伸的特点，是前进的上升的连续的发展过程。这一战略以依靠科技进步、提高人口素质、开发人力资源、提高资源利用效率，促进环境友好，把人口、资源、环境和经济发展作为统一整体为特点。可持续发展观的提出，有效地整合了原来独立、分散的人口经济学、资源经济学和环境经济学，促成了一门新兴学科——人口、资源与环境经济学首先诞生在世界人口最多的国家。[1]

2.人口发展政策与自然承载能力相适应，提高群众的计划生育意识

作为人口最多的发展中国家，中国人均资源能源的占有量远低于世界平均水平，人口对资源能源、生态环境的压力巨大。中国人口政策既要着眼于解决当前人口基数过大带来的一系列生态资源环境、经济社会、生产生活等问题，又要考虑这个基数继续增大或突然急剧减少带来的一系列问题，要尽可能使人口数量维持在可持续发展的有利限度之内，又能够保持人口红利对中国经济社会发展的重要作用。在这种情况下，一是要做到统

[1] 李通屏．经济学帝国主义与人口资源环境经济学学科发展．中国人口·资源与环境，2007（5）．

筹全局，二是要根据各地的具体情况，适当加强部分农村、城乡接合部、城市人口的生育管理，坚决制止超出政策允许范围的偷生、超生现象。同时，要努力转变一些地区的传统人口思想观念的影响，提高他们的科学的人口思想素质，使庞大的人力资源转化为巨大的人力资本，变人口大国为人才大国，变人口劣势为经济发展优势。在这一方面，中国还需要加大教育投资力度，提升教育效益。根据中国国情和经济发展状况，我国在加大对教育的投入力度，提高群众的身体素质、科学文化素质和思想道德素质方面需要继续努力。特别是要把提升群众的生态环境意识作为人口、资源、环境协调发展的重点，把人口教育、生态教育与国民教育融合在一起，增强群众的危机感和责任感，深刻认识加强环境保护的重大意义。

3.继续执行计划生育政策，解决计划生育工作的难点问题

我国目前计划生育的重点区域在农村，特别是中西部的贫困地区。根据2010年《第六次全国人口普查主要数据公报（第1号）》，我国农村人口占全国总人口的50.32%，一部分农民由于受到封建生育观念的影响，养儿防老，再加上社会保障体制在农村发展的滞后，重男轻女、传宗接代成为超生现象的深刻的社会根源。中国目前有超过2.6亿的农民工，这些农民工中有许多人是举家搬迁的，这些流动人口的计生工作是目前人口工作中的新难点，尽管各地基本上建立了流动人口计划生育管理服务站，但是制约作用极为有限。因此，研究新情况，解决新问题，是当前计生工作需要关注的重点。

我们要稳定和完善现行的计生制度，建立适应当前生态环境发展状况和市场经济体制的调控和管理机制，因地、因时制宜，分类分项指导，重点做好农村的计划生育工作。要加强计生知识的宣传教育，为群众生存、发展、繁衍提供优质服务，最大限度地满足群众计生与健康需求，促进人的全面发展。要坚持计划生育基本国策不动摇，各级政府和相关领导负起主要责任，把人口控制在适当水平，到2050年前后把中国人口稳定在15亿左右。为此，既要适当控制人El出生率，又要提高人口素质，还要密切关注即将到来的老龄化社会的影响，不能够只关注一点而顾此失彼，造成混乱，要制订科学合理的人口方案，综合考虑人口增长、人口质量和老龄化问题，加强管理职能，明确政府职责，落实人口政策。要把计划生育、生殖保健、脱贫致富、转变观念、提高素质等方面的内容结合起来，同时要对农民加强生态环境教育，提高他们持续发展的伦理水平，把保护生态、治理污染、合理利用资源等结合起来，在提高农民人口意识的基础上，提升他们的资源意识、环境意识，使人121增长与保护资源环境相互协调、共同发展。

（三）加强科学文化教育，提高公民的生态文明素质

马克思指出：一个人“要多方面享受，他就必须有享受的能力，因此他必须是具有高度文明的人”[1]。随着生产力水平的提高及物质产品的丰富，人们的生活逐渐从生存向发展转变，建设社会主义生态文明的目的是使人能够在发展中获得生态方面的高层次享受，但是这种高层次享受与具有“享受的能力”是相适应的，为此，我们必须从根本上提升公民素质，在此特指公民的生态素质，使其成为具有高度文明的人。一些国家已经把生态教育纳入了国家教育体系之中，成为各级学校教育教学的内容之一。当前我国生态教育的重点主要在两个方面，一是通过国民教育体系，在各级各类校园中实施环境教育，普及环保知识；二是要加强农民生态环境基础知识教育。由于农民文化素质相对较低，对环保知识了解偏少，所以要特别重视农民的环保教育。除去上面涉及的两个方面外，全社会的生态环境知识教育也必不可少，无论是城市还是农村，都可开展生态文明方面的讲座及展览，用正反两方面的例子来警示世人，提高教育教学的效果。鉴于生态环境建设的长期性、艰巨性，我们必须做好打持久战、打硬仗的准备。生态素质教育具有全民参与、综合性、实践性特征：全民参与是指生态素质教育需要教育部门、公众、社会各行业的齐心协力才能长期坚持并取得进步；综合性是指生态素质教育融合了众多自然科学和人文社会科学知识，不能够相互分离，各自为政，必须相互协调，互相补益；实践性是指通过生态素质教育让人们学会从理论走向实践，把所学知识理论都应用于个人的生产生活中。可以预计，随着生态教育的不断推进，全民生态素质的提高，我国生态文明建设将取得长足进展，人民也会享受到更多的生态文明成果。

1.深化生态意识教育，提高公民的生态文化素质

（1）通过生态意识教育，提高公民在生态文明建设中的权利意识。现代社会是公民权利至上的社会。近年来，受改革开放和社会发展的影响，在我国，公民权利、公民精神逐渐走到了历史发展的前台，这些都为生态文明建设提供了有利条件。但由于传统观念和生活习惯的根深蒂固，反映到社会主义生态文明建设中就表现为：公民的参与意识虽然觉醒但依旧薄弱，或者即便是参与社会治理和环境建设，也很难拥有实际权利。生态文明建设离不开人民群众的广泛参与，也离不开人民群众思想认识和行为方式的根本转变。这些都需要通过推进生态意识教育，鼓励公民积极参与其

[1] 马克思恩格斯文集（第八卷）. 北京：人民出版社，2009，第 90 页 .

中，让主人翁意识在参与生态文明建设的公权力中觉醒。为此，我们需要利用丰富多彩的教育形式开展生态教育，使广大人民充分认识到生态危机带给个人和社会的危害；要加强环境科学与相关的法律知识教育，营造保护环境人人有责的社会氛围；要在国民教育序列中加大生态教育力度，帮助公民特别是未来一代树立起正确的生态价值观，通过生态文明建设实践实现自身权利和义务的统一，形成理性的权利意识。

（2）通过生态意识教育，提高公民在生态文明建设中的监督意识。民主监督是我国社会主义政治制度的重要内容之一，也是体现政治文明与否的标准。公民的监督意识是权利制约权力机制的思想保障，国家权力受到人民的监督是人民主权原则的核心所在。[1]改革开放以来，虽然中国经济增长势头迅猛，但同时生态问题也日趋严重，无论是工业还是农业，无论是东部还是西部，也无论是城市还是乡村，都难以逃脱生态危机的困扰和威胁。从产业结构来看，不仅工业生产产生了大量的“三废”污染，农业生产也面临着化工产品、农药残留、生活垃圾的污染；从区域划分来看，不仅东部发达地区在发展经济时带来了大量生态问题，随着西部地区大开发进程的加快与大量夕阳产业的转移，西部地区的生态、资源、环境之间，经济、社会、人口之间的矛盾也在不断加剧，生态环境恶化的速度惊人。北京工商大学世界经济研究中心于2008年7月28日发布的《中国300个省市绿色GDP指数报告》表明，在273个测试城市中来自中西部地区的城市占据了最后10个席位，环境污染已成为全国性的大问题。因此，必须对生态污染和环境治理进行有效监督，树立污染环境就是破坏生产力，-保护环境就是保护生产力的意识，通过节能减排来促进社会主义生态文明建设。我们要通过生态教育，以培养和提高公众的生态法律意识为切人点，强化他们的监督意识，教育他们学会用法律武器来维护自身的环境正义，使他们承担起社会主义生态文明建设者和监督者的双重责任。

（3）通过生态意识教育，提高公民在生态文明建设中的责任意识。权利与义务是相互联系、不可分割的整体，权利与义务的有机结合是公民社会发展的必然要求。公民在享受自身的权利时也要对社会尽相应的义务，这是公民一词本身的应有之义。公民有权利从自然界中获得维持生存发展的物质产品和精神产品，也应该担负起保护生态环境的社会责任。社会主义生态文明一方面体现了自然界对每位公民的权利、需求、价值的尊重和满足，另一方面也给每个公民提出了相应的要求，即生态文明建设既体现

[1] 杨健燕．论公民意识教育和生态文明建设．中州学刊，2009（4）．

着公民的价值与权利，又明确了公民的生态责任。由于受消费主义和“人类中心主义”的影响，大量生产、大量消费、大量废弃的现象成为常态，以至于为了满足消费涸泽而渔、焚林而猎、毁灭物种种群、无节制地发展各种交通工具等，严重破坏了自然界的生态平衡。培养和造就有素质、有能力、有德行的公民成为以人为本建设的目标之一。公民个人要逐步去除传统思想文化的影响，牢固树立保护生态环境的坚定信念和使命感，强化公民在生态文明建设中的责任意识，找准发展生态文明的正确途径，在生产生活实践中建设真正的生态文明。

2.深化生态意识教育，提高公民的生态道德素质

（1）关于生态道德的教养问题。公民生态道德素质的形成离不开生态道德教养的实施，我们应该在全社会大力宣传生态文明相关意识，尊重、热爱并善待自然，追求人与自然之间的和谐相处，使社会道德准则和行为规范体系更能体现出“天人合一”的生态道德特色。在生产生活中，我们要继续倡导节约光荣的优良传统，努力构建资源节约型、环境友好型社会；要加强生态道德教育，把生态教育融入全民教育、全程教育、终身教育的过程之中，并上升到提高全民素素质的战略高度上来。1992年，美国学者大卫·奥尔提出了“生态教养”（ecological literacy）一词，奥尔指出当今时代人类面临的严重的生态危机与人类对待自然的行为是直接相关的，由于缺乏对人与自然关系的整体性认识，包括自然与人文方面的知识，所以，奥尔认为我们有必要重新进行生态知识和理念教育，培养公民的基本生态教养，以便引导人类顺利过渡到人与自然和谐共存的后现代社会。[1]美国著名学者卡普拉在《生命之网》中重申了奥尔“生态教养”这一概念，强调了公民具有基本生态教养对于重建人与自然关系生命之网的重要价值和现实意义。卡普拉认为，地球上的所有生命形式，无论是动物、植物、微生物之间，还是个体、物种、群落之间，其生命都存在于错综复杂的关系网所构成的生态系统之中，地球上的各种生命都是这种关系网所构成的生态系统长期发展进化的结果。人类作为自然界进化发展的一部分，也必然依赖于这个庞大生命网络的支撑。但是，由于人类的社会性特征的无限膨胀，在发展经济与保护环境之间往往选择前者，漠视非人类生命生存的价值和利益，为了满足个人或小集团的利益而劫掠自然资源，破坏生态环境，致使全球生态系统网络严重破损，甚至走向瓦解，人类后代

[1] David Worr，Ecological Literacy：Education and Thetransition to a Postmodern World，Albany：State University of New York Press，1992，P.85 ~ 96.

的生存机会也日益减少。[1]因此，深化生态教育，加强生态知识教养，对于确立人与自然相互依存的有机整体的生态世界观，对于人与自然关系的和谐，对于人类社会的可持续发展都具有重大意义。

（2）深化生态意识教育，提高公民的生态伦理教养。随着西方工业文明的发展，人与自然之间出现了严重的异化现象，人类社会与自然环境之间的分离和对抗不断加深，特别是受人类中心主义的影响，人类只承认自身的内在价值，只把人纳入伦理关怀的对象之中，而人之外的万事万物则在伦理关怀的范围之外，是从属于和服务于人类、可以随意征服和支配的客体。与此相反，生态文睍理论认为，无论是作为主体而存在的人，还是作为客体而存在的人之外的世界，它们都具有各自的内在价值和存在权利，是相对于对方而言的主体的生命存在形式。在自然界整体系统中，人与人所赖以生存的环境是一个相互依存的生命共同体，他们的生存和可持续发展都依赖于地球生物圈的正常、安全、健康和持久的运行，地球生物圈不仅对于人类具有环境价值，而且对于所有生命物种也具有环境价值。特别重要的是，地球生物圈的生态环境主要是由非人类生命无意识的生存活动共同建造的，要维持所有生命长期健康存在的生态环境，就必须在维持地球上适度的人类种群规模和起码的生物多样性二者之间进行生存环境的公正分配，才不会导致人类因过度开发和利用自然资源产生威胁生物圈的生态安全问题。[2]在这种情况下，人类必须丰富传统人际伦理关怀的对象和内容，把自然界纳入其中，确立起人与自然之间荣辱与共的新生态伦理理念，使每一个公民都具备基本的生态伦理教养。也只有如此，我们才能道德地对待当前和今后人类赖以生存的自然环境，道德地对待人和非人类生命生存的自然环境，最终实现人与自然关系的和谐。

3.深化生态意识教育，提高公民的生态审美教养

自然界本身是无所谓善恶美丑的，人们之所以会对某些风景秀丽、气候宜人的地方赋予高度的评价，是因为这些地方对于人类的积极价值。欣赏和维护自然界本身的原始状态美是当代人特别需要培养的审美素质，这是一种可以让我们远离金钱和污染，诗意地栖居于大地上的高层次的人生追求。积极美学认为，在它是自然的意义上（也就是未受人类的影响），自然是美的，它没有消极的审美特质。约翰·康斯特布尔曾经在19世纪

---

[1] Fritiof Eapra，The Web of Life，Ⅱ New Scientbrw Understanding of Living systems，New York：Anchor Books Doubleday，1996，P.297 ~ 304.

[2] 佘正荣．生态文化教养：创建生态文明所必需的国民素质．南京林业大学学报，2008（3）．

就多次阐明自己的观点，认为人的生命中是没有丑的事物的。根据这一观点，那些在自然中发现了丑的人只是因为没有能够恰当地感知自然，或者没有找到从美学意义上评价、欣赏自然的恰当标准。[1]工业文明带来了富足的物质生活，但是它对每一条江河、每一寸土壤、每一种生物的破坏作用是显而易见的，这与现代人为了追求短期而浅薄的物质生活、牺牲久远而高尚的环境生活有关，这种价值追求也导致后代人极度缺乏生态审美和欣赏能力。正如帕斯摩尔讲的，对自然美的欣赏只能是无法区分的快乐。自然美不是艺术创造的产物，除了我们当时的偏好，不存在对自然美的其他的审美标准。由于人们在物欲横流的世界中逐渐迷失着自身，除了金钱和物欲，已经失去了关爱自然界的生态良心。如果人们能够重新找回感受生态美的固有能力，充分发挥生态美感体验的神经机能，就会在郊游时沉醉于百草鲜花的四季芬芳，在进入荒野时流连湖光山色的壮美俊秀，就懂得观赏羚羊麋鹿的戏耍游玩、竞走赛跑，谛听无数鸣禽在丛林天堂里的即兴吟诗、纵情欢唱，也会倾慕羽毛如雪的天鹅长颈相交、两心相许的终身守候。[2]一个具有了高度生态审美教养的社会在经济指标和生态保护的斗争中会选择后者，它不会为了满足体肤之暖、口舌之欲而屠杀珍禽异兽，也不会为了一时的利益需求而毁灭掉长久美好、自然脱俗的生存享受。生态审美不仅是人们美好生活所必需的文化素养，也是衡量人们生活健康与否的重要尺度。

、坚决杜绝生态殖民，防止贫困与环境之间恶性循环

面对日趋严峻的生态危机，各个国家都在努力寻求解决问题之道，并采取了各种各样的政策和措施，一些国家和地区的生态环境不同程度地得到改善。但是，这些地方生态环境的优化往往是与其他地方环境的恶化伴随而来，之所以出现这种情况，是因为这些国家，特别是发达国家转移污染和生态殖民所导致的。在经济全球化背景下，转移污染和生态殖民的现象不但没有减少，反而在不断增加，因为伴随着巨额经济效益而来，所以它并未引起人们的足够重视。自从人类社会产生以后，人们对环境资源的占有与争夺就没有停止过。第二次世界大战以前（包括“二战”在内），西方国家主要通过军事手段推行殖民主义政策，即用武力扩张的方式对殖

[1] [美] 尤金・哈格罗夫著；杨通进译 . 环境伦理学基础 . 重庆：重庆出版社，2007，第 218 页 .
[2] 佘正荣 . 生态文化教养：创建生态文明所必需的国民素质 . 南京林业大学学报，2008（3）.

民地国家的资源进行掠夺和占有。“二战”之后，各殖民地国家的反殖民主义运动不断取得胜利，时至今日，纯粹的殖民地已经很少。但是，一些西方国家从未停止过掠夺他国资源的脚步，只是掠夺资源的方式发生了改变，由原来主要依靠军事占领，转变为主要依靠先进科学技术和经济实力，以军事实力为辅的方式，其具体表现形式就是生态殖民主义。传统殖民主义往往与反殖民主义联系在一起，而生态殖民主义由于其良好的隐蔽性、欺骗性，不易被人们察觉，许多被生态殖民的地区不但不反对，反而还积极配合，所以，从本质上看，在对自然资源的掠夺上，生态殖民主义与传统殖民主义相比是有过之而无不及的。

（一）生态殖民主义的理论解析

1.生态殖民主义是发达国家降低生产成本，获取超额利润的手段

生态社会主义认为，发达国家虽然在经济实力和科技实力上占据优势，但是它们却难以在本国范围内实现自然、经济、社会的协调与可持续发展，因为这些发达国家的正常运转需要大量的资源环境作为支撑，特别是在维持现有的经济规模与生活水平方面。于是，借助于资本全球化对他国资源进行殖民主义掠夺，让落后国家和地区为他们的生态资源消费埋单就成为发达国家的必然选择。资本的首要目的就是追求利润的增长，为了实现这一目的它可以不择手段，包括破坏或牺牲世界上大多数人的正当利益，而这种对利润的疯狂追求通常意味着对资源能源的大量消费，废弃物的大量产生和生态环境的大规模破坏。福斯特认为，资本主义在本质上就是一种积累制度，这种积累是建立在全球环境的不断恶化和资源的大量消耗上的。在福斯特看来，生态殖民主义的卑劣行径才是生态危机全球化的真正原因。因为“在21世纪的黎明，有种种理由让人相信，资本主义制度为其生存所需要的快速经济增长，已进入全球范围内生态系统不可持续的发展轨道，因为它已偏向能源与材料的过高消费，致使资源供给和废料消化都受到严重制约，加之资本主义生产本性与方式所造成的社会、经济和生态浪费使形势更加恶化”[1]。戴维・佩伯指出，资本主义之所以要在空间上扩张并进入社会、经济与文化生活的各个方面，原因在于资本主义要以此来抵消它在运转过程中的内在矛盾，即那些产生不利效果比如生产多于市场可以消费商品的趋势的矛盾，资本主义经济之所以喜欢剥削新的土地和资源，是因为它们可以为利润的增长和生产力的迅速提高提供很大的潜

[1] [美] 约翰・贝拉米・福斯特著；刘仁胜译．马克思的生态学——唯物主义与自然．北京：高等教育出版社，2006，第 69 页．

力。[1]奥康纳认为，在20世纪70年代，世界资本主义进入了一个缓慢发展以及局部危机的时代，它不得不到别的地方寻找资源，重新建构新的发展动力。通过国际性劳动分工，发达国家把本应自身承担的经济危机的代价转移到南部国家、被压迫的少数民族以及北部国家的穷人那里，资本的积累得以继续，主要是通过在总体上对南部国家和世界范围内的穷人欠下一笔生态债来完成的。[2]当今世界，发达国家以跨国公司为载体、以流动资本为媒介，正在从对发展中国家的生态危机转嫁中获益，它们大肆进入第二、第三世界寻求商品市场，廉价的劳动力与原材料，而这种转嫁和掠夺一刻也没有停止过。

2.生态殖民主义是造成不发达国家和地区生态环境恶化的根源

生态殖民主义对发展中国家生态资源的掠夺大致有两种：即直接掠夺和间接掠夺。直接掠夺主要是指发达国家向发展中国家大量转移夕阳产业，使产品的生产环节主要在这些落后国家和地区完成，这种方式对土地、劳动力、自然资源和空气、水源都是最直接的掠夺。夕阳产业在带来经济效益的同时，也带来了高消耗、高污染。生态社会主义认为，许多西方国家的“发达”是建立在发展中国家的“不发达”的基础上的，以发展中国家的资源环境为代价的。佩伯指出：“既然环境质量和物质贫困或富裕相关，西方资本主义就逐渐地通过掠夺第三世界的财富而维持和t改善，了它自身并成为世界的羡慕目标。”[3]而间接掠夺则是指通过“结构性暴力”[4]（通过特定政治、经济或社会政策或制度间接产生的暴力）来实现对发展中国家生态资源的掠夺，主要表现为垄断资本与发展中国家的资产阶级上层相结合，通过他们控制的相关机构制定各种政策，迫使农村土地私有化并进入世界资本市场。失地农民或被迫走向城市，或在所剩无几的土地上求生存，过度耕作吸干了土地肥力，甚至出现了荒漠化。佩伯认为，发达国家推行生态殖民主义使全球自然资源遭受了掠夺性开采。“资本主义制度内在地倾向于破坏和贬低物质环境所提供的资源与服务，而这种环境也是它最终所依赖的。从全球的角度说，自由放任的资本主义正在产生诸如全球变暖、生物多样性减少、水资源短缺和造成严重污染的大量废弃

[1] 郑湘萍 . 生态学马克思主义视域中的生态殖民主义批判 . 岭南学刊，2009（6）.

[2] [美] 詹姆斯・奥康纳著；唐正东，臧佩洪译 . 自然的理由：生态学马克思主义研究 . 南京：南京大学出版社，2003，第 205 页 .

[3] [英] 戴维・佩伯著；刘颖译 . 生态社会主义：从深生态学到社会正义 . 济南：山东大学出版社，2005，第 140 页 .

[4] 同上书，第 149 页 .

物等不利后果。”[1]发达国家利用垄断资本的国际化特点把国内的基本矛盾部分地转嫁到了其他国家或地区，也把资源消耗、环境污染、生物多样性减少等问题扩展到全球。尽管国际社会为了遏制这种现象的大量发生颁布了一系列公约如《巴塞尔公约》（1989年）、《里约宣言》（1992年）等，但资本追求利润的脚步不会因为生态危机问题而停止，环境成本和生态保护在这里屈居其次。发达资本主义国家对发展中国家实施的生态殖民主义策略是造成世界性生态危机的深层次根源。

3.生态殖民主义是殖民主义在资源环境问题上的集中体现

生态殖民主义是资本全球扩张的产物。在“二战”之前，西方国家受资本无限扩张本性的驱动，不惜发动侵略战争，甚至是世界大战来扩展其殖民地。大量发展中国家沦为殖民地或半殖民地，为资本的全球经济链条输送着大量的原料、能源并倾销其产品。在“二战”之后，许多殖民地、半殖民地国家都脱离了西方列强的束缚，建立起主权国家。在这种情况下，西方国家从直接的军事占领转向通过代理人间接操纵的方式进行，其中以经贸关系为主。这是一种在平等表象下的不平等的贸易关系。发展到今天，殖民主义的表现形式又加入了新的内容，那就是打着自由、民主、人权的旗号，把资本主义国家的价值观普遍化，特别是针对发展中国家，妄图用“西化”的价值观来为其经济扩张开道。资本全球扩张的本性决定了它必然建立和维持一个资本主义性质的世界统治体系，这个世界体系既是资本扩张的结果，也是资本实现不断向更广的领域、更深的程度扩张的工具。西方发达国家处于这个体系的中心，并掌控着这个体系，其他国家依次处于体系的外围及边缘，要向中心持续以能源、资源、原材料和廉价的劳动力等形式提供养分，同时又要不断地吸纳“中心”以及由“中心”支配自身所产生的大量有毒有害废弃物。[2]由于生态殖民主义带有很强的隐蔽性和破坏性，所以它造成的后果比旧殖民时代武力扩张的后果有过之而无不及。众所周知，美国石油储量丰富但禁止开采，而是源源不断地从波斯湾等地进口，一边是肆意消耗，一边是大规模囤积。但是，资本的控制是一把“双刃剑”，它在为自己谋得足够利润的同时，也为人类埋葬资本主义创造了物质前提。如果全球气候持续升温、冰川加速融化、南极臭氧层空洞不断扩大的话，地球上没有哪一个国家可以幸免于难，就像被污染

[1] [英]戴维·佩伯著；刘颖译．生态社会主义：从深生态学到社会正义．济南：山东大学出版社，2005，第2页．

[2] 张剑．生态殖民主义批判．马克思主义研究，2009（3）．

的空气可以随着气流到处传播一样，当我们这个蓝色星球失去光泽，世界上每个国家也都将失去光彩。

（二）生态殖民主义的四个表现

1.向落后国家和地区转移污染产业

向落后国家和地区转移污染产业是当今生态殖民主义的表现之一。发达国家之所以能够成功地转移污染产业，主要是因为被生态殖民的国家和地区在环境管理上较为宽松，相关环境标准欠缺造成的，这样一来，发达国家就可以用牺牲发展中国家生态资源环境的办法，来谋求自身利益的最大化。通过对日本1993年度在国外建厂企业的调查表明，大约只有15%的工厂执行日本环境标准，其余全部执行当地标准。[1]1975年，日本千叶市川崎炼铁厂将严重污染的铁矿石烧结厂转至菲律宾。对此，川崎炼铁厂美其名日：这是为发展中国家提供赚取外汇和增加工人就业的机会。随着改革开放的深入发展，越来越多的外资企业来华投资。而相关资料表明，这些投资的外企中污染密集企业约占总数的29%，约占总投资额的36%。这种情况同样发生在发达地区和落后地区、城市与农村之间。[2]据1995年第三次工业普查资料显示，在全部三资企业中，外商投资于污染密集产业的企业有16998家，工业总产值4153亿元，从业人数295.5万人，分别占全国工业企业相应指标的0.23%、5.05%和2.01%，占三资企业相应指标的30%左右。投资者主要来自于新加坡、韩国、美国、日本和欧洲的一些发达国家和我国港澳台地区，且以中小型企业为主。从投资地区分布来看，主要集中在东南沿海地区。[3]发达国家把污染企业大量转移到落后国家，虽然使本国的生态环境普遍好转，但同时给接受国带来了生态灾难。

2.向工业不发达国家和地区转移污染物

随着经济发展速度的不断加快，工业生产过程中产生的污染物也越来越多，特别是危险废弃物，大概每年在3.3亿吨左右。由于危险废弃物的污染严重，处置费用高昂以及潜在的严重影响，一些公司试图向工业不发达国家和地区转移危险废弃物。据绿色和平组织调查报告显示，发达国家正在以每年5000万吨的规模向发展中国家转运危险废弃物，从1986年到1992年，发达国家已向发展中国家和东欧国家转移总量为1.63亿吨的危险废弃物。发达国家向发展中国家转移污染物的行为实质是将这些国家变成他们

[1] 李克国．环境殖民主义应引起重视．生态经济，1999（6）．

[2] 赖余贵．污染转移与生态殖民．环境教育，2004（9）．

[3] 李晓明．我国建立“绿色壁垒”的必要性研究．软科学，2002（6）．

自己的垃圾处理场，这是对发展中国家生态环境的掠夺，是生态殖民主义。当然，中国也曾经干过不少进口垃圾的傻事，而且现在仍然在一些地方进行着，如工业垃圾、电子垃圾、生活垃圾、废旧衣服等。这些污染物的转移一是污染了接受国的环境，损害了接受国国家和人民的利益，发展中国家是直接受害者；二是由于环境污染的公共性特征，随着这类污染的加剧，它也会严重威胁到世界环境乃至全人类的安全。

3.掠夺发展中国家的自然资源

当前，生态殖民主义对发展中国家自然资源的掠夺并不是通过殖民地统治的方式进行的，而是通过不公平的国际政治经济旧秩序的方式进行的，即通过不平等贸易来掠夺自然资源。发达国家凭借其远远优越于发展中国家的经济实力和科技实力，通过大量出售高附加值商品的办法，在国际贸易中占据绝对优势，而发展中国家只能靠出口资源产品或初级产品的办法获得自己的外汇储备。在国际政治经济旧秩序中，落后国家和地区所能提供给世界市场的有价值的东西主要是自然资源。在现存的工业技术条件中，更多地使用、占有地球的自然资源仍然是不可替代的条件。在不公正的国际贸易中，通过没有硝烟的战争，发达国家更好更快地掠夺着发展中国家的自然资源。而世界贸易市场的多变及价格的不稳定使得发展中国家的处境颇为尴尬：在世界经济日益一体化的今天，发展中国家需要靠出口自然资源或初级产品来换取经济发展中急需的外汇，又不得不考虑自身脆弱的生态环境承受力。但是，国际贸易市场中一系列政策措施已经牢牢地把不发达国家限定在了原料出口国的位置上，要突破这种限制，实现与发达国家平等对话的条件和机会较少。虽然经济全球化时代已经到来，但是人类仍然处在“掠夺优先”的资源经济体制中。发达国家绝不会因为生态危机的逼近而放弃对世界范围资源的掠夺，因为放弃对资源的掠夺就意味着放弃了在国际政治经济对话中的主动权；而发展中国家也不想靠耗尽资源的办法来获得相对安稳的发展状态，因为这种办法是不可持续的。无论是发达国家还是发展中国家，要想提高本国人民的生活水平，就必然要在争夺自然资源的斗争中占据一席之地。

4.设置绿色壁垒，制裁或打击产品交易国

随着经济全球化的出现，全球性生态问题随之到来。由于受世界贸易组织规则的制约，利用关税手段进行贸易保护的办法越来越行不通。于是，一些国家开始寻求关税之外的手段，通过设置非关税的贸易壁垒来维护自身利益。于是，具有生态殖民主义色彩的“绿色壁垒”开始登上历史舞台。绿色壁垒是绿色贸易壁垒（Green Trade Barriers，GTB）的简称，它是借保护生态环境的幌子，通过制定有利于自己的严格的环境标准，来制裁或打击产品交易国的行为。实质上，绿色壁垒是发达国家和发展中国家政治冲突的经济表现形式。绿色壁垒在发达国家之间基本上不存在，因为他们的经济、科技实力相当，其环保要求、环境标准、环境标志、检验方法差别不大。但在发达国家和发展中国家之间则大相径庭，因为两者无论是在科学技术、经济实力上，还是在立法要求、环境标准上处于制高点的都是发达国家。在国际市场中，发达国家总是想用近乎苛刻的国际标准来为环保产品划定统一的达标线，实行“一刀切”。欧盟环保机构的一项调查显示，在1996年，欧盟国家禁止进口的“非绿产品”价值达200亿美元，其中90%的产品来自发展中国家，我国每年有70亿美元的商品因绿色壁垒受阻，究其原因，除了发展中国家自身的经济力量薄弱和技术劣势，还与发达国家利用不正当的绿色壁垒对发展中国家极尽压榨之能事脱不了干系。这是不公正的国际政治经济旧秩序的明显体现，因为各个国家无论是自然地理环境还是人文历史传统，无论是技术发展水平还是物质产品的生产，无论是风俗文化传统还是法律法规建设，都是各具特色、各不相同的，与生态环境相关的法规政策也是因国而异的，承认差异性是公正地解决生态问题的前提条件。如果不能消除对发展中国家的压榨和盘剥，消除因为绿色壁垒带来的欺压行为，那么在未来的经济全球化过程中，发达国家会占据更有利的地位，而对于处于贫困以及人口困境中的发展中国家来说，则会更加被动和困难。

（三）反对生态殖民主义的措施

1.完善环境法律法规政策体系

在政策上，我们应积极完善保护生态资源环境的法律政策体系，加强环保执法力度，并做到有效监督，尽可能避免西方国家掠夺我们的资源、转嫁环境危机行为的发生。在反对生态殖民主义的过程中我们要做到有理、有利、有节。因为生态问题具有全球性、系统性、复杂性等特征，所以在环境领域我们与西方世界有着许多共同利益，相对于政治、经济领域而言，环境领域合作的条件更充分。有理是指西方发达国家必须承认其生产方式给世界生态环境带来的不利影响，应负主要责任；而中国作为最大的发展中国家越来越影响着世界的发展。有利是指我国经过三十多年的发展，不但有了较好的发展环境，也产生了新的发展理念，并用新的发展理念指导我国的经济发展实践。有节是指做事情要立足于中国的基本国情，根据实际情况，实事求是地搞好环境外交，坚决杜绝借环境外交损害生态行为的发生。在生态环境保护问题上，我们一定要做到严于律己，尽量避免破坏生态环境现象的出现，不能给别人留下口实。在策略上，要注意与资本主义国家既联合又斗争的方法。因为世界经济一体化趋势使得我们不可能关起门来搞建设，必然与西方国家产生千丝万缕的联系。但是要从我国实际出发，从我国历史发展、政治特点、经济状况、文化宗教传统出发，创造性地运用好环境外交这个武器。在涉及国家安全利益的问题上要坚持原则，不妥协、不让步；在具体合作领域，可以考虑牺牲小我而成就大我。当然，合作的前提是我国与西方国家在真诚、自愿基础上的互惠互利，共同发展。也只有这样，全球性生态问题的解决和环境质量的提高才有可能，生态殖民主义现象才能得到有效遏制。

2.建立自己的绿色壁垒

面对日益严峻的生态危机，在国际贸易中建立自己的绿色壁垒是必要的、必需的。其必要性有三个：一是遏制西方国家转移“夕阳产业”。“比较优势说”是西方发达国家为其转移环境污染提供的借口，其主要内容是：由于落后国家的资本与劳动力的作用有限，甚至无法在国际市场上自由流动，所以，国际经济贸易不但是必要而且是必需的，可以扬长避短，发挥各自的比较优势。“比较优势说”的理论基点主要在大卫·李嘉图，但17世纪的大卫·李嘉图其理论的历史局限性明显，他过度关注经济利益（狭义）而忽略了社会效益（广义），特别是生态环境效益。1991年12月，世界银行首席经济学家劳伦斯·萨默斯（Lawrence Summers）在给《经济学家》的备忘录中建议世界银行鼓励“更多的肮脏工厂”移居到落后国家，其理由是“在贫穷国家，出于审美和健康原因对清洁环境的要求有比较低的优先权，因此，当环境受到破坏时，其费用估价并不很高”（《经济学家》1992年9月8日）。虽然萨默斯的观点具有一定的客观性，但是由于他忽略了环境的公正性，而只考虑经济效益，这一理论不但曲解了环境优先权，而且是不可持续的，是狭隘的、短视的。因为生态系统的价值是无法用金钱来衡量的，我们见证了太多的例子，即便是用尽毁坏自然环境获得的收益也无法恢复生态系统的良好水平。建立适合于我国国情的绿色壁垒，对于保护我国生态环境和生态产品有着重要作用。二是有助于破除环境殖民政策。改革开放以来，我国引进外资的幅度进一步扩大，这在客观上增大了发达国家实施其环境殖民政策的可能性。我国应建立完善三资企业的审批力度，加强对环境效益的评审工作，把对生态环境有害的投资阻挡于国门之外。还要对现有的三资企业进行严格审查，促使其采取必要的环境治理措施，消除污染。三是有利于提升自身经济发展水平，提高产品质量。我国有自己的一套绿色标志认证体系和绿色技术标准，但其中的很多标准与国际标准差距较大，这成为我们在国际贸易中经常被动挨打的一个客观原因。实施绿色壁垒，提高环境标准，有利于我国企业自身的发展壮大，只有增加产品竞争力，我们才能够在世界市场上变被动为主动，为我国经济社会的发展创造更多的便利条件。

3.动态调整外资政策

反对生态殖民主义，我们可以采用动态调整外资政策的办法，对外资企业实行环境成本内在化。2007年11月7日，国家发改委和商务部联合颁布了修订后的《外商投资产业指导目录》，提出不再允许外商投资勘查开采一些不可再生的重要矿产资源；限制或禁止高物耗、高能耗、高污染外资项目准入等内容。2011年12月24日，《外商投资产业指导目录》（2011年修订）指出，限制外商投资特殊和稀缺煤类勘查、开采；电解铝、铜、铅、锌等有色金属冶炼；易制毒化学品生产；资源占用大、环境污染严重、采用落后工艺的无机盐生产等。即便是有了明文规定，社会上仍然流传着外资参与矿产资源勘查开发“利远大于弊”的言论。矿产资源是我国资源性行业赖以生存的基础，但由于相关法规的欠缺，我国的矿产资源还没有完全走入市场，使得许多以矿产资源开采或浅加工为主的行业可以无偿占有大量国有资源，这是生产成本外溢的行为，容易产生超额垄断利润。这也是为什么外资热衷于资源性行业企业的重要原因。作为国家主管部门应根据人民币升值的幅度，采取动态的策略控制外资企业在我国资源性行业进行野蛮掠夺或低价开采。面对外商投资企业向我国转移污染的问题，我们应参考国际规范，建立我们自己的环境壁垒体系，同时使治理污染的社会成本内部化，由外企承担相应的污染成本，采取“排污者付费原则”。目前发达国家要求根据“谁污染，谁治理”的原则，污染者应彻底治理污染，并将所有自理费用计人成本。[1]

4.加强南南合作

加强南南合作应该成为发展中国家应对生态殖民主义的主体对策。在不公正的国际政治经济旧秩序中，发展中国家在与发达国家的国际贸易中为了谋求生存，而不得不迎合西方垄断资本制定的游戏规则，暂时依附于发达国家，例如要求财产的全面私有、市场运行的绝对自由、政府干预的最小化等。而这种依附性发展的最直接后果就是生态环境的急剧恶化与资源能源的大幅度减少，这是明显的生态殖民主义政策。反对生态殖民主义，广大的发展中国家就要联合起来，加强南南合作。2002年8月，世界可持续发展高峰会议在南非的约翰内斯堡召开。在此次峰会中，发达国家对待生态问题的立场使发展中国家完全明白了一个道理：要想在复杂多变

[1] 郭尚花．生态社会主义关于生态殖民扩张的命题对我国调整外资战略的启示．当代世界与社会主义，2008（3）．

的国际风云变幻中拥有发言权，更好地反对生态殖民主义，在解决生态危机时发挥中流砥柱作用，广大发展中国家必须团结合作起来，采取一致立场，不屈服于发达国家的经济、政治压力。“南南合作”的途径有很多，环境合作是其中的一种，这种合作将给发展中国家带来共同的收益。随着经济全球化、贸易自由化、区域合作一体化的加强，南南之间的环境合作变得更加必要和迫切。在经济发展和环境保护关系的处理经验和技术知识方面，发展中国家之间既有共同点也有不同点，这为双边、区域之间的合作提供了可能性和基本条件。如果我们能够审时度势，抓住机遇，就可以为发展中国家的发展壮大奠定更牢固的基础。南南之间的环境合作先从区域性合作开始，注重各自的地理环境、民族传统、风俗文化、宗教背景等，在此基础上进一步发展区域之间的联合，甚至是更高层次的合作。区域合作是发展中国家环境合作的最低层次，但也是最重要的层次，它为处理全球性的生态危机问题提供了一种可行手段。

第四节　中国特色生态文明建设的实践形式之二：生活方式的转变

传统的生活方式对自然环境的影响较大，特别是在科技水平比较发达的今天。随着商品的丰富和交通的便利，人们施加给环境的威胁和压力也越来越大。由传统生活方式转变为新兴生活方式是社会主义生态文明建设的内在要求，是促进我国经济结构战略性调整的必然。从一定意义来看，生态问题其实也是人们的生活方式出现了问题，因为人们的消费行为对生态环境的影响无时不在、无处不在。高消费的存在、人们对消费主义的膜拜从客观上刺激着大量生产的生产方式、大量消费的生活方式的发展，是产生生态问题的重要思想根源。要搞好生态文明建设，就必须转变人们传统的生活方式，建立与生态文明相适应的可持续的消费模式。生活方式的转变对于节约资源、引导消费、改善国民身体素质、实现社会稳定等起着积极作用，也是实现人的全面发展与中华民族伟大复兴的可靠途径。需要指出的是，由于生活方式的形成不是一朝一夕的事情，它是日积月累的结果，所以新生活方式的形成必须要采取综合措施，借助全社会的力量，在广泛社会认同的基础上，使之成为人们自由自觉的选择。

转变消费方式，实现生态消费。社会主义生态文明建设的健康发展，经济结构的战略性调整，都需要生态消费的支持。消费要合理、理性，不要奢侈和浪费。高盛公司2010年12月发布的数据显示，仅2010年一年时间中国奢侈品消费就高达65亿美元，增长率稳居世界第一。未来几年，中国奢侈品消费总额有望超过日本成为世界第一大国。我国奢侈品消费的高速膨胀与我国经济社会的发展水平不相适应，与我国传统生活理念不相适应，也与我国的生态文明建设不相适应。我国实现全面建设小康社会的任务任重道远，要大力倡导科学、理性的消费理念，反对奢侈和浪费，实现消费水平提高与降低物耗、减少污染的有机统一。不合理的消费方式既超越自身的经济发展水平，又浪费了社会财富；既破坏了自然资源环境，又阻碍了经济的可持续发展，对居民消费水平的渐进式提高极为不利。

人类在不对自然环境伤筋动骨的前提下享受生活是无可厚非的。但是作为最大的发展中国家，在资源能源有限以及面临生态危机的情况下，如何转变人们的生活方式，反思、矫正已有的不良消费行为和习惯，就变得格外重要。实现生态消费就要做到满足合理需要与杜绝浪费的统一，提高生活水平与保护生态环境的统一，消费行为与社会主义道德原则的统一。没有生活方式的根本转变，生态文明建设不可能完美。生态文明建设需要更新消费观念，优化消费结构，鼓励消费绿色产品，逐步形成健康、文明、节约的消费方式。

一、反对消费主义

消费行为、消费习惯在人们的生活方式中占据了重要位置。生态文明建设需要建立起生态性的消费行为和消费习惯，并逐渐消除消费主义的影响。消费主义从一开始就在全世界范围内产生了极大影响，它具有诱惑性、象征性、浪费性、全球性的特征，对人类道德、社会风气、自然环境，乃至世界的方方面面都起到了不良影响，因此必须超越消费主义，树立生态化的消费理念。当然，我们在消费过程中，一方面要刺激消费，另一方面又要合理引导消费，尽量避免不合理、不科学消费现象的产生。

（一）消费主义的特点及其不良影响

20世纪初，消费主义（Consumerism）在美国逐渐产生，它是一种推崇消费至上、享受至上的社会文化现象。作为一种社会文化现象，消费主义把它的价值取向和人生目标定格在对过度消费的满足上。受此种观念的影响，消费主义者把对物质财富的无限占有，对无度消费的贪婪追求作为人生的最终目标和全部价值。

消费主义是资本主义生产力发展的必然结果，也是为了平衡生产和消费的关系，确保资本主义的扩大再生产能够正常进行，以及适应对外扩张的需要而产生的。在消费主义的视野中，人们所消费的不是商品，也不是服务的有用性，而是商品和服务所象征的符号意义。在传统社会中，人们的消费行为是根据人的真实需求而做出的行为选择；但在消费社会中，消费行为的选择和人的真实需求之间越来越背离，商品是作为一种符号载体而存在的，它激起人的各种欲望，并促使欲望变成一种实际行动，从而使消费变成非理性的狂欢。人们消费的不仅是物质产品，更是象征符号；人们所满足的不仅是肉体的需要，更是精神的需要。在某种程度上，符号象征着人们的社会地位和经济水平。所以，消费主义的消费内涵和传统社会的消费内涵之间有着本质上的不同，商品和劳务的使用价值不再是消费对象的焦点，体现在他们身上的社会性内容才是人们消费的驱动力。消费主义作为“一种价值观念和生活方式，它煽动人们的消费激情，刺激人们的购买的欲望，消费主义不仅仅满足需要，而在于不断追求对于彻底满足的欲望。人们所消费的不是商品和服务的实用价值，而是它的符号象征意义。消费主义代表了一种意义的空虚状态以及不断膨胀的欲望和消费激情”[1]。消费主义者把消费作为人生的终极目标，作为自我满足的根本途径，推崇无节制地花钱、大量消费、奢华消费，并将其视为潮流和时尚。所以，消费主义不是一种单纯的价值观念，也不是一种单纯的实践行为，它是二者的结合，通过有形的物质消费实现心理的满足。消费主义行为具有较大的影响力，很容易让人模仿，而且人们一旦接受了这种生活方式，就难以摆脱，从而失去理性和判断力，分不清什么是人的真正需求，容易把这种异化的消费需求当作人类生存本质和个人追求的目标。

1.诱惑性及对人类道德的败坏

消费主义具有诱惑性。随着生产力的发展，物质产品的丰富，以往的生产不足已经转变为大量商品的过剩。相对于消费不足的状况，社会生产出现了过剩，这是经济社会的顽疾。解决这个问题的手段可谓多种多样，政府可以通过宏观调控来干预市场，生产企业可以利用时尚的商品设计和铺天盖地的广告来宣传，经销商可以利用优质的包装、买卖的优惠来吸引消费者，形成消费者关注的文化氛围，引起他们的注意，刺激他们的消费欲望。这样，在各种手段的引导下，消费者就会产生出匮乏感和需求欲，要解决这个问题，消费者唯一能做的事情就是去购买。人们的社会态度和消费需求受到这些诱惑性活动的刺激，人们的心理就屈从于社会对消费的调节，从而促进了人们的需求和消费活动的兴旺。这时的社会生产既包括

[1] 王宁 . 消费社会学 . 北京：社会科学文献出版社，2001，第 145 页 .

了产品生产，也包含了满足人们的消费欲望的生产，社会生产成为对消费者的生产。

消费主义如同一种精神鸦片，它会使人迷失在过度消费带给他们的虚荣心的满足中，这种虚荣心的不断被满足，让他们过分陶醉在物质消费中而忽略了精神消费，消费主义把人变成了物质上的富翁，也把人变成了精神上的乞丐，使物质消费与精神消费失衡，消费变成畸形消费，马克思称之为异化消费。当人们被消费主义浪潮所包围时，他们就已经陷入了欲望和满足的矛盾的泥沼之中，幸福感会随着这种现象的加深而逐渐降低。因为资本无法停止它追求利润的脚步，资本的逻辑要求实现利润的最大化，为了维持再生产的正常进行，卖出商品，必须要激起人们已有的消费欲望，并制造出新的消费需求，使大量消费成为人民群众生活的常态。迈克·费瑟斯通指出："资本主义生产的扩张，尤其是世纪之交（指19世纪与20世纪之交）的科学管理与'福特主义'被广泛接受之后，建构新的市场、通过广告及其他媒介宣传来把大众培养成消费者，就成了极为必要的事情。"[1]在马尔库塞眼中，这种诱导性需求是一种"虚假需要"，因为这时的人已经不是一个真正意义上的人，而是一个被动的、异化之后的消费者，成了爱别人所爱、恨别人所恨的盲从者。

2.象征性、符号性及对社会风气的破坏

消费主义具有象征性。消费的原初意义是为了满足人们对某种使用价值的需求，但是由于受消费主义的影响，商品除了其正常的使用价值外，逐渐成为消费者展现自身的社会身份、经济地位、个人品位的手段，成为向公众传递自我信息的窗口。从某种程度上看，消费者选择一种商品，实际上也是选择了一种生活方式，选择了一个社会阶层。当消费者选择名牌商品的时候，就表示他已经从以前较低的阶层中走出来，进入一个和这种商品相匹配的地位较高的团体中去了。消费主义文化的象征性使得人生的目的和意义被过多地赋予到商品上面，从而使商品具有了越来越多的象征意义和文化功能。消费主义本质是一种异化消费，具有某种象征意义和一定程度的表演性，而这种异化消费的生命力却似乎异常强大，它不但被老一辈所津津乐道，也被年轻人所顶礼膜拜，并把它当作人生的价值与生活的目的。

符号化使得商品外观的美感和象征性价值倍增，以至于出现了过度包

---

[1] [英] 迈克·费瑟斯通著；刘精明译．消费文化与后现代主义．南京：南京译林出版社，2000，第 19 页．

装与高额的广告费用等现象，大量资源被浪费在不必要的地方。加上我国对包装废弃物的回收利用率不高，仅有30%，所以，把资源过多地消耗在这上面是极不明智的做法。消费主义的符号化特征使企业的生产成本增加，也使消费日益走向边缘化，耗费大量资源和能源而生产出的产品被人们随机消费，在人的感觉被瞬间满足之后就成了被丢弃的垃圾，在这种虚妄的感觉被满足的同时，也将人们的下一个物质欲望激发出来，并被无限放大。人们对环境资源的过度消耗并不能对人类社会未来的环境状况产生有益的效果；虽然我们消耗了未来的资源和环境，但是我们并没有给未来带来更美好的环境，反而在过度生产和消费中产生了大量浪费，给自然带来了永久性的环境危机。在消费主义语境中，消费满足人的基本生存需要的功用退居其次，而其外延化的功用占据了主席，也就是说，消费品的符号价值已经超出了它的天然的使用价值。人们在虚荣心和虚假需求的诱导下，开始盲目追求高档消费，以至于人的主体性地位被盲目性的消费活动所取代，这主要体现在广告等宣传手段对人们消费的操纵上。广告操纵了消费，其实就是操纵了人本身，人们在广告的引导下去选择消费品，而不是根据自身的需要和判断能力去选择。许多人宁可入不敷出也要满足这种被扭曲的消费，以至于在社会上形成了一种盲目攀比的不良风气，它淡化着人们的责任感和责任意识，也动摇着传统美德的根基。

3.浪费性及对自然环境的影响

消费主义具有极大的浪费性。在传统的社会生活中，只要一种商品还拥有可供消费的功能，那么这种商品就可以继续消费，而不会从消费领域退出，这样，在无形之中延长了商品的使用寿命，既节约了资源能源，又减少了对环境的污染，社会是节约型社会，消费是节约型消费。在消费主义占主导地位的社会中，消费大多是一种符号消费，而人们对符号的认识是主观的、多变的，从而使商品及对商品的需求也呈现出主观多变的特点。这就是为什么社会上一次性用品大量增加的原因之一，用过就扔的习惯和商品的快速更新使自然资源的消耗大大增加，从而在过度生产、过度消费、过度浪费之间形成了一种恶性循环。

消费主义给自然环境带来了极大的负面影响。自然属性是消费活动的基本属性，是一种通过消耗自然物品给人类提供所需要的信息和能量的属性。可以说，人们的消费活动一刻也离不开自然：人们所需要的消费品、所需要的物质和能量，源于人类对自然界的认识和改造；而人们的消费过程，就是物质和能量的不断交换过程；最后把消费后的“废弃物”再排放到自然界中。这样，人们通过对自然界物质和能量的索取、交换、废弃，通过人们的消费行为，把自身与自然界紧密地联系在一起。在人们自始至终的消费过程中，“度”有着十分重要的意义，能否把握好“度”直接影响着人与自然的关系，对自然的过度索取会造成资源的枯竭，对消费的过度追求会造成消费的异化，对废弃物的不合理排放会造成环境污染。消费主义的生活方式给自然环境带来了极大危害。在消费主义文化的影响下，人的物欲被无限放大，而消费主义的符号性和象征性特征大大缩短了商品的使用寿命。人们对商品消费的评判尺度，也从传统的使用价值尺度转向符号尺度，越是奢侈的、能够彰显个人身份和地位的商品才越会受到消费者的青睐。那些适用性强、使用价值高的商品，由于缺少象征性的符号价值，而被消费者冷落，甚至抛弃，结果不但浪费了大量资源，也破坏了生态环境。

4.全球性及对世界的不良影响

大家都知道，西方发达资本主义国家是消费主义的最大起源地。虽然生态危机的总根源在于与私有制相适应的资本主义生产方式，但是发达国家由消费主义所主导的物质生活方式，也是诱发全球性生态危机的主要根源之一。西方国家不但要把资本的触角延伸到世界的每一个角落，而且还把他们的高消费模式推向全世界，通过文化输出和跨国公司等手段，把消费主义的文化理念推广到广大发展中国家。发展中国家为了效仿消费主义，也加入了不可持续的、高消费的进程之中，我们也位列其中。为了增加高档消费品的出口，以及满足国内的高消费需求，生态环境必然成为生产和消费的牺牲对象，使自然界满足人类需求的能力逐渐被削弱。在这种超前性的高消费影响下，我国的生态环境压力已经远远超过了自然界的承受能力，LL发达国家在发展过程中所承受的压力还要大。到2003年。我国的人均能源占有量是美国人均水平的1/10，人均年收入还不足美国的1/7，但是我们的奢侈品消费却大大领先于美国，位居世界第一。而且.我国能源的转化率也远远不及美国、日本等发达的资本主义国家。在相同的条件下，在每增加l美元的国内生产总值所消耗的能量上，我国是世界平均水平的3倍，是H本的7倍。从目前的发展状况来看，我们已经成为各种能源的消费大国，各种能源“荒”接踵而至，“煤荒”、“电荒”、“油荒”等已经成为老百姓耳熟能详的名词了。更为重要的是，作为最大的发展中国家，我们承接了发达国家的大量夕阳产业，这些产业污染重、效能低，给生态环境带来了严重威胁。

消费主义是一种全球化现象，并不是哪一个国家或集团所能控制或主导的。消费主义最明显的表现就是，千百万人的认同、接受、效仿和实践，其最直接的结果就是过度消费现象的大量产生。虽然过度消费给企业带来了巨大的利润，但从人类社会的整体来看，从可持续发展的视角来看，却是弊大于利的。

（二）引导正确的消费观念

1.既要刺激消费又要合理引导消费

在对待消费的问题上，“因噎废食”的做法是不可取的。超越消费主义，不是要求人们实行禁欲主义，不去享受丰富的物质生活，恰恰相反，没有以往的物质消费，是无所谓超越的。正常的物质生活离不开消费，也离不开消费对生产的积极拉动，只有创造出了丰富的物质资料，才能够保障人们的正常生活。那么，我们应该坚持一种什么样的消费模式呢?在党的十七大报告中，胡锦涛把节约资源和保护环境的消费模式作为生态文明的主要标志和发展目标。马克思在批判资本主义时指出，在资本主义社会中，人的劳动已经成为一种堕落的异化的劳动，人也成为一种只知道物质消费的“残废的怪物”。

消费主义不但扭曲了人性，也伤害了自然环境。在消费主义文化背景下，衡量一个人的生活好坏及社会地位的唯一标准就是看他对商品的拥有量和消费量。消费量中的“量”有两层含义，一是指数量，二是指质量。消费主义理念中的商品的质量往往与“奇”是联系在一起的。人们在追求商品丰富的同时，还要追求商品的新奇。而越是新奇的商品，在自然界中往往是越少的越值得珍惜，在生态系统中的作用也是越重要的。从20世纪初消费主义的产生到20世纪下半叶这一段时间内，人们向自然界索取的东西，比以往的所有索取的东西的总和还要大，消费主义的产生和成长过程，其实就是损害自然界的过程。

对待消费，我们既要刺激，又要引导。一方面，我们要依据生态文明的建设要求去引导消费。引导人们的消费行为，就要让人们在消费问题上，坚持全面而非片面发展的观点，不但要有丰富的物质消费，还要有精神和文化消费，并在消费过程中不断加大精神文化消费在整个消费中的比重。文化消费是一种更高层次的消费，它可以较好地满足人们的精神文化需求，而精神文化需求的满足，甚至更高于通过有形的物质消费对人的生理需求的满足。另一方面，在物质消费领域，我们要引导人们打破“更多”与“更好”之间的非理性连接。作为供人们消费的物品，并不是数量越多质量就越好，它们之间没有必然的统一性。我们需要的“更多”是生产更多的耐用品、更多的绿色商品。那么“更好”应该体现在消费的质量方面，如果人们消费得越少，而生活质量反而越好的话，那可能就是人们消费中的最理想状态了。在消费领域，我们应该实现更多与更好的有机结合，以生态文明的要求为基本原则去引导消费，建立一种把消费的“质”，生活的“质”放在第一位的需求结构，使人们的消费结构更合理，消费质量更高。在全面建成小康社会的过程中，在生态文明建设的过程中，我们不仅要合理地刺激消费，以保障社会经济的正常发展，而且要正确引导消费，使消费控制在生态容量的底线之内。[1]

2.树立生态化的消费伦理理念

传统人类中心主义认为，人是自然界唯一具有内在价值的存在物，是道德关怀的唯一对象，所以，在涉及环境问题时，要以人的利益为出发点和判断标准。人类对自身负有直接的道德义务，而对自然界却只是一种间接的道德义务。这种人类中心主义体现着“人为自然立法”的基本思想，世界的中心是人类，人类保护生态环境的目的是为了人类的利益；自然万物只是人类实现其利益的工具而已，当然，为了更好地实现自身的利益，人类有必要爱护好这个工具。而当这个工具对人类失去了直接利用价值的时候，人们就没有必要去保护它了，就应该弃之不顾。这时，人类中心主义与狭隘的功利主义合而为一，自然成为一种外在于人的目的性存在。由于人类中心主义忽视了人与自然的同一同源性，忽视了规律的客观性及其对人类实践的制约性，也忽视了自然生态系统的承载能力，所以，它不能从根本上解决人类发展与生态环境之间的矛盾，是一种关于人类生存的狭隘的伦理学，而不是广义的可持续发展的伦理学。在康德那里，人不但可以为自然界立法，而且可以为自身立法。“人”是以人类为中心的人，它可以与自然界相对立，也可以统治自然界。而在生态消费伦理中，“人”是指与自然可以和合共生的人，它与自然界相协调，是自然界的一部分，尊重自然规律，代表自然的意志。道德必须遵循“人为自身立法”的原则，通过具有自由意志的人制定相应的规范来约束自身的行为。人为自己确立起一定的道德法则，然后自己又去执行，只有这两种行为相一致时，人的道德行为才能够沿着主动性与自觉性的轨道向前发展。所以，在“人为自身立法”这一道德原则的指引下而构建起的生态消费伦理，可以有效地缓解或解决生态危机，消融人与自然之间的矛盾。只有如此，我们才能够说，“立法”者的目的与需要本身就包含着自然界的意志，人们的消费行为是自然界所允许的。

从国际范围来看，消费主义已经成为发达国家中的主流消费之一，它与资本主义的生产方式相适应，并迅速向全球蔓延。从国内范围分析，由于受到消费主义的影响，目前我国的高消费、不合理消费的现象普遍存在，生态问题越来越严重。所以，我们要自觉抵制消费主义及其不良影

[1] 陈学明 . 生杰文明论 . 重庆：重庆出版社，2008，第 79 ~ 86 页 .

响，坚持从自然界生态环境的承受能力出发，尽可能地采用对自然环境产生影响较小的生活方式，努力发展那些既能满足人的需要，又与自然环境相互协调的生态化产品，把人的消费活动和消费水平限制在自然界的承受限度之内，维护好自然界的生态平衡，树立生态化的消费理念。同时，作为国家权力代表的政府和舆论喉舌的媒体要在环保宣传上加强力度，使消费者充分认识到，消费的水平和质量不仅取决于商品、服务的数量和质量，还取决于人们所处环境的好坏。通过这种方式，帮助人们认清消费主义的危害，引导人们树立保护生态环境、节约自然资源的新理念，自觉地建立生态化的消费模式。

3.实现科技理性与价值理性的和谐统一

当今社会，要切实解决因消费主义而诱发的生态危机，就要实现科技理性与价值理性的和谐统一。科技在经济社会中的重要性不言而喻，它在一定程度上支撑着人类社会的发展。那么，作为社会发展内容之一的生态文明建设同样离不开科技，科技理性是生态消费伦理的重要组成部分。可是，生态问题的解决不可能只靠科技理性这个因素，并且科技理性的过度膨胀也正是引起生态危机和精神危机的原因之一。面对严峻的现实，人们开始反思自身的行为及其对自然界带来的影响。罗马俱乐部认为，由于人类欲望的极度膨胀，人类通过科技理性把自身的意志强加于自然界，对自然资源进行了毁灭性的开发，破坏了人类赖以生存的自然环境，加速了人类的灭亡。在《单向度的人》一书中，马尔库塞对消费主义进行了尖锐的批判。马尔库塞认为，由于现代社会的科学技术和人们的生活都有了很大程度的提高，加上人们受到消费主义的影响，就变成了只有物质而没有精神，只有追求物质享受而迷失了精神生活的“单向度的人”。也就是说，我们不能因自身的好恶而去偏爱科学理性或去追求价值理性，两者不能偏废，要有机结合，才可能找到解决生态问题的出路。如果不能正确发挥价值理性的引导作用，科技的发展就会变得盲目，诱发大量的生态问题，甚至会导致人类的消灭；如果不能正确发挥科技理性的作用，人类的生存和发展就会失去必要的物质支撑，也无法解决实践过程中出现的生态问题。所以，我们应该寻找科技理性和价值理性二者恰当的结合点，扬二者之长，避二者之短。正确使用科学技术这把“双刃剑”，合理地利用自然、保护自然，实现人与自然的和谐统一。

、坚持生态消费意识

社会主义生态文明建设要求人们生活方式的转变，而生活方式的转变则要求树立一种生态化的消费，生态化的消费是反对消费主义的有力武器，也是循环经济发展中的重要一环；生态消费是实现消费从工具理性到目的理性转变的内驱力，体现着人们对自身本质发展的必然追求。当然生态消费的建立必须与我国目前的基本国情相适应，要体现以人为本、健康向上等基本要求，坚决反对和摒弃畸形的社会价值观对消费的不良影响。

（一）生态消费的价值考量

1.生态消费是反对消费主义的有力武器

生态消费是对狭隘消费主义思想的一种超越，它为我们彻底转变消费观念、全面把握消费的实质提供了科学的视角和手段。从根本上来说，人类消费的真正目的在于自身基本需要的满足，是为了更好地发展和再生产人类自身。而消费主义值观则把人们引向欲望的陷阱和拜物主义的泥沼，使人们的消费发生异化。社会的正常发展，应该是精神与物质的相互协调、共同发展，人类的目光不能只是聚焦在财富和物欲上，还要关心精神文化的发展。消费主义的价值理念从人文关怀的文化视野中游离出来，把人类生存的初始目的也抛至脑后，在不断满足人们膨胀的物质欲求的同时，给生态环境带来难以弥补的损失，人们为此付出了惨重的代价。我们完全有理由相信，当今世界，之所以会出现如此严重的生态危机，是因为人们对自身物欲的放纵，对自然资源的疯狂掘取，对消费品的肆意挥霍。我们不提倡禁欲主义，不提倡苦行僧式的人生哲学，但我们坚决反对纵欲主义。在经济不断发展的前提下，我们很高兴看到人们消费水平的提高，但是坚决反对挥霍浪费。我们应该节制自身的消费欲望，自觉抵制享乐主义思想的侵蚀，建立一种不为物役、精神自在的消费方式，一种坚持节俭、杜绝浪费的消费方式，一种绿色健康的消费方式。当然，从社会历史的发展过程看，勤俭节约、爱护环境的运动并没有风起云涌，摧枯拉朽。但是，在资源日益枯竭、生态危机日益严重的今天，当我们为解决生态危机问题而一筹莫展的时候，我们发现，以消费需求拉动经济发展的思想并非坚不可摧，无懈可击，它也只能在相对限度内才能够发挥出最佳效用，而不能一味地向前推进，必要的时候还需要往后拉一下。人类社会经济增长的历史，其实就是自然被不断改造的历史，是人类和自然交互作用的历史，在这个过程中，人类付出过惨痛的代价。所以，我们应该消除消费主义价值观的不良影响，用生态化的消费理念去引导人们的消费行为，满足自身合理的消费需求。

2.生态消费是人类对自身发展的必然追求

生态消费是一种既能够保护生态环境，又能够满足人类需要的消费，是一种坚持对资源的开发与保护并举，利用与再生同步的科学消费。生态消费是一项实践活动，也是一种价值体现，它的建立有利于人的全面发展。

消费是为了满足人们的基本生存和发展，实现人生价值的手段，而不是人生的目的。在传统的消费模式中，人们的需求偏重于物质享受，受制于各种物欲，从而在消费过程中迷失了自身，走向了反面，成为为物所役的人。人们混淆了消费是手段还是目的这样一个最基本的问题，当手段成为目的，消费成了人生的全部价值和意义的时候，能否满足人们的消费欲望就成为衡量人的价值的标准，成为衡量社会进步与否的标准。在消费主义者那里，消费的本质和现象、目的和过程之间已无任何界限可言，消费更多的是为了满足人们对商品的符号化需求，而不是为了人更好、更全面而自由的发展。虚假需求的满足可能有利于个人，但却使社会处于病态之中，因此，这种需求是必须批判和反对的。现代社会过分重视物质的增值和极度扩张，以及人的外延式发展，而忽视了人性的需要与内在价值，以及人的全面发展，消费也从人类生存的手段转变为控制人类生存的异己力量。消费主义坚持为发展而发展的病态逻辑，颠倒了消费目的和手段之间的辩证关系，结果就是过度生产的出现，以及它所带来的过度消费和大量浪费，破坏了生态环境，也威胁到了人类的精神家园。所以，我们应该转变消费观念，从是否有利于人的本质的完善来判断人们的消费行为，从是否有利于人的全面而自由的发展的角度来判断社会和科学的进步。生态消费有利于人性的复归。生态消费旨在通过健康而合理的消费方式，建立符合生态环境的价值观，以保护自然，为人类的自由全面发展创造条件。人具有主观能动性，他可以通过有目的、有意识的“自由”“自觉”的活动来改造自然、社会及自身，人们通过对对象世界的改造获得自身的发展。生态消费是人类主体消费意识的觉醒，是人们反省工业文明的发展方式及其相应的发展理念的结果，是人类思考如何处理人与自然关系的结果。正如马克思所说的，它是“人的复归”，是“对人的本质的真正占有”，“它是人和自然之间、人和人之间的矛盾的真正解决”。[1]弗洛姆认为，作为能够满足人需要的活动，消费是实现目的的手段，也就是说，消费是从属于人的全面发展，为人服务的。弗洛姆认为：“消费活动应该是一个具

[1] 马克思著；于光远，等编译.1844年经济学哲学手稿.北京：人民出版社，1985，第73页.

体的人的活动，我们的感觉、身体需要和审美趣味应该是具体的、有感觉的、有感情的和有判断力的人；消费活动应该是一种有意义的、富于人性的具有创造性的体验。”[1]生态消费要求人们转变消费观念，关注人类持续的生存和发展，树立符合人类真正需要的生态化的消费伦理理念，引导人们的消费向着更加科学、健康的方向发展。消费只是人类生存的手段，而不是人类生存的目的。我们要以生态化的消费方式代替病态异化的消费方式，使人与自然从对抗走向和谐。也只有如此，才能够使人真正地展现其全部的潜力，在人与人、人与自然、人与社会之间确立起真正的人道主义关系，促进人的充分、自由、全面发展。

3.生态消费是实现消费从工具到目的转换的内驱力

人的需求是消费的起点。人生来就具有需求，无论是物质的还是精神的，无论是心理的还是生理的，这是天然的“内在规定性”，马克思认为，这种天然的需求是人的本性，也是人为了自身的某种需要和为了这种需要的器官而做事的前提。在人类的自身发展过程中，人们为了平衡生态关系，产生了生态需求。生态需求具有典型的二重性特征。

从生态需求在人类需求体系中所占的位置来看，生态需求是人类的生存、发展、享受的集合体。生态需求既包括了人类最基本的生存需求，也包括了人类的发展和享受需求。人们在美丽的大自然中，可以愉悦身心，陶冶情操，发展体力和智力，有利于人的全面发展。所以，生态需求是人类本性的体现。生态需求是人的物质需求和精神需求、生理需求和心理需求的统一体，一方面，生态需求具有物质方面和生理方面的需求属性，需要拥有一定的生态特质；另一方面，生态需求又具有精神方面和心理方面的需求属性，需要一定的精神愉悦。

从生态需求在人类需求内容中的位置来看，生态需求不但是一种结果，更是一种动力。人的需求是丰富多彩的，“在社会主义的前提下，人的需要的丰富性，从而某种新的发展方式和某种新的生产对象具有何等意义，人的本质力量的新的证明和人的本质的新的充实”[2]。人类的需求结构由物质、精神、生态三方面组成，其中，人类物质和精神需求是生态需求的基础和前提，生态需求则是物质和精神需求的必然结果，而人类生态需求的发展又可以进一步推动人类更高层次的物质和精神需求的满足。生态需求是人类需求结构体系的基础和动力之源，也是人类在经济增长和地球

[1] 邓志伟．弗洛姆对消费异化的伦理批判．消费经济，2005（4）．

[2] 马克思恩格斯全集（第46卷）．北京：人民出版社，1979，第104页．

承载力崩溃之前的追求持续发展的内驱力。生态消费的目的是满足人们的高层次需求，以促进人的全面发展和社会的整体进步，避免资本主义社会把消费当作牟利工具的弊端，从而在对待消费的问题上实现从目的到工具的转变。

4.生态消费是循环经济发展中的重要环节

20世纪60年代之后，生态学得到快速发展，人们开始考虑能否重构一种新的经济系统，这种经济系统可以与自然界的物质循环和能量流动规律相一致。20世纪90年代以来，可持续发展理念逐渐被世界各国人民所接受，于是，一些国家把发展循环经济看作是实现经济和生态协调发展的重要途径。人类要想全面了解自身在生态系统中所处的地位，以及对生态系统所产生的影响，就要自觉地遵循自然规律，使人与自然界之间的物质能量信息的交换顺畅，自觉调整人类的经济行为，以维护生态系统的平衡，实现经济发展与生态保护的协调发展。

简单来说，循环经济就是指在生产、消费和废弃物处理过程中，人们自觉遵从生态规律的做法。在生产领域，应该把现行的“资源一产品一废弃物排放”过程转化为“资源一产品一再生资源”的过程，把“消费一排放”的开放式经济流程转化为“消费一回收一再利用”的封闭式经济流程，坚持减量化、再使用、再生利用的相结合的原则。这样一来，循环经济对经济活动的各领域提出了新的要求：首先，生产企业要优先选择可再生的资源做原料，革新机器设备和工艺流程，尽可能减少废弃物的产生，并尽可能地回收再利用；消费者要尽可能购买绿色产品，并在产品消费之后承担起回收废弃物的社会责任和经济责任。其次，在生产过程中要尽可能地提高资源的循环利用率，使传统经济活动中的废弃物成为新的生产过程中的原料，实现资源利用的最大化和环境污染的最小化。从消费角度分析，循环经济优越于传统经济的地方在于，它非常重视对消费后的产品的资源化，重视对废弃物的回收再利用，无论是从产品设计、制造，还是消费、回收、再利用方面，循环经济在节约资源、减少排放、资源重复利用方面都极具优势。循环经济把清洁生产、资源利用和可持续消费联系在一起，运用生态学规律来指导人类的经济活动，把经济建立在节约资源、保护环境的基础之上，在本质上是一种生态经济。如果把循环经济作为生态经济的表现形式，那么生态消费就应该作为生态经济的起点和最终目的。所以，循环经济的顺利进行离不开生态消费的大力支持，这是发展循环经济的必由之路，对于循环经济的发展和生态环境的保护具有十分重要的意义。

（二）生态消费的有效途径

1.建立“以人为本”的消费观

生态化的消费观是以保障人的身心健康为出发点而实施的生活方式和消费活动，它把“以人为本”作为自身的指导思想和最终目标。人、自然、社会之间的关系能否保持全面、协调与持续发展，取决于人能否正确地发挥其主观能动性，而主观能动性的发挥程度，又取决于人能否获得全面的发展。这告诉我们，人的全面发展有利于推动人、自然、社会这个生态系统整体的健康发展，而人的畸形发展，则不利于人、自然、社会之间的协调、持续、全面发展。资本主义社会发展生产、刺激消费的目的是为了得到更多的剩余价值，社会主义社会发展生产、倡导消费的目的则是促进人的全面发展，虽然二者的实施手段类似，但目的却截然不同。贯彻“以人为本”的生态化消费观，建设有利于人的全面发展的消费模式，对以健康产业、创意产业、文化产业为主要内容的现代服务业的发展大有裨益，在拉动内需的同时，也有助于经济的健康而快速的发展。美国金融危机、石家庄的三鹿奶粉等就是活生生的反面教材。

“以人为本”的消费观包含三层内容：第一，生态消费是一种健康消费。人能否全面发展，首先就要看这个人的身心是否健康，这是基础。人的身心健康是由人的生理健康和心理健康组成的，是人自身的自然生态系统状况与社会生态系统状况的体现，是二者在人身上的有机融合。人身是一个复杂的生态系统，有人把它形容为一个小宇宙，是有一定道理的。人的生理是指组成人体的各个器官，这些器官组成了人的体内自然，它具有一定的物质形态和生理机能，是一个完整的、动态的生态关系链。如果这个关系链上的某个环节出现了问题，人就可能生病，甚至是死亡。所以，人的生理健康，不单单是指人身体少生疾病，更重要的是指人身体的平衡与免疫力的提高。人的心理健康是指人的心理活动、态度情绪等各种心理品质的健康。人的心理健康严重影响着人的生理健康。如果人的心理出现了问题，不但会导致生理问题，严重的也会导致死亡。一个长期心理阴暗的人，会严重伤害身体健康。中医有怒伤肝、哀伤胃、惊伤胆、郁伤肺之说，就是这个道理。[1]生态消费是一种健康消费，它既需要心理健康，也需要生理健康。第二，生态消费是一种素质消费。人的素质的全面提高是人的全面发展的核心。素质主要是指人们在自身的世界观、人生观、价值观方面，在科学文化、思想品德等方面的修养。人的素质是人、自然、社

[1] 廖福霖．关于生态文明及其消费观的几个问题．福建师范大学学报，2009（1）．

会之间关系的内化与外化的综合表现。提高人的素质就要提高人在精神消费、文化消费和教育消费方面的比重。第三，生态消费是一种能力消费。人的全面发展的程度如何取决于人自身可持续发展能力的高低。人的可持续发展能力内涵丰富，包括人与外部环境的协调能力、提高身心健康的能力、适应社会的能力、运用知识解决问题的能力、创造性能力等。人的可持续发展能力的提高是一个综合性问题，反映在消费问题上，它是人的物质消费与精神消费、社会消费与个人消费的有机统一。

2.树立和谐健康的生态化消费观

生态消费理念的培养离不开对公民生态意识的教育和强化，在此基础上，树立全新的生态道德伦理理念，使人们的价值取向从经济方面转移到生态方面，在社会上形成良好的社会道德风尚，既崇尚自然，又勤俭节约，把协调人与自然的关系作为人内在的精神需求。我们应该充分利用各种教育手段、宣传媒介和社会性的公益活动等，向人们传播生态知识和正确的消费理念，促进人们的生态意识和生态消费习惯的养成。人是自然界的一部分，人与自然组成了完整的生态系统，人们的活动受自然条件的制约，如果人的活动超越了自然的承受能力，势必引起资源的枯竭、环境的恶化，而人也必将受到自然的惩罚。我们应该加强各种生态化的示范活动，建立由政府、民间团体、消费者共同参与的群众性生态化运动，大力提倡绿色购买，绿色消费，反对豪华和浪费，向生态、节俭、健康的生态型消费转变。

工业文明中不可持续的消费观反映了资本主义的文化价值理念。随着我国的改革开放的发展，不可持续的消费观逐渐渗入了人们的生产生活之中，并对我国社会的发展产生了消极影响。生态危机的解决离不开正确消费观的确立，而我们要确立正确的消费观，就要自觉地抵制消费主义思想的侵蚀，树立以人为本的价值理念。以人为本的消费就是以满足人的合理需要为目的的消费，是人性化的消费形态。我们不但要重视人的自然属性、人的物质欲求，更要重视人的社会属性、人的精神追求。人的物质欲求是满足人的需要的手段，是人的生存和发展的基础，但不是人生的最终目的和全部。生态化的消费就是立足于对人们的物质生活需要的满足，追求人们在精神生活需要方面的满足，以最终实现人的价值，促进人的全面发展。我们坚决反对奢侈浪费的生活哲学，提倡勤俭节约的生活方式，弘扬优秀的传统文化，为全面小康社会的实现，为建设“两型社会”而努力。在消费过程中，我们要确立起尊重生态价值的绿色消费理念，尽可能地避免对环境的污染，实现人们消费行为的生态化转变，从而保持消费的可持续性。

3.加强对生态消费的引导和规制

要加强对生态消费行为的引导和规制，需要政府加大相关政策法规的制定，为可持续消费提供制度上的保障。国家可以利用相关的政策和法规来调节人们的消费行为，限制不可持续性消费，提倡可持续性消费，为生态消费的普及开辟道路。在推进可持续性消费模式的建立、规范人们的行为方面，政府有不可推卸的责任和义务。政府在优化消费结构方面要加大力度，使人们的消费结构既能体现出需求的层次性，又能够确保人的体力、智力等方面的全面发展。从我国的具体情况出发，特别要注意区域之间、城乡之间、社会阶层、贫富分化等方面，尽可能减少社会消费分层严重的现象。分配公平与否制约着消费公平，要解决消费分层问题，不断健全社会保障制度，深化分配制度改革，利用各种手段来进行调节，尽可能地提高低收入者的收入与消费水平。我国广大农村和中西部地区普遍落后，人们的收入较低，为此，各级政府不但要努力增加农民的收入，改善农民的生活，而且要积极完善城乡养老、医疗、保险等社会保障制度，确保社会消费的公平正义，维护社会的稳定与和谐。

4.摒弃畸形的社会价值观

实现消费的生态化，就要摒弃畸形的社会价值观。在现代社会中，“重利轻义”现象似乎成为一种常态。当人们重“利”轻“义”的时候，人与人之间的关系就容易被物质、金钱等低层次的东西所占领，从而出现人际关系紧张，社会道德滑坡，社会不稳定等情况。现代社会，人们的价值观已被严重扭曲：“只讲财富的占有而不讲财富的意义；只讲高消费超前消费，而不问所消费的是不是自己真正需要的；经济的增长被当作了最终的目的，而对在这种经济增长中带来的人的异化现象视而不见；为了利润挖空心思地制造消费热点，盲目攀比，片面顾全面子的现象比比皆是，这种扭曲的价值观必将人类引入歧途。其实，经济的增长只是为达到人的全面发展的手段，财富的多寡并不能证明一切，消费的应是自己真正需要的，人应当成为自己的主人，而不应当变成物欲的奴隶。”[1]人们应该学会在更广阔的范围内来评判自身的价值，应该在人、自然、社会之间协调发展的基础上谋求人类的发展，民族之间的冲突、恐怖主义的存在都与人类的可持续发展背道而驰。人类不但要开发自然，更要保护自然；不仅从自然中索取，还要学会回报自然。人、自然、社会之间的共生共荣、持续发展才是我们所追求的目标。人们的生存离不开物质产品，但是物质产品只

[1] 张焕明．困境与出路：消费主义的生态审视．福建论坛，人文社会科学版，2006（7）．

是人们追求幸福生活的条件和必要手段，而不是全部，人的有意义的生活离不开丰富的精神内涵。

如果人们为了满足自身的物质需要，不顾客观条件的限制，盲目追求奢侈的生活和消费，就已经降低了生存的境界。在物质生活之外，人们更要追求精神生活，无论是对真理的探求、艺术的创造、道德的升华，还是开发沉睡在人体内的潜能，高尚的精神生活都可以使人更加热爱生活、热爱自然，关心社会、关心他人，可以使人更容易感觉到幸福和满足。

第五节　中国特色生态文明建设的实践形式之三：经济发展的转型

很长一段时间以来，由于我们采取的是粗放型发展模式，过分关注地方经济发展的速度和数量，而忽略了经济发展的质量和效益，使得经济发展没有能够形成合理的格局，既浪费了大量资源，也严重污染了环境，给国家和社会带来了巨大损失。鉴于此，我们不但要深刻反思以往走过的道路，更要对现行的发展模式进行根本性的变革。生态文明是适应社会发展要求的必然产物，对生产模式进行生态化的改造是推进生态文明建设的重要手段。我国经济增长虽然很快，但经济增长所付出的代价很大。特别是目前我国正处在工业化的快速发展时期，新一轮城市化建设又拉开了大幕，加上各种能源和资源消费强度较高、污染排放较重，经济发展与资源环境的矛盾越来越突出。过去那种依靠消耗大量资源和牺牲环境来换取经济增长的时代已经越来越远，老路越来越难走。

在现阶段，转变生产方式的关键是转变经济发展方式。党的十七大报告明确提出：要加快转变经济发展方式，由主要依靠增加物质资源消耗向主要依靠科技进步、劳动者素质提高、管理创新上转变。这是促进国民经济又好又快发展，实现全面建设小康宏伟目标的关键性的战略抉择。在现阶段，对产业进行生态化改造的重点，就是要建立起以“两型社会”为主导的国民经济体系，即建立起一种资源节约与环境污染少的发展模式，走出一条生态化的农业、生态化的工业、生态化的服务业相结合的发展道路。党的十八大报告指出，在加快转变经济发展方式时，要以科学发展为主题，以加快转变经济发展方式为主线，是关系我国发展全局的战略抉择。要适应国内外经济形势新变化，加快形成新的经济发展方式，把推动发展的立足点转到提高质量和效益上来。要更多依靠现代服务业和战略性新兴产业的带动，更多依靠科技进步、劳动者素质提高、管理创新驱动，更多依靠节约资源和循环经济推动，更多依靠城乡区域发展的协调互动，不断增强长期发展的后劲。党的十八届三中全会指出，要加快转变经济发展方式，加快建设创新型国家，推动经济更有效率、更加公平、更可持续发展。

我国的基本国情决定了我们必须从实际出发，吸取世界各国工业化的经验，充分发挥比较优势和后发优势，促进信息化和工业化相结合。同时，应高度重视科学技术的发展，用高新科技和先进适用的技术改造传统产业，推动产业结构的优化升级，实现经济发展方式由粗放型向集约型转变，走新型工业化道路。

一、转变经济增长方式

从维护社会的公共利益和保护生态环境的角度考虑，生态文明建设的首要目标，就是要通过人类的经济活动来实现生态的可持续发展。要实现生态的持续发展，关键是要转变经济的发展方式，而转变经济的发展方式正是科学发展观的重要内容和必然要求。以人为本、提高人民的生活水平是生态文明建设的根本出发点和落脚点，转变经济的发展方式就是要促使发展从单纯地追求经济效益的提高，转向对人的全面发展和经济社会的协调发展上。传统的粗放型经济发展模式具有明显的“高”特点，如高投入、高消耗、高污染，也具有明显的“低”特点，如低效率、低产出，因此，它是一种不可持续的发展模式，给自然、经济、社会的发展带来了一系列严重危机，这就要求我们必须要转变经济发展方式。

（一）由粗放型转变为集约型

依据著名经济学家吴敬琏的观点，传统的工业化发展道路实际上就是粗放型的发展道路，这种粗放的缺点有七个方面：传统的工业化生产模式以重化工业作为它的发展重点，这就明显地与我国的国情不符，违背了我国资源短缺、环境脆弱、人口众多的现状，所以是不可持续的。因为传统的工业化模式侧重于重化工业，这样一来，企业就漠视了对技术的创新，不注重产品的升级换代，也不注重资源利用效率的提高，所以，是不可持续的。服务业发展滞后，跟不上经济发展的步伐，满足不了经济增长的要求，所以它影响了经济整体效益的提高。长期以来我们采取粗放型的发展模式，破坏了自然环境，使我们本来贫瘠的自然资源更是每况愈下，不容乐观。以至于在国际上出现了我们买什么商品，那么市场上该商品的价格就会飞速上涨的尴尬局面。受传统工业模式的影响，我国的高污染产业发展过快，严重地破坏了自然生态环境，影响到经济的发展，因此是不可持续的。统筹经济、社会、生态之间的关系，建立经济社会发展与生态环境保护的综合决策机制，把保护环境纳入各级政府的长远规划和年度计划中，不断提高政府在发展经济、利用资源和保护环境方面的综合决策能力。要建立良性的以循环经济为主要内容的经济发展机制，走循环经济之路。[1]这是我们当前要着力建设的发展机制，它既有利于资源节约，又有利于环境保护，是经济发展的新模式。

一方面，要大力调整产业结构和产业布局，把对产业结构的调整上升到重要的战略性地位上，加强国家的宏观调控职能，使产业的发展尽可能避免结构和布局的盲目和雷同，加快推进落后企业向先进企业的转移和升级，使产业发展的规模和档次每隔一段时间就上一个台阶，为生态环境的改善创造有利条件。另一方面，企业应该加大治污治散的力度，搞好工业园区的规划建设，按照国际上遵循的IS0 14000环境管理体系认证标准来组织生产，这条“绿色”标准是国际上通行的标准，只有依据IS0 14000的绿色标准生产，才能够融入国际市场，不断提高商品在国际市场上的竞争力。这就要求我们下决心淘汰那些“两高一低”的企业，建设生态化企业。而发展生态农业，则包括了生态食品、生态林业、生态渔业，生态畜牧产品，生态农业、手工业等方面，即我们所说的大农业，农林牧副渔等。当然，我们也不能忽视了生态旅游业和环保产业的发展。

（二）正确对待科学技术

1.既要发展又要驾驭科技

根据对科学技术态度的不同，绿色理论可以分为浅绿色（shallowgreen）和深绿色（deep green）两种。浅绿色认为，只要太阳能存在，人类就能通过科学技术的力量解决资本主义的生态危机。深绿色认为，科学技术不是万能的，它可以解决某一个或几个生态问题，却不能从根本上解决现代社会的能源危机和生态危机。生态危机的出现并不是表明技术出现了问题，而是表明现代工业社会的运行机制出现了问题，只有彻底地改造现代社会及人们传统的价值观念，才能从总体上解决人类面临的生态危机。浅绿色表现出的是技术乐观主义，深绿色表现出的是技术悲观主义。浅绿色和深绿色是工业革命以来，人类统治自然思想的延续。在面对生态危机时，浅绿色就变成了改良主义，它主张在资本主义工业体系中，通过科学技术来改善生态环境，更新以往的工业体系，使自然能够更好地满足人类的欲望。

[1] 魏胜文．科学发展观视域的生态文明建设．甘肃社会科学，2008（4）．

而深绿色则把解决危机的希望寄托在对传统观念和社会结构的改革上。这样，在绿色运动中，绿色理论所展现出的技术悲观主义与技术乐观主义，以及他们提出的“回到自然中”与“宇宙殖民”的口号，从正反两方面对科学技术与生态危机的关系进行了论述，从而完成了对资本主义社会生态危机的纯科学技术的批判。科学技术不是自律的中立力量，它既可以成为极权主义对自然和人类进行控制的暴力工具，也可以成为人类自身解放的建设性武器。[1] 在不同的社会组织形态中，科学技术的作用有不同的表现，在资本主义社会中，人与自然关系的异化、生态危机的产生并不是因为科学技术的出现，而是因为科学技术的资本主义使用。

现代化是伴随着科学技术的发展而出现的，科学技术带来了大量的物质财富和丰富的精神生活，给人的解放也带来了希望。但是科学技术是一把“双刃剑”，它对现代化起到推动作用，促进了人类发展，同时也带来了消极影响，一方面，它把幸福和快乐给予了人类；另一方面，它也把烦恼和痛苦带给了人类。在当今中国，有很大一部分人还看不到科学技术的负面效应，在他们的眼里科学技术是天使，而不是魔鬼。赫伯特。豪普特曼指出了科学技术破坏生态环境的严重性：全球的科学家“每年差不多把200万个小时用于破坏这个星球的工作上，这个世界上有30%的科学家、工程师和技术人员从事以军事为目的的研究开发”、“在缺乏伦理控制的情况下，必须意识到，科学及它的产物可能会损害社会及其未来”、“一方面是闪电般前进的科学和技术，另一方面则是冰川式进化的人类的精神态度和行为方式——如果以世纪为单位来测量的话。科学和良心之间，技术和道德行为之间这种不平衡的冲突已经达到了如此地步：他们如果不以有力的手段尽快地加以解决的话，即使毁灭不了这个星球，也会危及整个人类的生存。”[2]我们必须清楚，科学技术本身是中性的，是无所谓善恶美丑的。它可以为人类谋利，也可以成为祸害，关键要看什么样的人，在什么样思想的指导下，为了什么目的在使用科学技术。科学技术的这个特点有别于资本，资本不是中性的，不是“自在之物”，而是一种生产关系，所以它在本性上与生态文明是对立的。从一定意义上来说，科学技术是“自在之物”，它对现实生活的影响不是由它自身决定的，而是由使用它的人决定的。为了实施以生态导向的现代化，我们对待科学技术的态度是既要

[1] 刘仁胜．生态马克思主义概论．中央编译出版社，2007，第13—20页．

[2] [美]赫伯特·豪普特曼著；肖锋等译．科学家在21世纪的责任//[美]保罗·库尔茨编21世纪的人道主义．北京：东方出版社，1998，第3～4页．

发展，又要驾驭和监督。

2.树立绿色科技观

科学技术是第一生产力，是人类认识自然和改造自然的手段。科学技术的迅猛发展推动着经济的发展和社会的进步。人们在发展经济、进行消费，以及解决消费过程中遇到各种问题时，都要借助于科技手段。那么在当今时代，我们在建设生态文明的过程中，应该树立一种什么样的科学技术观?这是一个关系到自然、经济、社会能否协调发展，关系到人与自然能否和谐相处的重大问题。人们的科技观正确与否，决定着科技的积极作用能否发挥，能不能最大限度地减小科技的不利影响。那种以对大自然的开发和破坏为宗旨的陈旧科技观必须抛弃，我们不能以生态平衡的破坏为代价来换取科技的发展。科学技术的进步有力地推动着经济的发展和社会的进步，但是，它也有不利的一面。人类在享受着科技带来的福利的同时，又不得不忍受大自然的报复。高科技产品的大量生产，不但吞噬掉了大量的自然资源，而且又给大自然带来了难以消受的垃圾和污染。依照目前的科技水平推算，中国的现代化需要12个地球的资源来支撑。我国的资源稀缺，而且人多地少，而我们过去粗放型的发展模式恰恰瞄准了这些稀缺性和污染性的资源，这也决定了传统发展模式的不可持续性。所以，我们必须树立生态化的科技观，丢掉传统科技观，探索可持续的生态科技之路。生态科技观追求的不仅仅是单一的经济效益，而是要达到自然、人、社会的协调发展，维护自然生态系统的平衡。生态化的科技观是以协调人与自然的关系为最高准则，以解决人与自然之间的矛盾为宗旨，来促进生态系统的平衡。绿色科技突破了传统的“三高”技术发展模式的限制，它不但解决既存的生态环境问题，也把生态科技纳入技术创新体系之中，既节约了资源，又保护了环境。所以，生态文明建设必须树立绿色科技观，实现科学技术的生态化转向。

3.发展绿色技术

当前，加强生态技术创新，发展绿色技术成为科技创新的重点，特别是要加快先进适用的绿色技术的推广和应用。发展绿色技术，特别要鼓励生态科技型中小企业的发展，并在信贷政策、税收政策、财政政策等方面给予一定的倾斜，实行与国有企业相同，甚至是更优惠的政策。在生态化高新技术成果的转化方面，为生态型中小企业建立风险基金和创新基金，使社会资金流向促进生态科技进步的事业。发展绿色技术，就要使生态科技中介服务体系的功能社会化、网络化，推进生态科普工作的开展。要努力建设生态科技园区，以便于充分发挥绿色技术在经济发展中的辐射带动作用。发展绿色技术，就要加强绿色科技的培训工作，鼓励科技人员流向绿色技术推广应用的第一线。

科学技术的创新在很大程度上保证着节能减排目标的实现。近年来，欧盟国家在相关政策的引导和扶持下，大力发展节能减排技术，对工业制造业中的高耗能设备进行积极改造，他们把供热、供气和发电等方式结合起来运用，大大提高了热量的回收利率。现在，欧盟成员国制造的具有节能减排功能的新型涡轮发电机已经批量投入使用，这种发电机利用工厂锅炉产生的多余动能进行发电，可以产生更多的电能，提高能效30%以上。欧盟成员国认为，一个社会是不是生态循环型社会，要看这个国家是不是真正形成了垃圾转换能源（WTE）的理念。这些思想和措施极大地促进了垃圾焚烧新技术和设备的开发，提高了垃圾中的有机物的燃烧和利用效率，减少了污染环境和温室气体等有害物质的形成。日本各大公司都在进行科技创新，特别是涉及国民经济的钢铁、电力、冶炼等部门，他们挖空心思地寻找节能减排的办法。丰田和本田是世界上生产混合燃料车技术的佼佼者，他们生产的新型混合燃料公交车节能效果极佳，并且没有废气排出的难闻气味，在行驶时也没有噪声，可以说是节能减排中的极品。[1]

（三）环境的生态化管理

1.管理原则的生态化

管理原则的生态化就是在生产力充分发展的基础上，遵循自然规律，以实现人与自然之间的和谐发展。生态文明反映着科学技术和生产力的发展水平，也是新的社会发展方式和生活方式发展的必然要求，它不是一蹴而就的，需要坚持不懈的努力和奋斗，只有不断推进生产力和科学技术的发展，才能为生态问题的最终解决提供坚实的物质条件和技术手段。先进生产力的发展，要求人们在开发自然资源之前，一定要深入调查、切实掌握影响生态平衡的各种因素，能确定开发措施不会给自然环境的结构和功能带来较大影响。这样，在促进经济发展的同时，又能够保持自然生态系统的相对平稳，必须坚决杜绝那种对生态环境采取掠夺式开发的生产经营方式。在实际管理中，坚持既要统筹规划，又要重点突出；既要分步实施，又要量力而行的原则。要学会从实际出发，实事求是，坚持按生态规律办事，充分发挥科技的力量，建设社会主义生态文明。

管理原则的生态化就是在建设社会主义生态文明的过程中，要坚持社会、经济、生态等方面效益共赢的原则，促进各方面的共同发展。发展生态经济，建设生态文明，从维护生态平衡的基点出发，加强对生态文明建

[1] 崔民诜丰 . 中国能源发展报告 (2008). 北京：社会科学文献出版社，2008，第 29 页 .

设的管理，就是要在经济发展、社会进步、生态平衡的基础上，努力实现自然、经济、社会的可持续发展。一切经济活动的存在和运行都离不开生态系统的平衡，生态系统充当了一种实际性的载体，离开了生态系统的平衡，就失去了可持续发展的前提，经济和社会就会陷入混乱不堪的状态之中。所以，要想维持生产的正常发展，必须把生产力的社会性特征和生产力的自然性特征有机地结合起来，并作为推动社会发展的综合性力量。坚持经济效益、社会效益、生态效益的协调发展，使生态经济成为我国经济发展中的一个新亮点。

2.管理手段的生态化

管理手段生态化的手段主要包括三个方面：经济手段、行政手段、法律手段。第一，经济手段。经济手段是政府运用财政政策和货币政策对生态文明建设实施的管理。一方面，要建立有利于保护生态环境的财政政策，在生态文明建设上加大财政支出的力度，例如增加林业建设的投入资金，增加水土保持和治理的资金，对生态技术和生态产业的发展实施财政倾斜政策等。要投入更多的绿色基金，帮助企业兴建效益好、污染少的投资项目，或者帮助企业修缮保护环境的基础设施。在实施绿色基金的过程中，要坚持“污染者付费”的处罚措施和“不污染补偿”的奖励办法，刺激企业更多地选择绿色发展战略。所以，政府应加大生态方面的财政预算，通过财政政策加强对生态文明建设的管理。另一方面，要运用货币政策保护环境，加强对生态文明建设的管理。我们的货币政策要向那些对生态平衡发展有益的行业倾斜，包括国家要采取低息或无息贷款等利息率工具来鼓励生态文明建设等；相反，那些对生态平衡发展有害的行业，国家要采取高息或者拒绝贷款的方式加以限制。第二，行政手段。这里的行政手段是指各级行政管理机构依据国家的法律法规，运用自身所拥有的行政权限实施生态文明建设的手段，这些手段包括指示、规定、命令、指令性计划等。在建设生态文明的过程中，各级行政管理机构对其所管辖的领域和部门实行统一管理。行政手段与其他手段相比，其明显特征就在于它的强制性和影响力，这一点是其他手段所不能做到的，行政手段是建设生态文明的必需手段。第三，法律手段。这里的法律手段是指生态文明建设的管理者依据相关的法律法规，对那些不利于生态环境保护的行为进行约束，以推进生态文明建设。生态文明建设的正常进行，离不开法律法规的保障。在全面建设小康社会的过程中，随着市场经济的不断发展和法治化进程的加快，保护环境的法律法规将会发挥越来越重要的作用。利用法律手段来管理生态文明建设，有利于减少污染、保护自然资源和维护生态平衡，从制度上保证经济手段和行政手段的正常实施。立法部门应建立健全涉及环境保护的法律法规，加强法律的可操作性，在生态文明建设中真正做到有法可依，有法必依，执法必严，违法必究，并加大对破坏生态文明行为的惩罚力度，增强法律的震慑力。

3.管理过程的生态化

生态治理是为了协调人与自然的关系，实现经济发展和环境保护的“双赢”而实施的维持生态平衡的管理过程。在生态文明建设过程中，既要关心生态治理与环境保护之间的关系，又要注意生态治理与经济发展之间的关系。生态治理与环境保护是两个不同层次的概念，环境保护是生态治理概念中的重要内容。除保护环境之外，生态治理还有丰富的内涵。生态治理不是简单地保护环境，而是要在妥善解决人与自然之间对抗性关系的基础上，实现人与自然的和谐相处，它贯穿于人类社会的全过程，以促进人类社会的可持续发展为最终目标。人类要发展就要开发利用自然，人们对自然的开发利用必然会影响自然环境，甚至会改变自然界中一些事物的存在方式。生态治理没有简单地排斥或否定人们的实践活动，而是要求人们在开发利用自然的过程中，按照自然规律的要求办事，把对自然的负面影响降到最低，并对自然环境进行修复。换句话说，生态治理坚持一手抓经济发展，一手抓环境保护，在发展中保护环境，用优良的环境促进发展。

伴随着人们对人与自然关系认识的深化，以及对工业化导致的生态问题的反思，生态治理的影响逐渐加大。由于西方国家奉行的是“先污染，后治理”的发展模式，在实现工业化的过程中置生态环境于不顾，在经济发展之后再回过头来治理污染，这样做虽然是“亡羊补牢、犹未为晚”，但是对于自然生态环境而言，许多破坏一旦发生就不可挽回了，如珍稀物种的灭亡。保护环境、治理污染是刻不容缓的事情，如果不采取切实有效的措施加以遏制和改变，就会威胁到当代人的生活和健康，损害子孙后代赖以生存的根基。随着公民社会的发展，公民意识的觉醒，我们不但要充分发挥政府的主导作用，而且要积极引导企业、个人等多种行为主体参与到生态文明建设中来。无论是生态治疗还是生态预防，无论是局部治理还是综合治理，无论是政府管制还是多元治理，生态治理范式的转变势在必行。同时，适应当今时代的全球化特征，国与国之间、区域与区域之间相互依存，相互影响，特别是在环境问题上更是如此。我们既要加强国际交流与合作，又要加强国内各区域之间的协调，积极建立相互协调的联动机制，实施综合治理，真正实现人与自然关系的和解。

、合理调整、优化产业结构

要促进生态文明建设的健康发展，就必须优化产业结构，促进产业结构的不断升级。产业结构升级包括两个方面：一是由于各产业技术进步速度不同而导致的各产业增长速度的较大差异，从而引起一国产业结构发生变化；二是在一国不同的发展阶段需要由不同的主导产业来推动国家的发展，伴随着经济发展的主导产业更替直接影响到一国的生产和消费的方方面面，在根本上对一国产业结构造成了巨大冲击。[1]依据政府的宏观调控政策，优化生产要素在各个产业构成中的比例关系，合理地配置资源，不断提高产业的生产效率。优化产业结构，完善政府的相关政策和市场机制的正常运行，保证生产过程的生态化转向，也只有这样，才能实现经济和生态效益的“双赢”。

（一）工业的生态化转变

1.从传统工业向生态工业转变

所谓生态工业，是以生态理论为指导，从生态系统的承载能力出发，模拟自然生态系统各个组成部分（生产者、消费者、还原者）的功能，充分利用不同企业、产业、项目或者工艺流程之间，资源、主副产品或者废弃物的横向耦合、纵向闭合、上下衔接、协同共生的相互关系，依据加环增值、增效或减耗和生产链延长增值原理，运用现代化的工业技术、信息技术、经济措施优化组合，建立一个物质和能量多层利用、良性循环且转化率高、经济效益与生态效益“双赢”的工业链网结构，从而实现科学发展的产业。[2]在生态文明建设的过程中，能否转变发展方式的关键就在于能否发展生态工业。传统工业是线性生产模式，末端控制和废弃物丢弃是其中的两个弊端，它不但在生产过程中浪费大量资源，而且在污染治理上也花费了大量的人力、物力、财力。传统工业是线性的开环模式，生态工业是循环的闭环系统，两种模式一开一闭，用简单的方式表示就是：原材料一生产一产品消费~废弃物一丢人环境（传统工业）；原材料一生产一产品消费一废弃物一二次原料（生态工业）。生态化发展理念体现出人与自然之间新的物质变换关系，它既能够保护环境，又能够不断促进工业生产的发展，是人与自然之间的最优模式。传统工业模式和生态化工业模式的

[1] 干春晖．中国产业结构变迁对经济增长和波动的影响．经济研究，2011（5）．

[2] 昔顺基．“生态文明与和谐社会建设”笔谈．河南大学学报，2008（6）．

不同主要体现在以下三个方面：

第一，二者所追求的目标不同。受西方工业社会主流思想的影响，传统工业把产品的生产和销售当作获取利润的唯一手段，而忽视由产品的功能和服务所带来的不良影响，特别是在生态效益方面，是典型的“产品经济”。而生态工业则强调产品的服务功能，而不是购买产品行为本身，企业不但要重视产品的交换价值，而且要重视产品的使用价值，追求经济效益和生态效益的统一，是功能经济。

第二，二者的系统构成不同。传统工业系统主要包括采掘工业和加工工业两大部门，而生态工业系统则涉及资源的初级生产、资源的深加工以及资源的还原生产三大部门。资源的初级生产与植物在自然生态系统中的作用一样，相当于初级生产者，它在新旧资源逐步代替过程中的主要任务就是不断地开发和利用新资源，为工业生产提供各种能源和原材料。资源的深加工部门与食草动物、食肉动物和顶级食肉动物在自然生态系统中的作用一样，相当于自然生态系统的消费者，这个生产过程追求无浪费、无污染，对各种能源和原材料进一步加工，生产出人们所需的工业品。资源的还原生产部门与食腐动物、腐解生物在自然生态系统中的作用一样，相当于自然生态系统的还原者，它主要是把消费过程中产生的各种废弃物再次利用，成为生产过程中的新资源，并进行无害化处理。

第三，二者的产业结构和布局不同。传统的工业发展模式具有明显的专业化、区域化特征，生产的产品类型单一，特别注重规模经济效益，基本上属于区际封闭式发展。由于传统工业是线性物质流的叠加，导致了出入系统的物质流远远大于内部相互交流的物质流，使各地的产业结构雷同、布局集中，资源的过度开采和浪费严重，工业废弃物大量集中排放，生态环境系统超负荷运转。而生态工业则强调系统的开放性和相对封闭性。一方面，要遵循自然生态系统发展的规律，在自然生态系统的可承受范围之内，提倡合理开采自然资源，利用好可更新资源，以确保自然资源的恢复和更新。另一方面，利用共生原理和生产链延长增值的原理，使不同的工业企业聚集在一起，通过不同工艺和产品之间以及废弃物和资源之间的耦合关系，尽量延伸工业产业链，最大限度地开发利用各种资源和主副产品，减少废弃物向环境的排放，既能够保障产品最大限度的增值，又保护了生态环境，实现了工业产品的“摇篮—坟墓—摇篮”的良性循环。[1]

---

[1] 姬振海．生态文明论．北京：人民出版社，2007，第 256 ~ 263 页．

2.改善工业结构，调整工业布局

改善工业结构，调整工业布局，要求我们在新型工业化进程中大力推进生态农业、生态工业和循环经济的发展，推动发展模式由环境污染型向环境保护和友好的方向转变，逐步改变生态产业在国民经济中较弱的态势，大力发展生态经济，使其逐步占据主导性地位。在农村，要加强农村经济结构的调整力度，放眼发展农林牧副渔等效益农业，从国内外市场的需求出发，开发适销对路的农副产品，提高农产品的附加值，充分利用森林、土地、水源等自然资源，使绿色食品和有机食品体系朝着结构优化、布局合理、标准完善、管理规范的方向发展。要积极推行清洁生产，增加清洁能源的比重，在工业生产中实现上、中、下游物质与能量的循环利用，减少污染物的排放。传统工业模式的发展不同程度地依赖于自然资源的投入，同时对人类的生存环境也造成了不同程度的影响，中国如果只发展资源密集型产业，生产初级产品，必然会大量消耗国内的资源，引起生态环境的退化和环境污染，不仅使我国丧失在国际市场上的竞争力，也影响我国的可持续发展能力。我国的高新技术产业增加值的比重只占12.6%，远低于世界发达国家的30%的水平。要大力发展技术含量高，资源消耗少，污染程度低的基础产业和新兴产业，开发自己的优势产品，形成自身的品牌效应，力争建成一批既符合自然生态规律，又能有效提高经济效益的新兴产业群。我们本着“有所为，有所不为”的原则，把重点放在潜力较大的高新技术领域，如新能源、新材料、基因工程、现代生物技术、通信、激光等。加快培养一批高技术人才队伍。我们应该大力发展环保产业。根据OECD（经合组织）的界定，环保产业的定义包括：在污染控制、污染治理及废弃物处理方面提供设备和服务的产业；在测量、防治、克服环境破坏方面生产提供有关产品和服务的企业，包括能够使污染排放和原材料消耗最小量化的洁净技术和产业。环保产业作为产业体系的一部分，它自身的发展不仅可以吸收就业，促进国民经济的发展，而且能够为产业结构的高度化和现代化提供保证。我们要因地制宜、因时制宜、因事制宜，推广风力发电、太阳能利用、节电节水工艺，降低资源消耗，并逐步提高第三产业在国民经济中的比重，实现产业结构由“第二产业—第三产业—第一产业”即“二三一”的顺序向“第三产业—第二产业—第一产业”即“三二一”的顺序的转变。

3.走新型的工业化发展道路

第一，推行清洁生产。绿色产品是清洁生产的产物，从狭义的角度分析，所谓的清洁生产是指对不包含任何化学添加剂的纯天然食品的生产，或者是对天然植物制成品的生产。此种意义上的产品是人们意念中最理想的产品，也是清洁生产的生产目标。从广义的角度分析，清洁生产是指在生产、消费及处理过程中，要符合环境保护标准，不对环境产生危害或危害较小，有利于资源回收再利用的产品生产。绿色产品的生产离不开清洁生产方式的支持，而要实现发展方式的转变，就要突破传统观念，投入更多的资金和改造落后的技术。在清洁生产中，还要实施全面的绿色质量管理体系。绿色管理体系的基本内容即5R原则：研究（Research），重视对企业环境政策的研究；减消（Reduce），减少有害废废物的排放；循环（Recycle），对废弃物的回收再利用；再开发（Rediscover），变普通的商品为绿色的商品；保护（Reserve），加强环境保护教育，树立绿色企业的良好形象。这样，通过对工业生产全过程的控制，通过工艺设备、原材料、生产组织、产品质量的科学管理实施企业的绿色生产、清洁生产。清洁生产的推广，资源能源的节约以及工艺水平的不断提高，可以从源头上治理污染，使对生产过程的控制与清洁生产本身有机结合起来，尽可能把影响环境的污染物消灭在生产过程之中。在生产的工艺技术和管理中，综合考虑经济效益和环境保护，力争用最少的资源产出最大的经济效益。

第二，废物再生技术。发展环保科技，就要着重关注资源的再生利用，这是当前最迫切的任务。美国西北太平洋国家实验室的科学家发明了一种新方法，利用植物或废物制造出一种有用的化学品，包括燃料、溶剂、塑胶等，科学家的发明得到了美国总统绿色化学挑战奖。科学家是利用造纸的废物而制造出了一种名叫“乙醯丙酸”的化学品，这种新方法的成本是目前通行的生产方法的1/10。然后，通过对乙醯丙酸的加工，制造出更加环保的汽车燃料等各种化学用品。科学家利用乙醯丙酸与氢的混合，经过化学反应制造燃料，这种方法可以帮助处理生产纸张产生的废物。另外，美国的爱达荷工程及环境国家实验室的科学家通过对生产薯条后植物油的研究，制造出了“生物柴油”，这是一种燃烧更加充分，废气产生更少的柴油燃料，比普通的含有毒化学品的柴油更容易分解，减少了致癌物质的产生。美国堪萨斯州大学的苏比博士成功地从天然气中制造出了燃料，使燃料更加环保，产生的氧化氮减少10%，微粒状的废气则减少69%。[1]对废物进行回收和再利用，既有利于环境保护，又可以从中获取巨大的经济效益。对于我们建设资源节约型、环境友好型社会大有裨益，是实现小康社会的有效手段。例如，我们可以从1吨废纸中生产出800千克的好纸，这样就可以少砍17棵大树，节省3立方米的垃圾场，还可以节约50%以上的造纸

[1] 董险峰．持续生态与环境 [M]. 北京：中国环境科学出版社，2006，第 184 页．

能源，减少1/3的水污染，每张纸至少可以回收两次。充分运用现代科学技术找到解决生态危机的方法，建立起人与自然协调发展的新模式，这是划时代的科技进步，能够实现经济发展与生态环境保护的“双赢”。[1]绿色科技拥有改善生态环境的巨大潜力，这种改善功能为解决人类所面临的生态问题提供了可能。

第三，燃煤大气汞排放控制技术。我国的绝大部分能源是通过燃煤获得的，而在煤炭燃烧过程中往往会释放出大量的汞，所以，大气汞污染中很大一部分是由于燃煤引起的，这就要求我国尽快开展这方面的研究，并制定出相应的政策和标准，尽可能地减少大气汞的排放。

（二）农业的生态化转变

1.可持续农业理论的提出

可持续农业理论是美国加利福尼亚州在《可持续农业教育法》（1985年）中提出来的，旨在重新思考并选择农业的发展道路，以妥善解决人类面临的共同的生态资源环境以及食物等重大问题。世界环境与发展委员会在1987年提出了“2000年转向持续农业的全球政策”，联合国粮农组织在1988年制定了“持续农业生产对国际农业研究的要求”的文件，联合国的粮农组织在1991年发表了“持续农业和农村发展”的丹波斯宣言和行动纲领。20世纪90年代，人们普遍接受了可持续农业与农村发展（sustainable agriculture and rural development）这一更加完整的概念。“管理和保护自然资源基础，并调整技术和机构改革的方向，以便确保获得和持续满足目前几代人和今后世世代代的需要。因此是一种能够保护和维护土地、水和动植物资源，不会造成环境退化，同时技术上适当可行，经济上有活力，能够被社会广泛接受的农业。”[2]

生态农业（eco-agriculture）这个概念最早是由美国土壤学家威廉姆于1970年提出的，是在农业生态原理和系统工程的指导下，进行农业生产的模式。生态农业是一种新型的农业发展模式，可以有效地缓解资源短缺的问题。在1981年，美国农学家M.Worthington把生态农业定义为“生态上能够自我维持，低投入，经济上有生命力，在环境、伦理和审美方面可接受的小型农业”。欧盟认为生态农业是通过使用有机肥料和适当的耕作和养殖措施，以达到提高土壤长效肥力的系数，可以使用有限的矿物质，但不

[1] 马欣．基于生态文明构建社会主义和谐社会的途径．中共云南省委党校学报，2008（4）．

[2] 董险峰．持续生态与环境 [M]. 北京：中国环境科学出版社，2006，第 68 页．

允许使用化学肥料、农药、除草剂、基因工程技术的农业生产体系。[1]

在1981年，我国提出了生态农业这一概念，它与西方国家生态农业概念有明显不同。国外高强度通过建立符合生态原则的农业生态系统，通过资源能源的优化配置，清洁生产，健康消费，注重土地的休整和土壤的改良，以提高农业经济的恢复力。而我国则强调人与自然的和谐发展，形成良性循环的互动机制，实现产、加、销一体化，牧、渔、林等各行业的整体协调发展。[2] 中国国家环保总局有机食品发展中心（OFDC）对生态农业的理解是：遵照有机农业的生产标准，在生产中不采用基因工程获得的生物及其产物，不使用化学合成的农药、化肥、生长调节剂、饲料添加剂等物质，遵循自然规律和生态学原理，协调种植业和养殖业的平衡，采用一系列可持续发展的农业技术，维持持续稳定的农业生产过程。[3] 生态农业的宗旨和发展理念是：在洁净的土地上，用洁净的生产方式生产洁净的食品，以提高人们的健康水平，协调经济发展和环境之间、资源利用和保护之间的生产关系，形成生态和经济的良性循环，实现农业的可持续发展。这种生态农业兼有了传统农业中资源的保护和可持续利用及“机械农业”中的高产高效的双重特点，又摒弃了传统农业中单一的低下的生产方式和“石油农业”中的资源消耗大的特点，是一种既能有效地避免环境退化，又能够促进经济发展的现代农业发展之路，是未来农业经济的发展方向。[4]

2.从自然农法到生物控制

日本著名哲学家福冈正信依据中国道家的自然无为哲学，在否定科学农法的同时，提出了“自然农法”的构想，他在几十年的农业实践中，使这一伟大构想获得了意想不到的成功，亩产量竟然达到了400公斤乃至500公斤以上。科学农法带来了文明和进步，但是它也有不可避免的缺陷和弊端。福冈认为，近代的科学农法是一种浪费型农法。现代农业的高产主要靠大量的化肥农药以及频繁的机械作业，但是这些并不是积极的增产措施，而只是一种消极的预防减产的方法。化肥农药的大量使用破坏了食物的质量，人类企图依靠科学力量，特别是化学的力量来制造食品，其前途是非常可怕的。从客观上看，科学农法破坏了自然界的生态平衡，给人类的生存环境带来了极大的危害，福冈根据老子的“周行而不殆”的思想，认为地球是一个动植物、微生物共同构成的统一体，它们之间既有食物

[1] 高振宁．发展中的有机食品和有机农业．环境保护，2002（5）．

[2] 曹俊杰．中外现代生态农业发展比较研究．生态经济，2006（9）．

[3] 姬振海．生态文明论．北京：人民出版社，2007，第269页．

[4] 同上书．第274 ~ 275页．

链，也有物质循环，处于反复不断的运动中，作为统一整体的自然界，是不允许人们按照自己的主观臆断任意分割、解释和改造的。一旦人插手于自然，会对大自然的生物链条造成严重破坏。[1]自然农法的基本内涵包括不耕地、不施肥、不除草、不用农药等几个方面，它是以中国道家哲学作为其世界观依据的。在自然观上，老子认为“道”的运动是循环不息的，“周行而不殆”是他的循环思想的经典表述。福冈认为，大自然是一个无限循环的整体、有机的生物圈，生物之间是共存共荣的关系和弱肉强食的关系。而从群体性和超时空的角度看，它们都是按照固有的原则轨道反复循环。动物靠植物生存，动物的粪便及尸体还原于大地，成为小动物和微生物的食物；生活在土壤中的微生物死后被植物的根吸收转变为植物的养分。大自然的无限表现在其连锁关系的生物圈中，保持着均衡和正常秩序。福冈认为，自然农法就是从自然是一个整体这一基本观点出发的。如果人类以自己独具的智慧和行为（化肥农药机械）打乱自然的这种正常秩序，势必造成大自然循环的混乱，给人类带来生存灾难。“道”的本体及派生的万事万物是自然而然的，非人为而如是的。卡逊在《寂静的春天》一书中，就化学杀虫剂的危害进行了详尽的描述。卡逊指出，“使用药品的这个过程看来好像是一个没有尽头的螺旋形的上升运动。自从DDT可以被公众应用以来，随着更多的有毒物质的不断发明，一种不断升级的过程就开始了。这种由于根据达尔文适者生存原理这一伟大发现，昆虫可以向高级进化从而获得对某种杀虫剂的抗药性，兹后，人们不得不再发明一种新的更毒的药。这种情况的发生同样也是由于后面所描述的这一原因，害虫常常进行报复，或者再度复活，经过喷洒药粉后，数目反而比以前更多。这样，化学药品之战永远也不会取胜，而所有的生命在这场强大的交叉火力中都被射中”[2]。杀虫剂直接威胁到了生物多样性的存在。当人类信誓旦旦地宣告要征服大自然时，也就开始了一部令人痛心的破坏大自然的记录，这种破坏不仅直接危害到人们所赖以生存的自然界，而且也危害了与人类共同生存于自然中的其他生命。由于不加区别地向大地喷洒大量的化学杀虫剂，致使鸟类、哺乳动物、鱼类，甚至是各种各样的野生动植物都成了直接受害者。这个问题即是，任何文明是否能够对生命发动一场无情的战争而不毁掉自己，同时也不失却文明的应有的尊严。[3]因此，人类应

[1] 胡晓兵．从自然农法看循环农、业技术的哲学基础．自然辩证法研究，2006（9）．

[2] [美]蕾切尔·卡逊著；吕瑞兰译．寂静的春天．长春：吉林人民出版社，1997，第6页．

[3] 吴兴华．文明与自然——论现代性境域中的生态危机．自然辩证法研究，2006（1）．

该慎重使用杀虫剂，而应利用生物来进行控制。“所有这些办法都有一个共同之处：它们都是生物学的解决办法。这些办法对昆虫进行控制是基于对活的有机体及其所依赖的整个生命世界结构的理解。在生物学广袤的领域中各种代表性的专家都正在将他们的知识和他们的创造性灵感贡献给一个新兴科学——生物控制。”[1]

3.从传统农业向生态农业转变

建设生态文明，需要实现从传统农业到生态农业的转变。生态农业的发展要遵循“市场化、信息化、集约化、生态化”的基本原则，走出一条农业生产一体化和农业生态化的发展之路，逐步完成从传统农业向生态农业的转变。从国民经济的产业结构分析，在发展生态农业过程中要注意以下几个方面：第一，大力发展农业经济一体化。国民经济的产业结构体系是一个大系统，系统中各组成部分相互联系，相互作用。农业不可能孤立地发展，它需要和工业、服务业、信息业相联系，离开了这些方面的支持，农业生产就无法正常进行。因此，农业一体化就是指在整个农业生产经营活动中，把产前、产中、产后等都纳入国民经济活动中。一般来说，产前包括：农药、化肥、种子、农机；产中包括：播种、中耕、除草、收割；产后包括：烘干、加工、贮藏、包装、销售。农业的整个生产经营活动，它的产前、产中、产后三个阶段，是一个包括产供销、农工贸、经科教在内的一体化体系。农业一体化坚持以市场为导向，以经济效益为中心，从宏观上优化农业资源的配置，并对各个生产要素重新进行排列组合。所以，发展生态农业，实现农业经济一体化是农业现代化的必由之路。第二，促进农业的生态化发展。农业有大农业和小农业之分，大农业是指包括：种植业、林业、畜牧业、副业和渔业等在内的农业生产体系。发展生态农业，调整农业生产布局时，既要考虑到所处的地理位置和环境的影响，也要考虑到人们的饮食营养需要。小农业是指一般意义上的种植业，种植的对象包括粮食作物、经济作物和其他作物。种植业生产是第一性的生产，它为其他生产提供直接或间接的原料。第三，生态农业发展方式。在不断优化自然界生态环境的基础上，要把农业生态系统中的生产者、消费者、分解者联系起来，把它们之间的物质循环、能量转化、生物增长过程联系起来，使其形成一个动态的、平衡的良性循环过程。这就需要把生态农业的三大产业即种植业、畜牧业、食品加工业有机地结合起来，利用生态技术和生物工程，改造传统农业的耕作机制，形成以“种植

[1] [美] 蕾切尔．卡逊著；吕瑞兰译．寂静的春天．长春：吉林人民出版社，1997，第 245 页．

业—畜牧业—食品加工业”为链条的产业发展结构。

4.我国生态农业发展的基本模式

从20世纪80年代开始，我国生态农业的实践就开始了。在30多年的反复实践中，虽然失误不断，但是我们也取得了一定的成绩。首批51个全国生态农业试点县在1993—1998投入60多亿元，产生的直接经济效益高达137亿元，投入产出的比例是1：2.25。更为可喜的是，在试点地区中形成了平原农林牧复合、草地生态恢复和持续利用、生态畜牧业生产、生态渔业等发展模式，水土保持、土壤沙化治理及森林覆盖率都有很大提高。水土流失治理和土壤沙化治理分别达到73.4%和6.5%，森林覆盖率提高了3.7个百分点。生态优势已经逐渐显现，并转化为经济优势。

生态农业的发展对于解决我国“三农”问题提供了有益启示，它不仅可以改善生态环境，而且可以促进农村经济的发展，增加农民收入，有利于农村的稳定和发展。截至目前，我国农村生态农业发展的基本模式包括以下四种：第一，立体生态种植模式。这是一种有利于提高资源利用率的种植模式，立体种植是指依据自然生态系统的基本原理，在半人工的情况下进行的生产种植。立体种植模式巧妙地利用了农业生态系统中的时空结构，进行合理的搭配，形成了种植和养殖业相互协调的生产格局，使各种生物之间能够互通有无、共生互利。这样，既合理地利用了空间资源，又对物质和能量实施了多层次的转化，促使物质不断循环再生，能量被充分合理地利用。立体种植模式的特点之一，就是“多层配置”，即通过资源的利用率，土地的产出率，产品商品率来实现经济效益的最优化。第二，发展节水旱作农业。我国属于缺水国，人均淡水资源仅为世界人均量的1/4，位居世界第109位。中国是全世界人均水资源最缺的13个国家之一。[1]第三，生产无公害农产品。无公害农业是20世纪90年代出现在我国的一个新提法。无公害农业的内涵主要体现在两个方面，一是在农业生产过程中，不过量施用农药、化肥以及其他固体污染物，对土壤、水源和大气不产生污染；二是在没有受到污染的良好生态环境下，生产出农药、重金属、硝酸盐等有害物质残留量符合国家、行业有关强制性标准的农产品。[2]同时，生产加工过程不能对环境构成危害。无公害农业的核心是无公害农产品，这些产品是在洁净的环境中生产的，并且在生产过程和加工过程中禁止使用化学制品。第四，发展白色农业。白色农业是生态农业的希望，积极发

[1] 孙敬水 . 生态农业可持续发展的重要选择 . 农业经济，2002（10）.

[2] 郭亚钢 . 发展无公害农业推进可持续发展 . 生态经济，2001（12）.

展白色农业，是一个依靠生物工程解决农业发展问题的新思路、新办法。白色农业依靠人工能源，不受气候和季节的限制，可常年在工厂内大规模生产。它节地节水，不污染环境，资源也可以综合利用。白色农业的科学基础是“微生物学”，其技术基础是生物工程中的发酵工程和酶工程。[1] 白色农业的生态性特征明显，即白色农业有利于保护自然生态环境。由于白色农业多在洁净的工厂大规模进行，受自然界气候条件影响较小，所以可以节约大量的耕地，真正实现退耕还林、退田还湖。发展工业型白色农业既可以保障未来人们的食物安全，又可以保护生态环境，是农业持续发展的重要途径。

（三）服务业的生态化转变

1.建立以环保产业为基础的绿色产业体系

经过30多年的发展，特别是实施“十一五”规划以来，我国环保产业发展迅速，总体规模不断扩大。随着环保产业领域的拓展和整体水平的不断提升，我国的环保产业在防治污染、改善环境、保护资源、维持社会的可持续发展等方面，发挥着积极的作用。但从总体上看，我国的环保产业仍然存在许多问题，整体水平与核心竞争力偏低；关键设备及相关技术仍然落后于发达国家；环境服务的规模小、市场化缓慢，还在起步阶段徘徊；环保产业的发展跟不上环保工作的要求。第一，环保产业的发展离不开完善的政策体系的指导。建立健全环保方面的法律法规以及技术管理体系，有利于环保产业的健康发展。为此，我们就要加快制定我国环境方面污染治理技术政策、工程技术规范、环保产品技术标准等。通过相应的法律法规和政策制度的引导，鼓励那些技术先进、效益较好、高效环保的技术装备或产品的发展；限制或淘汰那些相对落后的技术设备和产品工艺的发展。第二，环保产业的发展要求创新环境科技，提高技术水平。要大力推进技术创新体系的建设，充分发挥企业的主体作用、市场的导向作用。在国家的财政政策、金融政策等方面对环保技术的自主创新进行一定程度的倾斜，特别是要结合重大的环保项目，发展一批具有自主知识产权的环保技术。通过对环保技术的调整和优化，对于那些具有比较优势，国内市场需求量大的环保技术和产品加大扶持力度，并进一步巩固和提高；对于那些与国外先进水平差距较大，而在国内属于空白急需的环保技术和产品要特别关注、加快开发速度；对于有比较优势、有出口创汇能力的环保技术和产品要积极发展；对于那些性能落后、高耗低效、供过于求的工艺和

[1] 包建中．发展白色农业向微生物要“粮”．求是，2001（8）．

产品要依法淘汰。第三，发展环保产业要求增加投资，建立多元化的产业投资体系。对于环保产业的发展，各级政府负有不可推卸的责任。政府应该在投资数额、投资渠道上加大力度，建立健全与市场机制相适应的投融资机制，调动起全社会投资环保产业的积极性。第四，环保产业的发展要求实现环境服务业的市场化和产业化进程。要大力推进污染治理设施运营业的发展，建立健全污染治理设施运营的监督管理，实现环境治理设施运营的企业化、市场化、社会化。在环保产业服务领域要杜绝垄断经营现象的存在，引入市场竞争机制，放宽市场准人条件，鼓励环保服务企业之间的优化组合、优胜劣汰。要建立健全环保产业服务体系，包括项目建设、资金流动、咨询服务、人才培训等方面，为环保产业发展提供综合性、高质量、全方位的服务，逐步提高服务业在环保产业中的比重。

2.调整优化服务结构，加快生态服务业发展

生态文明建设的正常进行，离不开生态服务业的健康发展。第一，旅游业。发展生态旅游业，就要从生态景观、生态文化和民族风情三大主题人手，在旅游线路、景区的规划上做足文章，以优化配置旅游资源。鼓励“生态旅游城市”的创建活动，加大对生态旅游产品的开发，使生态旅游产业形成一定规模，成为生态服务业中的“重头戏”。生态旅游业有三个方面的作用：“经济方面是刺激经济活力、减少贫困；社会方面是为最弱势人群创造就业岗位；环境方面是为保护自然和文化资源提供必要的财力。生态旅游业以旅游促进生态保护，以生态保护促进旅游，它是一项科技含量很高的绿色产业。故首先要科学论证，否则，将造成不可逆转的干扰和破坏；其次，要规划内容，使生态旅游成为人们学习大自然、热爱大自然、保护大自然的大学校。”[1]第二，商贸流通业。发展商贸流通业就是要在主要产品集散地，形成大宗生态商品的批发贸易，加强生态产品市场的建设，扩大其经营规模；可以采用连锁直销、物流联运、网上销售等方式，提高生态商贸流通的质量和效益。第三，现代服务业。要不断完善涉及生态产品市场的运作与经营，培育和发展生态资本市场，扩大金融保险业的业务领域，促进现代服务业的完善。积极发展地方性金融业，推进证券、信托等非银行金融机构的建设；加快发展会计、审计、法律等中介服务，提高生态服务业的整体水平。在社区，生态服务业要重点放在以居民住宅为主的生态化的物业管理上，引导文化、娱乐、培训、体育、保健等产业发展，使社区的服务业自成体系，形成各种生态经营方式并存、服

[1] 黄顺基：“生态文明与和谐社会建设”笔谈．河南大学学报，2008（6）．

务门类齐全、方便人民生活的高质量、高效益的社区服务体系。 三发展生态经济 虽然自然界本身具有自力更生的能力，但是受自然界自身规律的制约，在一定条件下自然界的资源储量和自净化能力是有限的，所以人类在生产劳动中要注意节约和综合利用自然资源，促进生态化产业体系的形成，使生态产业在经济增长中的比重不断上升。生态经济其实就是生态加经济的代名词，它是指经济发展与生态保护之间的平衡状态，是经济、社会、生态三者之间效益的有机统一。生态经济强调以人为本，也就是以人的幸福生存、健康发展作为一切经济行为背后的基本动因。当前，生态经济发展的重点除了前面已经论述过的调整经济结构的相关内容外，还涉及开发新能源、发展循环经济、发展生态信息业等方面的内容。

（四）开发利用新能源

联合国开发计划署（UN_DP）把新能源大体分为大中型水电、新可再生能源和传统生物质能三个大类。[1]从目前世界各国生态资源环境的状况分析，大规模地开发利用新能源是未来各国能源战略的重点。因为化石能源是不可再生的，所以世界各国在使用传统能源发展经济的同时，也在积极开发新能源，一些西方国家在经历了金融危机之后，其发展理念中的绿色内涵变得更加丰富，争相实施绿色新政，一边是恢复危机带来的创伤，一边是在“后危机时代”中谋求更好的出路。但是，作为最大的发展中国家的中国，其状况却不容乐观，我国新能源的发展面临着许多问题和挑战。

1.目前新能源的主要种类

（1）太阳能。2006年世界太阳能光伏发电量比上年增长41%，达到252万千瓦。 在2006年世界光伏设施能力177万千瓦中，德国占55%、日本占17%、 欧盟其他国家占11%、美国占8%、世界其他地区占9%。德国是世界领 先的光伏能源市场。世界光伏能力的55%都设置在德国，2006年德国光伏工业销售额达到38亿欧元。[2]德国光伏产业之所以发展势头良好，是因为德国《可再生能源法》的推动，以及各级政府的大力支持。

（2）风能 。2006年世界风电装机容量已达7422万千瓦，比2005年增加1520万千瓦，增长25.6%。到2006年底，风电发展已涵盖世界各大洲，并呈快速增长态势。有分析指出，风力发电产业未来将成为最具商业化发展前景的新兴能源。[3]我国可开发的风能总量有7亿—12亿千瓦。在2020年之

[1] 崔民选．中国能源发展报告 (2008). 北京：社会科学文献出版社，2008，第 257 ~ 259 页．

[2] 崔民选．中国能源发展报告 (2008). 北京：社会科学文献出版社，2008，第 262 页．

[3] 崔民选．中国能源发展报告 (2008). 北京：社会科学文献出版社，2008，第 250 页．

后，我国风电可能超过核电成为第三大主力发电电源，在2050年可能超过水电，成为第二大主力发电电源。目前，在全球范围内风力发电都呈现 出规模化发展的态势，包括欧美等发达国家和地区。在2006年，风力发 电为欧盟提供了3.5%的电力，其中西班牙超过6%、德国超过7%、丹麦超过20%的电力供应来自风电。这表明，风力发电已经开始从能源配 角慢慢转变为能源主角，成为世界上公认的最强的可再生能源技术之一，具有浓厚的商业性和竞争力。[1]

（3）核能。核能发电随全球电力生产的增长而稳步增长。截至2006年，全世界运转中的核反应堆435座，有29座以上在建设中，这些核电站满足了全球6.5%的能源需求，每年要消耗近7万吨浓缩铀。它们的年发电量约占全球发电总量的16%。美国运转最多，为103座；法国为59座；日本为55座；俄罗斯为31座。现在核能发电站的扩建主要集中在亚洲，印度的核能比例小于3%，但印度的计划却令人惊讶，预计到2052年印度的核能将达到电力供应的26%。中国预计到2020年核能发电将占总电力的4%。中国铀矿资源为100万_200万吨，经济可采储量约为65万吨。一般认为，中国的铀资源对核电的发展是“近期有富裕，中期有保证，远期有潜力”。中国未来核电发展是投入问题、技术问题、环境问题。[2]

2.我国新能源发展存在的问题

目前，我国的能源结构仍然是以燃煤为主，约占 70%。二次能源以电力为主，其中火电占 80%左右，能源安全方面表现为石油短缺问题，石油对外依存度达到 50%左右。2012 年，中国煤炭消费世界第一，石油消费世界第一。不难看出，中国全面小康社会建设与传统能源供给之间的矛盾越来越大，如果不解决，势必影响到经济社会发展的全局。发展新能源就成为当仁不让的上上之选，但是目前我国的新能源产业面临的问题重重，如果不能正确认识，并采取有效措施加以解决，经济发展与资源能源之间的矛盾有可能会突破经济领域，而成为全社会的问题，影响到社会的稳定发展。

当前我国新能源领域存在的问题表现在：

第一，有效的经济扶持和激励政策亟待建立。对各国来说，由于新能源仍属于新的经济发展对象，不可避免地会带来一些问题，比如新能源的新兴市场问题，政府的经济扶持和相关激励政策的缺失等。就目前的发展现状来看，有些国家的新能源产业发展迅速，势头惊人，相关技术稳定，

[1] 刘江．“风电”疾速扩张国家目标提前两年完成．中国经济周刊，2008-11-04.

[2] 崔民选．中国能源发展报告 (2008). 北京：社会科学文献出版社，2008，第 268 页．

积累了丰富的经验，这都是值得我们借鉴和学习的地方。美国、德国、日本等国在光伏领域之所以走在世界前列，与其政府在价格激励、目标引导、税收优惠、财政补贴、出口鼓励、信贷扶持、科研和产业化促进等方面的综合作用是密不可分的。我们应该探索出一条适合中国国情的新能源发展道路，学习西方发达国家的一些有益做法，避免走太多的弯路。例如在税收、补贴、低息贷款等方面，针对新能源产业美国政府制定了一系列优惠政策，这些政策对于新能源产业的健康发展起到了保障和激励作用。虽然我们在“十二五”经济发展规划当中提出了要大力发展太阳能、风能等新能源，也出台了一些相关法律法规和辅助政策，例如浙江、海南、黑龙江等地针对太阳能等产业出台了一系列政策[1]，但是由于目前我国许多自然资源的权属不清晰，经常会出现多部门互相掣肘的现象，为了小集团、小圈子利益而颁布的政策打架现象随时可见，缺少相互协调的政策体系，新能源产业扶持效果大打折扣。目前与新能源产业相关的社会保障与激励机制还处在起步阶段，一些行业规范要求模糊，对企业的监管疏松，导致市场竞争无序，产品质量不稳定；加上新能源的高新技术特点明显，消费者接受需要有一个渐进过程，这些都是新能源市场的重大障碍，而市场需求的巨大波动，又反过来影响到新能源产业的健康发展，这就陷入了恶性循环的发展困境。

第二，新能源研发成本偏高，市场化任重道远。与常规能源相比，目前新能源的发展还处于低级阶段。煤炭、石油与天然气一直是我国能源结构中的重要组成部分，有数据显示，2007年的一次性能源消费结构中石油占20.1%、煤炭占69.5%、天然气占3.3%，其他清洁能源仅仅占7.1%。2009年，上述三大能源消费在我国一次性能源消费结构中的比例高达90.1%。从上述数据中可以看出，我国新能源的消费比例明显不足。我国的光伏电池产量占据全球市场1/3的份额，却有近90%是销往国外的，在国内形成不了完整的产业链。[2]在光伏太阳能发电方面，日本的每千瓦综合安装成本平均比中国高出40%以上，屋顶太阳能的安装成本在每千瓦5万元人民币以上。但从相对成本而言，日本的零售电价大约是每度电1.9元人民币，是中国的近4倍。[3]失去成本优势，短期内也难以带来较好的经济效益，投资者把资金转移到其他领域就在所难免了。这种资金短缺、融资能力低下

[1] 陈纪文．关于我国发展新能源产业的思考．生产力研究，2011（9）．

[2] 陆静超．“十二五”时期我国新能源产业发展对策探析．理论探讨，2011（6）．

[3] 陈伟．日本新能源产业发展及其与中国的比较．中国人口·资源与环境，2010（6）．

的状况势必影响到新能源的产品开发和规模化的产业经营。高昂的生产成本与不成熟的市场体系成为新能源健康发展难以逾越的障碍，也是我国新能源前景看好却无法市场化和商用化的直接原因。

第三，新能源核心技术研发能力不足。在新能源核心技术研发方面，我们的水平偏低，具有明显的劣势。在我国新能源产业中有很大一部分是依赖廉价的劳动力成本，以加工制造为主，缺少自主性核心技术。我国对新能源核心技术并未完全掌握，关键部件仍然依赖进口。当前流行的先进的风电机组、生物质直燃发电锅炉、太阳能光电所需要的多硅材料等高技术、高附加值设备和材料，基本上依靠进口。技术性“瓶颈”的制约成为我国新能源产业发展步履维艰的根本原因。虽然新能源的环境污染较小，但由于缺少先进的提纯技术，生产过程难免会对环境造成一定的污染，而新能源产品在使用过程中同样也会带来再次污染。

3.我国新能源发展策略

第一，构建新能源产业持续发展的社会机制。新能源产业的发展与其他产业的发展一样，都是一种自然的生态过程。这种自然生态过程一方面体现在社会需求的刺激上，另一方面体现在相应社会机制的引导和完善上，企业则通过市场需求和自身的价值判断来决定产品的生产。其中，社会在引导和完善生产方面的前提条件，就是要充分尊重市场机制或利益机制的作用。例如在《京都议定书》中关于碳交易机制的问题，欧盟在这一点上表现出的对新能源产业发展的支持就非常值得我们学习，碳交易机制反映的是企业如何利用碳定价的有利条件来探寻有效而经济的减排途径，它给予了企业发展以持续的动力。欧盟碳交易体系运行多年以来，取得了明显的成效。从宏观上看，欧盟各国的碳排放下降幅度较大，各企业的履约率高；在微观层面上，企业管理层对碳排放问题的认识也在不断深化。在鼓励和培育新能源产业发展过程中，之所以强调可持续发展社会机制的重要性，而不是强调简单的政府购买或补贴，一是在于社会机制犹如一个杠杆支点，可以通过支点的移动有效调节供给与需求之间的利益均衡；二是在于社会机制是一种透明、公平的机制，可以引导任何有创新欲望和能力的企业从事创新，而不是面向个别企业的创新。[1]社会机制的健全和完善可以发挥企业在应对复杂多变的市场和社会时的应变和生产能力，充分调动其主观能动性，这是保障新能源产业健康发展的必要条件。

第二，积极参与国际新能源领域的合作。随着传统资源能源的不断减

[1] 张玉臣．欧盟新能源产业政策的基本特征及启示．科技进步与对策，2011（12）．

少，发展新能源已经成为世界各国未来能源发展的重点。在我们已经涉及的新能源中，风能、水能、太阳能、地热能、生物质能、核能等都是重要的发展领域，这些新能源的市场潜力巨大。我国新能源与发达国家相比我们新能源产业的发展滞后，同时也存在比较明显的缺陷，新能源领域的科技研发和应用水平相对落后，资源相对短缺。我国应积极参与国际合作，在合作中取长补短，拾漏补遗，获取我们需要的先进技术、经验和资源。[1]在参与新能源发展的国际合作中，我们一定要加强自身技术，提高自身的能力，避免再次走入西方发达国家的生态殖民主义陷阱，不能简单地以市场换技术或外汇，只要他们的产品和设备，却不能把核心技术掌握在自己手中，这样的话，我们将会成为他们的巨大市场和原料产地，失去在新能源领域的发言权和主动权。

第三，加强新能源科研资金投人，以技术创新带动产业升级。当前，我国在科研和技术创新能力方面滞后是制约新能源产业发展的重大障碍。新能源的开发和利用离不开尖端科技的支撑，因此，新能源产业发展初期的经济成本必然高出其所获的经济效益，这就是为什么我们预见到了新能源的发展前景，生产企业和市场却屡屡受挫的一个重要原因。短期之内，常规能源的经济成本仍然要远远低于新能源。但从长期来看，随着新能源技术的不断发展，其生产成本将会远远低于常规能源成本。因此，科学技术是第一生产力的论断仍然是新能源产业的指导思想，我们发展新能源产业，首先要提高自身的核心竞争力。当然，在新能源技术的研究、开发和利用上要选准方向和重点。生态环境为产业发展提供良好的社会环境，特别是在技术研发方面，要发挥企业、市场、政府的各自优势，整合各种资源，以技术创新带动产业升级，形成产学研一体化的科技创新机制，加快新能源时代的到来。

（五）坚持发展循环经济

马克思在《资本论》中论述循环经济思想时指出，由于资本主义生产方式的存在，工业废弃物和人类排泄物的数量不断增多，“对生产排泄物和消费排泄物的利用，随着资本主义生产方式的发展而扩大”[2]，“这种废料，只有作为共同生产的废料，因而只有作为大规模生产的废料，才对生产过程有这样重要的意义，才仍然是交换价值的承担者。”[3]马克思指出，

[1] 高静．美国新能源政策分析及我国的应对策略．世界经济与政治论坛，2009（6）．

[2] 马克思恩格斯文集（第七卷）．北京：人民出版社，2009，第 115 页．

[3] 同上书．第 94 页．

废料的减少部分取决于所使用的机器的质量，部分取决于原料在成为生产资料之前的发展程度。但无论是从交换价值和使用价值角度考虑，还是从可变资本和不变资本角度考虑，在经济发展过程中实现对废弃物的循环利用将成为必然。

1.循环经济的内涵与特征

循环经济（Circular Economy）是把传统的线性生产改造为物质循环流动型（Closing Materials Cycle）或资源循环型（Resources Circulate）生产的低熵化发展模式，它把清洁生产和对废弃物的循环利用融为一体，要求运用生态学规律来指导人类社会的经济活动，本质上是一种生态经济。这里的清洁生产（cleaner production）包括了生产的能源、生产的过程和生产的产品都是清洁的无污染的，其基本内涵包括：[1]目标：对资源的高效和循环利用；原则：减量化（Reduce）、再利用（Reuse）、资源化（Recycle），即“3R”原则；特征：物质闭路循环和能量梯次使用；模式：按照自然生态系统物质循环和能量流动方式运行的经济模式。目前对于循环经济概念的界定种类很多，但其基本含义与上面的阐述大体上一致，都重视物质的闭环流动，尊重生态学规律，旨在使经济系统与自然生态系统的物质循环相融合、相一致。

其基本特征表现在以下三个方面：

第一，遵循生态学发展规律，在自然界生态系统所能容纳的限度内实施经济行为，使整个经济系统具有明显的生态化倾向，使生产、分配、交换、消费等过程基本不产生或只产生少量废弃物，从而消解经济发展与环境保护的双重悖论问题。现在许多国家都非常重视循环经济的发展，德国的循环经济起源于“垃圾”，13本的“循环型社会”起源于“公害”，这些都是他们在解决生态资源问题过程中摸索出的经济社会发展模式。当前，发展循环经济是突破我国经济发展的资源“瓶颈”制约的根本出路，它可以将经济社会活动对自然资源的需求和生态环境的影响降到最低。大力发展循环经济，走科技含量高、经济效益好、资源消耗低、环境污染少、人力资源优势得到充分发挥的新型工业化道路，是从本质上坚持可持续发展，不断提高人民群众生活水平和生活质量的有效手段。[2]

第二，循环经济实质上就是建立一种新的有利于人类可持续发展的生存方式，包括生产方式和生活方式。这种新的生存方式更加关注人以及

---

[1] 黄顺基.《“生态文明与和谐社会建设”笔谈》.河南大学学报，2008（6）.

[2] 薛晓源.生态文明研究前沿报告.上海：华东师范大学出版社，2007，第42页.

人的发展，它与以“物”为中心的传统生存方式有着明显不同。离开了人类主体，片面强调生产发展或环境保护的做法都是没有实际意义的，其本质上还是以物为本，而不是以人为本。发展循环经济的目的不是单纯追求经济的增长，也不是单纯保护自然，恰恰相反，无论是发展循环经济还是保护自然，最终都是为了人类可以获得更好更久的生存发展。“和谐社会”、“新农村建设”、“新型城镇化建设”、“低碳发展、绿色发展、循环发展”、“绿色GDP”和“以人为本”都是为实现这一目标而采取的措施，是表象而不是事物的本质所在。所以，发展循环经济的实质就是为了实现人类生存方式的自我超越和创新。

第三，循环经济的层次有大中小之分。循环经济就是在大循环、中循环、小循环的基础上，依托企业、工业园区和城市区域，通过立法、行政、司法，教育、科技、文化建设，宏观、中观、微观调控相结合，在全社会范围内实现人、自然、经济、社会的可持续发展。

2.树立回收再利用思想

发展循环经济，要树立回收再利用的思想。在近代以前，人们生产生活的废弃物基本上没有干扰到自然界的物质循环过程。但在近代以来，由于科学技术水平的提高，大量原来自然界中不存在的东西被制造出来并消费，这类废弃物很难被自然本身所净化，并且对人极为有害，给自然界的物质循环系统带来了极大压力，产生了严重的生态危机。长期以来，在处理人与自然的关系中极端人类中心主义占据了上风，但是以人类为中心并不意味着人可以支配、战胜自然。恩格斯曾经对人类过度开垦自然，妄图支配和战胜自然的做法给予了深刻讽刺，指出人类对自然的胜利最终将以人类的失败而结束。所以，人类的任务应该是调节或适应人与自然的物质代谢的存在方式，而不是去占有或支配。一个大量生产的社会，必然同时是大量消费和大量废弃的社会。废弃物并非完全没有利用的价值，很多废弃物是可以作为二次原料进入生产领域的。如果大量废弃物不能回收利用，那就真的是废弃物了，不但浪费资源和劳动价值，而且严重污染环境。当然，资本主义并非一点不关心废弃物，一方面从追求利润的资本的逻辑出发，当再利用废弃物可以取得很好的经济效率时，他们会回收再利用。资本这样做的原因不是其使用价值，而是其经济效率。另一方面当废弃物增加时，作为垃圾，从公共卫生的观点看，它要求全社会的共同努力，拿出办法去解决。[1]

[1] [日]岩佐茂著；韩立新译．环境的思想：环境保护和马克思主义的结合处．北京：中央编译出版社，1997，第171～172页．

我们必须对大量生产、大量消费、大量放弃的生存方式本身进行反思，无论是废弃物的产生还是再利用，只要人们的生产方式、生活方式不变，对废弃物的循环再利用恐怕是纸上谈兵的多。党的十八届三中全会报告在谈到建立完善生态文明制度时指出，干部考核不应只重视只关注经济GDP的增长，这只是考核标准之一，还应对两极分化、贫富差距、道德滑坡、环境恶化、资源浪费、社会稳定等方面进行综合性衡量。建设和谐社会，不仅仅要看经济的发展水平，还要看政治是否民主、生态是否文明、思想是否道德、社会关系是否和谐等。建设生态文明，就目前来说关键一点是要改变组织部门干部的政绩考核升迁标准，树立起领导干部的循环经济意识。

3.建立相应的激励机制

随着改革开放的深入发展，我们发现，中国经济在高速增长的同时也带来了严重的资源环境问题，而受到影响和破坏的资源环境问题又反过来制约经济社会的进一步发展，可以毫不夸张地说，中国的经济社会发展已经走入了资源环境的“卡夫丁峡谷”。要走出这种困境，中国必须谋求经济发展方式的转变，大力发展循环经济就是其中的重要内容。党的十七大报告在阐述生态文明时，提出要建设好“两型社会”的思想。党的十八大报告在阐述市场经济体制完善和经济发展方式转变时，提出要大力推动循环经济的发展。这就需要建立一个公平合理的激励机制，使政府、企、业与个人，局部利益和整体利益，自身利益与他人利益有机结合起来，在平等互利、自觉自愿的基础上参与到促进循环经济发展的实践当中。促进循环经济发展的激励机制主要体现在价格、税收和财政补贴以及干部考核体系等相关内容的完善上。一是要使资源税走向规范化、合理4.1s，加上财政补贴等手段的运用，尽可能地在生产活动、消费活动与循环经济发展之间建立起密切联系。我们可以从国外学习到许多优秀经验。美国鼓励燃料电池车和乙醇动力车的研发和使用，对购买这些新能源车辆的消费者给予较大的减税优惠；日本鼓励民间企业从事废弃物再生资源设备、“3R”设备投资和工艺改进等，并给予财政税收方面的优惠措施。中国是世界煤炭消费大国、石油消费大国，在消费大量的煤炭石油等不可再生能源时，由于受生产模式与传统消费模式影响，产生了严重的资源浪费和环境污染问题。例如焦炭行业属于高污染行业，环节多，强度高，但国家对焦炭征收的资源税在8元/吨左右，如此低廉的税费对于动辄几千元价格的焦炭而言，没有丝毫的影响力，更不用说依靠税费来抑制焦炭的疯狂生产和出口了。因此，形成科学、合理、规范的资源税收体系，特别是在煤炭、焦炭、稀有金属等资源方面，同时大力扶持新能源的研发和使用，并给予适当补贴，是发展循环经济的必走之路。二是对那些储量稀少和价格严重扭曲的资源进行适当调整，使商品价格与市场的有效需求相一致，利用价格杠杆来抑制资源生产和消费上的非市场行为。例如由于中国电价存在严重的管制现象，导致了电价与生产成本之间严重偏离，资源的稀缺性、供求关系对电价的形成不起决定性的影响，其结果必然是，能够带来巨额经济效益的项目大量上马，哪怕是高耗能、高污染、浪费严重，甚至是劳民伤财、造成社会的不稳定也在所不惜。三是要实施绿色GDP干部考核指标体系。在干部考核中既要看经济发展情况，又要看生态环境状况，用绿色GDP代替以往唯GDP主义是从的不合理考核体系，也就是把发展循环经济、新能源、保护生态环境等内容纳入考核体系中去。在发展循环经济中还要去除地方保护主义、小集团主义等只顾小家不顾大家的做法，按照国家的总体要求，结合本地区资源环境的承载能力，调整产业结构，发展新能源。加速循环经济的发展。

4.平衡各方面利益

在循环经济的发展上，我们与发达国家相比基础条件比较差，许多核心技术和关键设备还需要进口，这就难免被动。因此，在循环经济发展的初期阶段，生产成本可能会相对较高，甚至入不敷出的情况也可能发生，这是转变发展方式，发展新兴产业必然要经历的阶段。在这种情况下，作为公共管理者的政府就要承担起自己的责任，利用有利的财政金融政策进行扶持，绝不能与民争利，也不能置之不理。当前，发展循环经济的重点是要确立科学、合理、公平的投融资体系和分配方式，利用财政、税收、金融方面的政策积极鼓励。要使循环经济真正能造福于民，就要在各级各类各部门之间平衡好利益关系，否则，再好的政策也可能半途而废或走向反面。[1]作为公共管理者的政府要以提供各种服务和平台为主，要学会放权让利，适时调整政策，尽可能地遵循市场经济规律办事，把决定权放给企业和市场，维护市场竞争的公平性。当然，在发展循环经济中，我国还缺乏诸如信息处理中心、物资回收中心和废物交换中心等中介机构，在广泛吸纳民间资本、发挥非营利性社会中介组织积极性作用的基础上，形成政府、企业、个人的合力，取长补短，共同促进循环经济的发展。

[1] 薛晓源．生文明研究前沿报告．上海：华东师范大学出版社，2007，第 211 页．

第六节　中国特色生态文明建设的实践形式之四：高等教育的推广

目前，各高校均较为重视生态文明教育，不断强化生态文明教育，努力提高大学生的生态文明意识。我国高校目前的生态文明教育更注重获得有关生态学、环境学方面的基础知识和了解环境复杂结构为主的环境知识教育，而轻视使学生学习和了解保护环境的各种法律法规，轻视培养自觉遵守环境法规意识的环境法律教育和使环境伦理的原则和规范从理念形态转化为现实形态，轻视由自发被动的道德他律上升为自觉主动的道德自律的生态道德教育。这种情况造成相当一部分人接受生态文明教育后其习惯仍不健康，环境行为仍不合理，生态文明教育显得只是隔靴搔痒，更难以形成具有生态世界观和生态方法论的能力了。

一、大学生生态文明建设的拓展模式——地方院校与地方文化资源的有效结合模式

（一）地方德育资源的特色鲜明

地方德育资源往往是经过较长时间凝炼、深受大众较高评价的、影响颇为深远的资源综合体，是指可以渗透整个德育过程并积极影响教育对象思想的一切具有现实性存在和潜在性存在的因素。甚至有学者认为一切进入到德育领域的资源都属于德育资源。地方德育资源具有鲜明的特色，将其进一步开发、利用、实施于思想政治理论课实践教学过程中，已成为各地方高校从思想政治教育视野中进行人才培养的重要环节，成为思想政治理论课实践教学的有益补充。地方德育资源的特色集中表现在：

第一，可操作性。地方德育资源内容丰富，所涉及的相关事迹较为典型，对大学生容易产生深刻的影响和引起共鸣。地方德育资源具有亲和性，学生喜闻乐见，感同身受。利用地方德育资源于思想政治理论实践教学过程中，能就近取材、节约时间、成本较低、效果明显，能使学生在身边找到经典榜样，在现实生活中寻求精神慰藉与实践动力，提高思想政治理论课实践教学的实效性。2008年，中共中央、国务院颁布《关于进一步加强和改进大学生思想政治教育的意见》规定“各类博物馆、纪念馆、展览馆、烈士陵园等爱国主义教育基地，对大学生集体参观一律实行免

票。”[1]这为思想政治理论课实践教学充分利用地方德育资源提供了坚实的制度与政策保障。只有走出校门，接触社会，了解事例，才能让学生感受到知识的深度与广度，感受到社会的现实与发展，真正将理论知识与社会实践相结合，提高学生社会实践经验与能力。

第二，创造性。地方德育资源对大学生思想道德成长的意义不仅仅在于其影响的现实效果，而是塑造了一定社会发展阶段和一定范围内的道德准绳，对大学生的内在道德需求和未来社会化的方向形成导向，对于大学生由学生向社会人身份的转变形成助推力和创新价值。大学生在学校接受的课堂教学模式相对固定，创造空间有限，而地方德育资源则充分发挥其创造性特色，突出展现时代风貌中的地域精神。“由于能使教育者与被教育者置身于其中，身临其境而且具有不可替代的‘地域氛围’和近距离的‘亲和力’以及教育上的方便，正日益成为一种富有潜力和特色的优势教育资源。”[2]充分利用地方德育资源可以有效弥补理论课程不足，拓宽学生的创造性思维，发挥实践课程的真正功效。

第三，实践性。思想政治理论课实践教学关键就是突出其实践特色，而地方德育资源最鲜明的特色也在于实践性。利用地方德育资源就是要让学生走出课堂，迈向社会，走出教材，接近生活，实现教、学、行相结合，加深对理论认知的理解，切实提高大学生的社会实践能力。当代大学生都出生于90年代，没有亲身感受过中华人民共和国成立的艰辛，没有切身经历过改革开放初期的苦难，对思想政治理论课内容感受不深。这就要求各高校将理论知识学习与实践教学活动紧密结合，而地方德育资源本身就是由大量实践、大量实例、大量活动形成的资源综合体。利用地方德育资源，就是教师引导大学生进行社会实践、内化于心的过程，也是大学生主动学习、观察、体验、调查、访问、交流的过程，为大学生提供更为现实的学习环境，将理论知识与社会实际有机结合起来，有效地提高大学生实践与探索能力。

目前高校思想政治理论课程体系逐步完善，但与时代精神的同步性、与社会生活的契合度、与未来道德的发展导向仍存在一定差距。其所包含的马克思主义基本原理、毛泽东思想与邓小平理论概论、近现代史纲要、思想道德修养与法律基础等主干课程缺乏实践性，缺乏鲜活生命力，不能

[1] http://baike.baidu.com/view/4587127.htm.

[2] 秦亚红 . 合理利用区域文化中的道德教育资源——以五台山文化为中心 [J]. 忻州师范学院学报，2006（3）.

体现最前沿的理论和研究导向，不能体现最具时代强音的社会发展画面，因而无法满足大学生的求知欲和好奇心，无法吸引大学生的注意力和刺激大学生的行为导向。因此，充分利用地方德育资源，加强大学生思想政治理论课实践教学已经成为其必要补充。高校教育工作者人应精心设计与组织开发内容丰富、形式多样、吸引力强的实践活动，将地方德育资源通过丰富多彩的活动展现出来，寓教于乐，使大学生自觉主动地参与其中，使"思想感情得到熏陶，精神生活得到充实，道德境界得到净化。"[1]地方高校思想政治理论课教师应在使用原有教材基础上，对地方德育资源加以系统梳理和凝练，通过编写相关读物作为辅助教材，使之成为思想政治理论课实践教学的重要组成部分。提升大学生思想政治理论课实践教学的最关键环节就是要根据实践环节的内容和特点，充分利用地方德育资源，系统地进行实践活动。各高校都处在特定的地方环境之中，独特的政治、经济、文化、风俗等资源背景对所在高校都会产生深刻影响。各地方高校应结合实践课程设置的目的性、科学性等要求，应当体现思想政治教育目标的层次性、渐进性和系统性，合理挖掘、开发利用众多地方资源使之成为重要补充手段与方式。

（二）地方德育资源的导向明确

地方德育资源虽然本身体系性不强，但高校教育工作者完全可以利用现有教育条件加以体系化、理论化，发挥德育资源的导向作用，摒除思想政治理论课原有诟病。为响应国家培养应用型人才的要求，高校思想政治理论课教学进行了大胆探索，改变以往以课堂教师讲授理论为主的教学模式，加强实践教学环节。思想政治理论课实践教学是一门新兴课程，初衷是提高思想政治理论课教学效果，增加教学实效性。思想政治理论课实践教学主要包括两种形式：课内的理论性教学，对象是理性知识；课外形象性实践教学，对象是理论知识的外在表象以及过程的还原。从高校思想政治理论课日常实践教学实施来看，实践教学往往指向后一种形式的教学。具体而言，就是教育者以有别于理论教学的形式而对受教育者进行指导性的理论知识的具体体验过程。[2]但从目前各高校实施效果来看存在的问题不少，主要表现在以下方面：第一，实践教学课程安排缺乏系统性。实践

[1] 陈在铁，张玉．地方文化资源转化为思想政治理论课教育资源探析．党史文苑，2010（8），69.

[2] 陈二祥，赖雄麟．内涵—目标—原则：思想政治理论课实践教学理路探析．江苏高教，2013（5），115.

课程由于涉及班级人数过多，协调安排具有一定难度，部分高校不重视实效仅做表面文章，课程缺乏计划性、统筹性，没有针对当代大学生的心理特点和教育水平进行缜密计划与统筹安排。实践教学活动形式与内容契合度偏低，导致实践活动水平不高。因此学校实践课程安排尚需深入科学推敲，切忌使思想政治教育流于形式而失去应有活力。此外思想政治理论课实践教学的长效机制不够完备，缺乏健全的组织管理机制，缺乏明确的实践经费标准。第二，实践教学效果表面化。思想政治理论课只对现有教材的知识层面进行常规学习与认知掌控，没有对教材进行深层次的探究与时效性的跟进。实践教学通过主题辩论、知识竞赛、社团活动、社区服务等方式进行实践，学生参与人数有限，无法做到真正人人参与、全部实践。实践活动结束后撰写的调查报告只注重理论分析，现实针对性和实效性不足，教学效果不理想。第三，实践教学特色不鲜明。思想政治理论课的智育学习与德育表现融合度不够，内容无法做到融会贯通，与大学生社会实践活动区别不明显。除此之外，思想政治理论课实践教学没有与当下社会进步、当地经济发展、本土人文精神有效结合，实践教学载体的获取缺乏有效性、时效性和实效性。因此广大教育工作者应深入调查、仔细分析、潜心钻研，找到解决问题的突破口。尤其是实践教学并没有将其应有的特性与效果展现出来，需要进一步提高高校思想政治理论课实践教学实效性，其中举措之一就是充分利用地方德育资源为实践教学服务。

西方生活教育理论给了我们很好的启示。美国现代教育家杜威提出“教育即生活”的理念，认为只有使人们在积极工作和有效思维的相互交融中与他人建立恰当关系、形成显著影响的教育方式，才是最优化的和最深刻的道德训练方式。我国著名教育家陶行知先生也提出“生活即教育”的思想，认为应将思想道德教育深深植根于学生的日常生活与行为之中。因此，如何将生活融入教育之中，且具有效利用地方德育资源加强大学生思想政治理论课实践教学，使教学内容更加丰富，教学形式更加活泼，教学氛围更加活跃，教学效果更加明晰，已成为摆在众多高校教育工作者面前的一项迫切任务。挖掘地方德育资源，在坚持贴近实际、贴近生活、贴近学生的原则基础上，学校充分利用地方历史文化、民族文化、企业文化、经典事迹、风土人情等资源，将其转化为第一手德育资源，从学生最关切的周边事件入手，从学生学习、生活中最实际的问题着手，积极开发与有效利用地方德育资源，用事实现身说法，用典型案例突出主题，用学生最易接受的体验方式开展各种类型的实践活动，加强对思想政治理论课理论的感性认知，加强对大学生自身综合素质的提高，加快对社会的融入程度与参与意识。

（三）地方德育资源的应用广泛

利用地方德育资源进行实践教学就是将地方资源用活、用实，这是一项涉及前期考察、宣传动员，中期组织指导、协同合作，后期总结交流、考核评估的综合系统工程。安徽工程大学李卫华老师在思想政治理论课实践教学中探索出“实践教学事先有计划、实践考查有主题、实习考察过程有讲解、实践教学结束后有报告、回班教学有交流、教师对交流有评价”[1]，这“六有”来保障实践过程的实效性，对我们受益匪浅。各地方高校应当建立科学化的运行体系，在实践教学活动中充分利用地方德育资源，拓宽实践教学的应用途径。

第一，学校分门别类搭建思想政治教育基地。依据高校思想政治教育目标，结合当地人文资源，各地高校应当利用地方德育资源加强大学生思想政治教育，分门别类搭建多种类型基地，并有效组织学生走出校园去参与、去体验。①爱国主义教育基地。将大学生培养成为我国社会主义现代化建设者和接班人是我们进行思想政治教育的根本目标。因此，要充分利用地方红色文化资源对大学生进行爱国主义教育。红色文化资源是在革命斗争年代形成和遗留下来的，包括物质的文化资源与非物质的文化资源两部分。[2]一方面，利用革命年代遗留下来的武器、书籍、图片等文物和之后为纪念革命而建立的纪念馆所对大学生进行爱国主义教育。如参观革命纪念馆，重温革命先烈为建设国家、民族解放所做的贡献；定期到烈士陵园扫墓瞻仰革命先烈，使大学生在缅怀先烈同之时立志继承革命先烈遗志，坚定共产主义信念。另一方面，教师有目的地引导学生了解、学习革命理论、革命歌谣及相关艺术作品，深化革命精神与革命信仰，增强对大学生的说服力与感染力。建立固定的爱国主义教育基地，有利于提升大学生爱国主义情怀，自觉为社会主义现代化建设学本领、打基础。②名胜古迹教育基地。当地名胜古迹是地方历史文化遗产的重要构成要素，处处都留有祖先勤劳和智慧的印记。通过领略当地名胜古迹，一方面可以开拓学生视野、增进与大自然、历史的结合；另一方面将当地相关景点所蕴含的文化背景与历史资源与学生共享，开展一系列围绕相关主题举行的实践活动。利用这些地方资源，建设相关教育基地，实践成本在可控范围之内，

[1] 陈在铁，张玉 . 地方文化资源转化为思想政治理论课教育资源探析 [J]. 党史文苑，2010（8）：70.

[2] 朱勋春，周海燕 . 发挥资源优势，创造性地开展思想政治理论课社会实践教学 [J]. 长春理工大学学报（社会科学版），2011（6）：134.

实践时间可以灵活掌握，有助于培养大学生集体主义精神，增强学生热爱家乡、热爱祖国的情怀。③地方部队教育基地。学校利用每年新生入学军训的契机加强与相关部队建立长期联动机制。一方面，学校通过邀请部队先进人物到学校作报告、办讲座，满足学生对部队管理与生活的好奇心，了解现代军人风貌与部队建设情况。与此同时，学校应定期邀请部队军事专家作为公共课军事理论课的特邀教师，从更专业的角度向学生传授国防知识和我国军事理念。另一方面，学校定期组织学生到部队参观演练，进行军事训练，接受最直接的国防教育，增强国防意识、奉献精神与坚强意志，提高学生的组织纪律性。④文化教育基地。地方文化资源都具有各自鲜明的地方特色。将各种文化馆、图书馆、博物馆、展览馆、科技馆等开发成大学生思想政治教育课程资源，可以使学生了解灿烂悠久的民族历史，了解地方经济文化发展的脉络和变化情况，激发大学生的创造热情和奋斗精神，增强文化素养，提升文化内涵。

第二，学生学以致用参与社区、企业等活动。①大学生参与社区等活动。大学生接受高等教育的最终目的是要体现自身价值，回馈社会。因而在实践活动中应让大学生主动参与，将自身所学真正运用于现实生活的需求当中，积极参与社会的各种活动。社区是家庭的组织单位，是大学生展示思想道德素质与科学文化素质最直接、最现实的平台。高校应当与所在小区、周边社区、典型社区、特色社区建立合作机制，搭建平台，开辟生活化的思想政治教育环境。到小区进行法律知识、环保知识、安全知识等宣讲，进行家用电器维护与基本修理技能普及，进行英语辅导，为社区表演节目举办晚会，设计社区板报，美化社区环境，丰富社区业余生活，开发社区特色资源。通过一系列活动来进行思想政治教育，将简单说教与重复灌输变成心灵沟通与情感的交融，变成实际的激励与实践的参与，变成自身价值的现实展现。学校应格外关注对地方福利院、养老院、特殊教育学校开展送爱心等活动，培养大学生关爱弱势群体、关爱他人的意识，培养大学生珍惜现今美好生活、珍惜生命与健康的意识，培养大学生树立正确的世界观、人生观，为国家、为社会多做贡献的意识，有利于全方位促进大学生自我成长、自我提高、自我完善。②大学生参与企业相关活动。目前高校致力于培养应用型人才，需要加大与当地企业的双向合作力度，给大学生创造更多可供选择的职业平台来施展自己的才华，专业性、针对性和实效性非常突出。加强校企合作的人才培养模式已初具规模，受到众多高校认可，“象牙塔”式的教育模式正逐步打破。而实践教学改革为高校思想政治教育工作提供了更多的资源，特别是有效利用当地典型企业文化向学生提供鲜活事例来规范大学生价值观念、职业道德和思想品德。企业文化是企业在生产经营中形成的，以企业价值观和企业精神为核心，企业员工共同拥有的团队意识，以及企业创造的一切物质和精神成果的总和。[1]这种特殊的文化成为培养大学生创新精神和实践能力的宝贵的思想政治教育资源。通过了解本地企业家的经营历程，深挖企业文化，让学生们学会吃苦耐劳，学会奋发图强，学会开动脑筋。应将企业和学校育人内容的契合点串联起来，有效地开展相应活动，将学生在企业实习期间的活动目标、活动内容、活动评价做到实处。高校通过企业实习实训与顶岗锻炼，使学生进一步巩固和加深对专业知识的理解，逐步掌握职场所需要的专业技术，增强分析和解决企业生产过程中现实问题的能力，培养现代社会所应具备的职业素养。

（四）地方德育资源的评价有效

思想政治理论课实践教学作为高校培养人才的重要环节，需要科学的评价机制以确保实践教学活动的质量和效果。建立合理的思想政治理论课社会实践活动的考核机制，对促进师生提高对社会实践课程的认识、提升思想政治理论课社会实践活动的质量能起到重要作用。[2]有效发挥地方德育资源的评价功效需要借助载体来实现，需要通过社会与学校配合活动的实施与评价，主要包括社会反馈、学校测评与学生的自我审视。

1.社会反馈

学校利用地方德育资源为学生思想政治教育提供特色平台，地方德育资源也在大学生的实践活动中得到进一步的形式丰富与内涵提升。社会各界要积极对学生实践活动进行评价，有利于进一步激励学生发展与进步。各类基地、企事业单位、社区相关负责人要与带队老师、学校的管理人员及时沟通，共同建立一套科学完整的思想政治教育评价标准。对学生的工作态度、职业道德、劳动纪律、工作能力、创新精神、工作效能等进行全面综合考察与客观评价。社会相关部门应与校方建立定期的交流制度，及时了解学生的思想动态与行为表现，更新教育方法与思路，建立更加科学合理的评价方式。这种社会反馈是学校实施实践活动的重要成果之一。

2. 学校测评

学校要明确实践目标，科学制定实施方案，建立严密的评价机制与标准。在实践教学活动实施之前，学校应当通过对学生实践目标的掌握进行严格

[1] 傅开梅 . 企业文化概论 [M]. 长春：吉林文史出版社，2009（9），16.

[2] 吴彬，李宪伦 . 高校思想政治理论课社会实践活动实效性对策探讨 [J]. 教育探索，2009（2）：104.

把关，对实践目标进行分解与疏导，让学生进行自我预期，建设一定目标。在实践教学活动实施过程中，学校安排专任教师全程督导，建立实习生实践评价管理档案。学校在实践活动结束后，要及时组织教师进行活动总结，及时向学生通报社会反馈的结果，通过开展自我总结交流会、主题竞赛、实践板报、广播报道等活动进一步巩固实践成果，让学生回到校园后加深体会，分享收获，得出评价，记录成绩，给予褒奖。

3.学生的自我审视

通过社会各界反馈，通过学校各种形式的测评与成果总结，学生要学会自我总结、自我反思与自我提升。切忌实践活动结束后不能在心中形成正确的自我认知，没有将实践活动中获得的感性材料深化为理性认知，没有从实践活动本身真正体验地方德育资源带来的丰硕成果和精神激励，没有真正做到慎独。大学生通过自我审视与总结，自觉形成思考问题的习惯，将所学专业理论知识与校外实践活动相互结合、相互促进，有利于自身综合素质的切实提高。

高校应当充分利用、开发地方德育资源，挖掘德育资源的现实优势和潜在特色，加强对高校思想政治理论课实践教学的渗透。切实利用地方德育资源的可操作性、创造性和实践性等特点，使其成为改进大学生思想政治理论课实践教学的重要途径。在实施过程中，各高校一定要充分发挥学生主体作用，结合地方特色有针对性开展丰富多样的实践活动，形成长效评价机制。只有这样，才能真正发挥地方德育资源优势，让大学生的思想道德素养切实得到提升，进而有利于高校为我国社会主义现代化建设输送德才兼备的应用型人才。

、大学生生态文明建设的创新模式

关于文化与经济的关系，理论界存在着经济决定论、文化决定论、文化影响论等不同观点。经济决定论认为经济与文化之间的关系是相互对立的，社会重点关注的是物质而非文明，主张物质决定意识，进而经济决定文化，有什么样的物质基础必然决定上层建筑的性质、形态与发展，主张单向的决定关系。文化决定论的代表人为德国著名社会学家马克斯·韦伯，他提出著名的“新教精神”，认为“新教精神”是现代资本主义得以产生与发展最重要的精神支柱，新教教义造就新型企业家，造就新型企业的强势发展。因此文化对经济的发展具有决定性的意义；文化影响论典型代表为古典经济学家亚当·斯密，他从特定的“经济人”出发，认为国家经济只有在共有道德观根基之上才能正常运行、良性发展，这些共有道德观是建立在自爱、同情、公正、信用基础上上的。尤其是特定文化观念基础上的政府公信力对国家的商业发展、经济运行意义非凡。因此亚当·斯密曾精辟地分析到："人民如对政府的公正，没有信心，这种国家的商业制造业，就很少能长久发达。"[1]这些观点都具有一定合理成分，对我们分析传统文化时代化趋势与区域经济低碳化潮流之间交错互动具有一定借鉴意义。毋庸置疑，传统文化时代化与区域经济低碳化的潮流都与当下生态文明的发展密切相关，二者之间相互依赖、相互影响、交错互动。

文化作为人类社会实践活动中创造的物质财富与精神财富的总和，其表现形式总是呈现出一定的地域特色。而一定地域文化则是由特定的区域经济发展决定的。因此对于两者之间的关系，我们首先承认区域经济的发展决定传统文化的发展，为其奠定坚实的物质基础，也决定了文化发展的内涵与方向。自工业革命以来，经济发展一直是我们这个社会发生一切重大变革的根本原因，这重大变革内容之一就包括了文化变革。我们遵循马克思主义关于物质决定意识、经济基础决定上层建筑的基本哲学认知，现实社会发展也正如马克思主义所揭示的哲学物质观所言，区域经济发展决定了传统文化的内容与形式，决定了文化的发展历程。随着黄河三角洲地区经济发展水平的不断提高，其文化内涵越来越丰富，类型越来越多样化，并将传统文化赋予时代化特色；随着黄河三角洲地区经济实力的不断增强，开始构建黄河三角洲高效生态经济区，有利于提高黄河三角洲居民文化素质，加强文化基础设施建设，打造文化特色产业。由此我们可以进一步分析得出，坚实的物质经济基础造就繁荣的文化产业与文化氛围。经济发展为文化发展提供资金投入和基础设施保障。文化产品的开发、文化服务水平的提升、文化活动的开展，都需要大量资金支持其运转。也正因为人民收入水平随着经济水平的不断提高而有富足时，才会有更高的精神需求，更强的文化参与热情。除此之外，文化人才的培养同样需要前期资金投入才能满足人才需求的图书资源、师资力量等条件。经济发展了，技术进步了，对文化水平的提升自然而然需要跟进。现代工业社会与传统农业社会相比，对劳动力素质要求更高。在综合国力的竞争中，归根结底是经济实力的较量，这是最根本的因素。

文化对经济的影响更具渗透性。首先文化本身也是一种生产力。传统文化加以时代化，加以开发成为区域经济发展的重要产业。随着人们生活水平的提高，物质财富的增长，精神需求也越来越丰富，对文化活动的参

[1] 亚当·斯密著．国民财富的性质和原因的研究（下册）[M]．北京：商务印书馆，1974.473.

与热情越来越高涨。这就需要将传统文化时代化，为经济发展提供驱动力和现实载体。黄河三角洲拥有秦汉经学、南北朝佛教等古代文化、孙武、东方朔、董永、范仲淹等名人文化、近代革命文化、黄河文化、石油文化、戏曲、说唱、舞蹈等民间文化，内容丰富，形式多样，应积极打造黄河三角洲文化产业链，加强基础设施、交通运输、商业贸易、酒店餐饮、旅游观光等第三产业的发展，形成联动效应，促进区域内第一、第二产业协调发展。其次，经济活动的主体是处于特定时代发展背景、一定社会关系之中的具有主观能动性的人。人们的世界观、人生观、价值观，人们的文化背景、风俗习惯等文化因素对经济活动的影响都十分明显。优秀的传统文化有利于培养具有较高文化素养和文化底蕴的企业管理者，有利于建立特色鲜明的企业文化。优秀的企业管理者格外重视非经济因素对企业长远发展的深刻影响。打造本企业独具匠心的企业文化，有利于凝心聚力，有利于企业整体发展，有利于企业做强做大，有利于促进经济持续发展。再次，企业管理本身不仅仅是一种经济活动，更需要通过文化来发挥不可或缺的纽带作用。企业管理，管理的不仅仅是包括生产、交换、消费、流通等物质生产活动，不仅仅是通过法律、制度、规则等有形的规范活动，更是一种通过精神交流、道德渲染、情感沟通的文化活动。在经济活动过程中，企业管理中的文化因素对于规范企业员工行为，疏导企业员工情感，调节企业员工与管理者关系都具有重要作用，使企业管理中渗透着文化管理。最后，经济活动中生产的产品同样具有不可抹杀的文化印记。企业出售的产品不仅仅是企业的物质劳动成果，更包含企业文化、产品文化等因素。产品的价值也不再局限于产品的有用性，对消费者的简单物质需求，更体现在产品的文化品位、品牌形象、审美情趣等精神需求。企业出售的产品，不仅是消费者对产品本身物质价值的肯定，更有对产品所在企业文化的认同与信任。所以，企业在经济竞争中不仅注重产品质量和技术含量，更要精心打造企业文化和品牌价值。需要注意一点，文化因素对经济发展、企业运行的影响如同意识能动作用也具有双重性。积极、健康、与时俱进的文化因素有利于经济发展和企业进步；而消极、保守、固步自封的文化因素则起到阻碍作用。

传统文化时代化的实质即为与时俱进，推行文化变革，实现文化创新。而文化观念相对落后也成为制约我国区域经济发展的严重阻碍因素之一。生态文明理念的发展演化，需要我们在传统文化中植入生态文明精髓，将区域经济发展运行于低碳化之中。只有实现传统文化时代化与区域经济低碳化的交错互动，方为大势所趋，才能促进社会经济、文化与生态的和谐共生、融合发展，有利于和谐社会的构建与美丽中国的共筑。

加强高校大学生生态文明观念教育是社会发展的必然要求，是高校德育的时代内容。人类社会的发展就是不断改造自然、创造财富、追求幸福和自由的过程! 然而这个过程也伴随着一系列日益严重的全球性环境问题。为此，许多国家先后设立专门机构采取经济和立法及技术手段保护自然生态环境。但由于缺乏生态道德意识和生态文明观念的支撑，人们生态文明观念淡薄，生态环境恶化的趋势也未能从根本上得到遏止。因此，生态文明建设要求我们必须把道德关怀引入到人与自然的关系中。树立起人对自然的道德义务感，树立正确的生态文明观念，养成良好的生态德性。 因此，生态文明观教育是社会发展的必然要求，是德育的时代内容。对于当代大学生来说，加强生态文明观念教育有着更为重要而深远的意义。当代大学生是社会发展的主要力量，他们应当有与未来发展相适应的观念，把生态文明观念作为自觉的理念，自觉培养良好的生态道德。这直接关系到人类社会的发展，人类自身生存的重大问题。因此，在高校德育中把树立生态文明观作为思想道德教育的一项重要内容，是时代发展的需要，也是包括青年大学生在内的人类生存的需求。学校德育应该使生态文明观念成为青年大学生的自觉意识和自觉行动的思想先导。

生态文明教育是时代赋予高校的新使命,也是高校放眼世界的新目标。在高校加强生态文明教育,促进大学生树立健全的生态文明理念,为全社会开展生态文明建设起到良好的引领示范作用。虽然高校通过基础教学,较好地完成了大学生生态文明理念的启蒙教育,但从他们的生态行为来看对生态文明理念的践行水平还较低,生态素质的养成还任重道远,没有达到生态道德所提出的自觉、慎独的高度。高校生态文明教育有助于培养大学生正确的生态观念,形成正确的生态价值取向,能有效促进大学生良好的生态理念向切实的生态行为进行自觉地转变。高校生态文明教育任重道远，需要国家、学校、学生、家庭、社会通力合作，以高校生态文明教育为抓手，面向国民开展大众生态文明教育。这需要你我他每一个人一点一滴的努力与行动。

参考文献

[1] 马克思恩格斯选集[M]. 北京：人民出版社，2012.

[2] 马克思恩格斯文集[M]. 北京：人民出版社，2009.

[3] 国家发展和改革委员会编.《中华人民共和国国民经济和社会发展第十二个五年规划纲要》辅导读本[M]. 北京：人民出版社，2011.

[4] 陈学明. 生态文明论[M]. 重庆：重庆出版社，2008.

[5] 黄承梁. 生态文明简明知识读本[M]. 北京：中国环境科学出版社，2010 .

[6] 陈学明，王凤才. 西方马克思主义前沿问题二十讲[M]. 上海：复旦大学出版社，2008.

[7] 习近平. 习近平谈治国理政[M]. 北京：外文出版社，2014.

[8] 诸大建. 生态文明与绿色发展[M]. 上海：上海人民出版社，2008.

[9] 肖显静. 环境与社会——人文视野中的环境问题[M]. 北京：高等教育出版社，2006 .

[10] 时青昊. 20世纪90年代以后的生态社会主义[M]. 上海：上海人民出版社，2009 .

[11] [美]霍尔姆斯·罗尔斯顿. 环境伦理学[M]. 杨通进，译. 北京：中国社会科学出版社，2000.

[12] 高中华. 环境问题抉择论——生态文明时代的理性思考[M]. 北京：社会科学文献出版社，2004.

[13] 中科院中国现代化研究中心. 中国现代化报告2007——生态现代化[M]. 北京：北京大学出版社，2006.

[14] 陈墀成. 全球生态环境问题的哲学反思[M]. 北京：中华书局，2005.

[15] [印]萨拉·萨卡. 生态社会主义还是生态资本主义[M]. 张淑兰，译. 济南：山东大学出版社，2008.

[16] 杨通进，高予远. 现代文明的生态转向[M]. 重庆：重庆出版社，2007.

[17] 陈学明. 生态文明论[M]. 重庆：重庆出版集团，2008.

[18] 郇庆治. 生态现代化理论与绿色变革[M]. 上海：华东师范大学出版

社，2007.

[19] 黄国勤. 农业可持续发展导论[M]. 北京：中国农业出版社，2007.

[20] 郭艳华. 走向绿色文明[M]. 北京：中国社会科学出版社，2004.

[21] 周敬宜. 环境与可持续发展[M]. 武汉：华中科技大学出版社，2009.

[22] 李明华. 人在原野——当代生态文明观[M]. 广州：广东人民出版社，2003.

[23] 陶蕾. 论生态制度文明建设的路径[M]. 南京：南京大学出版社，2014.

[24] 许尔君. 生态文明建设[M]. 兰州：甘肃人民出版社，2015.

[25] 卢风. 生态文明新论[M]. 北京：中国科学技术出版社，2013.

[26] 李龙强. 生态文明建设的理论与实践创新研究[M]. 北京：中国社会科学出版社，2014.

[27] 郝清杰，杨瑞，韩秋明. 中国特色社会主义生态文明建设研究[M]. 北京：中国人民大学出版社，2016.

[28] 吴凤章. 生态文明构建：理论与实践[M]. 北京：中央编译出版社，2008.

[29] 杨东平. 中国环境的危机与转机[M]. 北京：社会科学文献出版社，2008.

[30] 曾建平. 环境正义：发展中国家环境伦理问题探究[M]. 济南: 山东人民出版社，2007.

[31] [美]约翰・贝拉米・福斯特著. 马克思的生态学——唯物主义与自然[M]. 刘仁胜，译. 北京：高等教育出版社，2006 .

[32] 王宏斌. 生态文明与社会主义[M]. 北京：中央编译出版社，2011.

[33][美]蕾切尔・卡逊著. 寂静的春天[M]. 吕瑞兰，译. 长春：吉林人民出版社，1997.

[34]姬振海. 生态文明论[M]. 北京：人民出版社，2007.

后 记

本书是笔者主持的山东省社科规划项目“生态文明观构建与区域经济发展的互动性研究——以黄河三角洲高效生态经济区为例”的研究成果。全书最后一部分写了高校生态文明教育的实践途径，这又从这一研究主题切入到我主持的山东省教育科学“十二五”规划2015年度一般资助课题“利用地方文化资源提高大学生生态文明教育实效性及评价机制研究”的研究起点，其同样也属于本课题的研究成果。

本书由笔者个人独立完成，负责总体框架设计和内容构思，包括撰写各个章节。从潜心研究、刻苦钻研、反复修改，到最后进行审稿修改、定稿、出版，在写作过程中得到了滨州学院马克思主义学院及科研处的大力支持和出版资助，也得到我现在攻读博士学位的山东师范大学马克思主义学院各位领导、老师的指导与帮助，更得到了我家人在此期间无微不至的关怀与体谅。在此一并表示感谢！

当代中国生态文明建设研究，是一个理论性与实践性并举的社会重大题材，更是一项艰难的研究课题。由于生态危机的缘由无法细化分析，生态环境的治理还需群策群力，生态文明理念的推广任重道远，我力图在尽可能掌握大量材料的基础上进行客观分析和深入探究。希望这份研究能在这一研究领域贡献绵薄之力。

作　者

二〇一七年六月